EXERCICES
D'ARITHMÉTIQUE

EXERCICES

D'ARITHMÉTIQUE

PAR F. I. C.

DEUXIÈME ÉDITION

CHEZ LES ÉDITEURS

TOURS | PARIS

ALFRED MAME & FILS | POUSSIELGUE FRÈRES
Imprimeurs-Libraires | Rue Cassette, 15

1880

TABLE DES MATIÈRES

CHAPITRE II. — *Applications.*

CHAPITRE ADDITIONNEL

LIVRE VII

APPROXIMATIONS NUMÉRIQUES

PROBLÈMES DE RÉCAPITULATION

ERRATA

Page 28, ligne 16, *au lieu de* : 12 345 690, *lisez* : 12 345 679.

Page 117, ligne 1, *au lieu de* : 16 089, *lisez* : 15 089,8.

Page 122, ligne 18, *au lieu de* : multiple de P, *lisez* : sous-multiple de P — 1.

Page 248, ligne 6 en remontant, *au lieu de* : auraient, *lisez* : aient.

Page 252, ligne 17, *au lieu de* : 10 mm.c. près, *lisez* : 10 m.c. près.

Page 259, ligne 9, au dénominateur, *au lieu de* : $1 + \dfrac{K}{2} - \sqrt{1 + K},$

lisez : $1 + \dfrac{K}{2} + \sqrt{1 + K}.$

Page 259, ligne 3, en remontant, *supprimez* : pour obtenir le résultat avec le plus d'exactitude possible.

Page 262, ligne 10, en remontant, *au lieu de* : $\left(\dfrac{2}{3} \times \dfrac{1}{35} \times \dfrac{3}{5} + \dfrac{1}{56} \right),$

lisez : $\left(\dfrac{2}{3} \times \dfrac{1}{35} + \dfrac{3}{5} \times \dfrac{1}{56} \right).$

Page 263, ligne 15, *au lieu de* : 3 500 kgr. 590 gr., *lisez* : 3 105 kgr. 590 gr.

Page 266, ligne 8, *au lieu de* : eus, *lisez* : eu.

Page 280, ligne 11, *au lieu de* : $\dfrac{6\,266\,739}{477}$, *lisez* : $\dfrac{6\,266\,739 \times 15,63}{477}.$

AVANT-PROPOS

Les Éléments d'Arithmétique que nous avons publiés se partagent en sept livres; le Ier traite des quatre opérations fondamentales sur les nombres entiers; le IIe, des propriétés de ces mêmes nombres; le IIIe, des fractions ordinaires et des fractions décimales; le IVe, des racines carrée et cubique; le Ve, du système métrique et des nombres complexes; le VIe, des proportions et de leurs applications; enfin le VIIe renferme les approximations numériques.

Ces Éléments ont été rédigés en vue des élèves qui se préparent aux écoles d'arts et métiers, aux fonctions d'instituteur, au diplôme de l'enseignement secondaire spécial, aux baccalauréats, etc.

Comme on le voit, nous avons suivi l'ordre adopté par la plupart des auteurs modernes; par suite de cette marche qui est, croyons-nous, la plus logique, les définitions des quatre opérations données dans le premier livre ne sont point générales, car elles ne s'appliquent qu'aux nombres entiers; les définitions généralisées se trouvent dans le livre III, qui traite des nombres fractionnaires.

Bien que quelques auteurs placent les approximations numériques immédiatement après les fractions décimales, nous avons cru devoir les renvoyer à la fin de l'ouvrage, parce que c'est la partie la plus difficile de l'arithmétique, et qu'on peut les omettre dans une première étude. Nous donnons, dans ce solutionnaire, quelques développements à la partie théorique contenue dans les éléments. Nous ferons observer, une fois pour toutes, qu'en arithmétique on démontre ordinairement les théorèmes sur des exemples numériques, mais les raisonnements sont indépendants des nombres particuliers que l'on a choisis; par suite, les conclusions auxquelles on arrive peuvent être tenues pour générales. Cependant on emploie quelquefois des lettres pour représenter les nombres; nous l'avons fait quand cela nous a paru utile; il est, du reste, très facile dans les autres cas de faire cette substitution.

Le but que nous nous sommes proposé en rédigeant les solutions des exercices a été d'indiquer, autant que possible, la marche la plus simple, en vue de faciliter l'enseignement des Éléments et de faire gagner du temps aux professeurs.

Toutefois, nous ne prétendons pas donner nos solutions comme des types que pourront suivre en tout point les candidats qui ont à subir des examens dans lesquels l'épreuve d'arithmétique serait une des plus importantes; dans ce cas, il faudrait souvent une solution plus détaillée que la nôtre, parce que l'examinateur ne peut être mis en demeure de remonter aux principes et aux explications contenus dans nos ouvrages, et qui nous permettent une certaine concision en les indiquant par leurs numéros d'ordre. Un travail d'examen doit être complet par lui-même.

Pour une épreuve écrite, il est indispensable que les indications des opérations ne soient pas noyées avec l'écriture; on doit les placer soit en lignes distinctes, soit tout entières d'un côté de la copie, de manière que le correcteur puisse suivre facilement la marche du problème sans être obligé d'en lire l'explication.

Quelques commissions exigent que toutes les opérations soient faites sur la copie.

Certains problèmes d'arithmétique un peu difficiles se résolvent très facilement par les méthodes algébriques; mais, dans un examen, une question donnée comme épreuve d'arithmétique doit être résolue par les procédés que fournit l'arithmétique. Cependant, comme remarque, on pourrait mettre la solution algébrique, que l'on développerait en quelques mots. C'est ce que nous avons fait dans ce solutionnaire, où nous avons établi, surtout dans les exercices de récapitulation, l'équation qui conduit au résultat cherché.

Cette dernière méthode est très commode pour celui qui a quelques notions d'algèbre; mais, au point de vue logique, la méthode arithmétique présente de grands avantages : ici le mécanisme ne vient pas suppléer le raisonnement, et l'intelligence est incomparablement plus exercée.

« L'invasion des procédés algébriques dans l'enseignement de l'Arithmétique serait un malheur, car l'Algèbre rend paresseux et superficiels les esprits que l'étude raisonnée de l'Arithmétique rendrait actifs et profonds [1]. »

Nous recommandons ces dernières lignes de l'abbé Moigno, rédacteur des *Mondes*, à l'attention des jeunes professeurs, la pratique leur en fera reconnaître la vérité; de plus, cela justifiera à leurs yeux plusieurs démonstrations des Éléments qui paraissent assez difficiles, tandis qu'en s'aidant des principes algébriques, quelques égalités suffiraient pour les présenter.

---

[1] *Encyclopédie du dix-neuvième siècle*, art. PROPORTION.

HISTORIQUE

Les besoins de la vie et les transactions commerciales ont, de tout temps, familiarisé les hommes avec l'emploi des nombres et du calcul.

Thalès, fondateur de l'école ionienne (640 avant J.-C.), est le premier qui soit mentionné dans l'histoire comme s'étant occupé d'arithmétique; vient ensuite Pythagore (550 avant J.-C.), auquel on attribue la table de multiplication et différentes spéculations sur les nombres triangulaires, polygonaux et pyramidaux, etc., qui servirent, dans la suite, de point de départ pour découvrir des propriétés très remarquables des nombres.

Aux connaissances de ses devanciers, Pythagore ajouta celle des proportions. Il en distingua trois sortes, qui portent encore aujourd'hui les mêmes noms : proportions arithmétiques, géométriques et harmoniques.

Platon (348 avant J.-C.) donna une grande impulsion à l'étude de l'arithmétique; il savait, outre les quatre opérations fondamentales, l'extraction des racines carrée et cubique; il développa les notions données par Pythagore sur les progressions géométriques.

Euclide (300 avant J.-C.), l'auteur du plus ancien traité de géométrie, s'occupa aussi d'arithmétique, et dans les livres VII, VIII et IX de ses Éléments il démontre plusieurs propositions importantes, entre autres celles-ci : *Un produit ne change pas quand on intervertit l'ordre des facteurs. La suite des nombres premiers est illimitée.* Il donna la règle pour trouver le plus grand commun diviseur de plusieurs nombres, etc.

Archimède (287 avant J.-C.), Ératosthène (276 avant J.-C.), Nicomaque (1er siècle de notre ère) et Diophante (IIe siècle), firent progresser cette science, dont le perfectionnement date surtout de la fin du Xe siècle, époque vers laquelle le savant Gerbert, qui fut pape sous le nom de Sylvestre II, introduisit en France les chiffres arabes [1]. Au XIVe siècle, les Vénitiens commencèrent à employer les fractions décimales, mais ils en écrivaient le dénominateur; l'Anglais Oughtred au XVIIe siècle, (d'autres disent Néper), fut peut-être le premier qui les écrivit comme on le fait aujourd'hui. A partir de cette époque, jusqu'à nos jours, l'arithmétique a reçu parallèlement avec l'algèbre de grands développements au point de vue théorique, par les travaux de Viète (1603), de Fermat (1665), d'Euler (1783), de Legendre (1834), etc. Dans ces derniers temps on s'est principalement occupé de la théorie des approximations numériques; cette théorie, en rectifiant beaucoup d'idées erronées qui avaient cours dans l'enseignement des sciences, fournit le moyen d'arriver à tel résultat cherché, avec le moins de calcul possible, en tenant compte de l'exactitude plus ou moins grande des données.

---

[1] Quelques auteurs pensent que les chiffres appelés communément chiffres arabes sont d'origine indienne.

EXERCICES
D'ARITHMÉTIQUE

LIVRE I

DES NOMBRES ENTIERS

Préliminaires. — Dans l'étude du premier livre, il est utile d'appeler l'attention, non seulement sur les définitions, mais encore sur le nombre de cas que l'on peut considérer pour le raisonnement de chaque opération. Ainsi, pourquoi, dans l'addition, deux cas suffisent-ils? Pourquoi vaut-il mieux énoncer le premier cas comme nous l'avons fait, *ajouter à un nombre quelconque un nombre moindre que dix*, que de dire : *additionner deux nombres d'un seul chiffre*. Des observations analogues pourraient être faites sur les autres opérations. Il faut voir aussi de quelle manière s'enchaînent les opérations, c'est-à-dire comment la soustraction est l'inverse de l'addition, comment la multiplication est un moyen abrégé de faire l'addition, comment enfin la division peut être considérée, ou comme un moyen abrégé de faire la soustraction, ou comme l'inverse de la multiplication, et quelles sont les définitions qui correspondent à ces différents points de vue.

L'usage nous familiarise tellement avec certains principes d'arithmétique, que nous finissons par les croire évidents; tels sont surtout ceux qui sont relatifs à la multiplication et à la division. Il faut alors une attention plus soutenue pour saisir et retenir les raisonnements qui les démontrent. C'est pour cela qu'il est avantageux d'observer la corrélation qui existe entre les théorèmes relatifs à la multiplication et ceux relatifs à la division. Ainsi au théorème n° 46 : *Pour multiplier une somme par un nombre, il suffit de multiplier toutes les parties de la somme par ce nombre et d'ajouter le résultat,* correspond le suivant, qui se démontre d'une manière analogue : *Pour diviser une somme par un nombre entier, si toutes les parties de la somme sont exactement divisibles, il suffira de diviser chacune des parties par ce nombre et d'ajouter les résultats.* Le théorème n° 59 : *Pour multiplier un produit de plusieurs facteurs par un nombre, il suffit de multiplier l'un de ces facteurs par ce nombre,* a pour corrélatif le n° 77 : *Pour diviser un produit de plusieurs facteurs par un nombre, il suffit de diviser l'un de ces facteurs par ce nombre.* Il en est de même des n°ˢ 61 et 82, 66 et 79. Les n°ˢ 80 et 81 peuvent être considérés comme corrélatifs.

Dans tous ces principes, on peut remarquer que l'on décompose à l'aide de la division ce que l'on a composé par la multiplication.

CHAPITRE I

Exercices sur la Numération.

1. *Pourquoi, dans notre système de numération, dix caractères suffisent-ils pour représenter tous les nombres possibles ?*

Parce qu'il suffit de dix unités d'un ordre quelconque pour former une unité de l'ordre immédiatement supérieur.

2. *La numération enseigne-t-elle à former les nombres ?*

Non, elle enseigne seulement à les nommer et à les représenter.

3. *Combien y a-t-il de nombres de sept chiffres ?*

En faisant observer qu'il y a 9 nombres entiers d'un chiffre, 90 de deux chiffres, 900 de trois, et ainsi de suite..., on voit que, pour les nombres de deux chiffres, on a un 9 suivi de un zéro ; pour ceux des trois chiffres, on a un 9 suivi de deux zéros..., etc., il y aura donc 9 000 000 de nombres de sept chiffres.

4. *Un nombre a 17 chiffres ; quel est l'ordre de ses plus hautes unités ?*

Une classe complète exige trois chiffres pour être réprésentée ; comme 17 égale cinq fois 3, plus 2, il y aura donc cinq classes complètes et deux chiffres pour la sixième. Or, un deuxième chiffre d'une classe représente des dizaines de cette classe, et la sixième classe étant celle des quatrillions, l'ordre des plus hautes unités est donc celui des dizaines de quatrillions.

5. *Combien a de chiffres un nombre dont les plus hautes unités sont des dizaines de trillions?*

D'après le problème précédent, il est aisé de voir que ce nombre a quatorze chiffres.

6. *Quel changement éprouve un nombre quand on introduit un ou plusieurs zéros entre ses chiffres?*

Soit le nombre 4 539; en lui substituant 45 039, la partie qui précédait 39 est devenue 10 fois plus grande, c'est-à-dire que le nombre a été augmenté de 9 fois la partie qui précède 39, soit de 9 fois 4 500.

Si l'on remplace 4 539 par 450 039, le nombre sera augmenté de (100 — 1) fois ou 99 fois la partie qui précède 39, soit 99 fois 4 500.

Donc, lorsqu'on introduit n zéros entre deux chiffres d'un nombre, on augmente ce nombre du produit de la partie à gauche des zéros introduits, par un nombre formé d'autant de 9 qu'on a introduit de zéros.

Si l'on fait simultanément plusieurs opérations de ce genre sur un même nombre, il est aisé, d'après ce qui précède, de voir quel changement le nombre a éprouvé. Ainsi 4 539, se transformant en 4 005 039, a augmenté de 99 fois 4 dizaines de mille, et de 9 fois 45 centaines.

7. *Dans tout nombre, une unité d'un ordre quelconque représente une valeur plus grande que le nombre formé par tous les chiffres qui suivent à droite.*

Soit le nombre 54 999; je dis qu'une unité de l'ordre des mille est supérieure au nombre formé par tous les chiffres suivants; en effet, en se plaçant, comme pour l'exemple choisi, dans le cas le plus défavorable, c'est-à-dire celui où tous les chiffres sont des 9, on remarquera que le chiffre des centaines ne représente que les neuf dixièmes de ce qu'il faut pour égaler un mille, que le chiffre suivant n'ajoute que les neuf dixièmes de la valeur qu'il faudrait ajouter au premier 9 pour faire une unité de mille. En général, chaque 9 n'ajoute que les neuf dixièmes de la valeur qui doit compléter le nombre formé par les chiffres précédents; donc jamais aucun chiffre ne pourra compléter la différence, c'est-à-dire que, dans le cas choisi, 1 unité de mille est est supérieure à 999 unités; il en sera *à fortiori* de même si les chiffres qui suivent le 4 sont différents de 9. Donc, etc...

8. *Combien faut-il de caractères à un imprimeur pour*

numéroter toutes les pages d'un livre qui en a 2748? On suppose qu'il n'emploie pas plusieurs fois le même.

Pour les 9 premières pages, il faut 9 caractères.
» » 90 suivantes, 90×2 ou 180 »
» » 900 » 900×3 ou 2700 »
Il en reste $2748 - 999$ ou 1749×4 ou 6996 »

Soit pour les 2748 pages 9885 caractères.

9. *Combien renferme de pages un livre dont la pagination a nécessité l'emploi de 10681 caractères?*

D'après ce qui précède, on voit que, pour numéroter les 999 premières pages, il a fallu $9 + 180 + 2700$ ou 2889 caractères; il en reste $10681 - 2889 = 7792$. Avec ces caractères on a numéroté $\dfrac{7792}{4}$ ou 1948 pages.

Le livre aura donc $999 + 1948 = 2947$ pages.

10. *On écrit la suite naturelle des nombres sans séparer les chiffres; combien y a-t-il de caractères écrits si l'on s'arrête d'abord à 99, puis à 999..., en général à un nombre entièrement formé de 9?*

Les nombres compris entre l'unité et le nombre entièrement formé de n 9 peuvent se partager en n groupes :

Le 1er groupe de 1 à 9 renferme 9 ou $10 - 1$ nombres de 1 chiffre;
Le 2e « 10 à 99 » 90 ou $10^2 - 10$ » 2 chiffres;
Le 3e « 100 à 999 » 900 ou $10^3 - 10^2$ » 3 »
. . . .
Le ne » » $10^n - 10^{n-1}$ » n »

Les nombres des chiffres nécessaires pour écrire les nombres de chacun des groupes seront donnés par les égalités suivantes :

1er groupe $(10 - 1) \times 1 = 10 \times 1 - 1$
2e » $(10^2 - 10) \times 2 = 10^2 \times 2 - 10 \times 2$
3e » $(10^3 - 10^2) \times 3 = 10^3 \times 3 - 10^2 \times 3$
. . . .
ne » $(10^n - 10^{n-1}) n = 10^n \times n - 10^{n-1} n$

En additionnant, on aura le nombre de caractères écrits pour représenter tous les nombres depuis 1 jusqu'à 10^{n-1}, soit :

$$n \times 10^n - 10^{n-1} - 10^{n-2} - 10^{n-3} \ldots - 10^2 - 10 - 1$$

ou $n \times 10^n - (10^{n-1} + 10^{n-2} + \ldots + 10 + 1)$

et encore $n 10^n - (1111 \ldots 11)$

(n fois le chiffre 1)

Or $n10^n$ est formé du nombre n suivi de n zéros ; donc, dans la différence entre $n10^n$, et un nombre formé d'une suite de n fois le chiffre 1 : 1° le dernier chiffre sera un 9 ; 2° les $n-1$ précédents seront des 8 ; 3° le premier chiffre à gauche sera $n-1$.

Les transformations ci-dessous conduisent aux mêmes résultats.

$$n10^n - \underbrace{(111\ldots\ldots 11)}_{n \text{ fois le chiffre } 1} = (n-1)10^n + (10^n - \underbrace{111\ldots\ldots 11}_{n \text{ fois le chiffre } 1})$$

$$= (n-1)10^n + (\underbrace{1\,000\ldots\ldots 00}_{n \text{ fois le chiffre } 0} - \underbrace{111\ldots\ldots 11}_{n \text{ fois le chiffre } 1})$$

$$= (n-1)10^n + (\underbrace{888\ldots\ldots 89}_{n-1 \text{ fois le chiffre } 8})$$

Ainsi le nombre des chiffres nécessaires pour écrire la suite

de		1	à	99	est	189
	»	»		999	»	2 889
	»	»		9 999	»	38 889
	»	»		99 999	»	488 889..., etc.

11. *On écrit la suite naturelle des nombres sans séparer les chiffres ; chercher le* 18 347° *chiffre de cette suite.*

D'après le problème précédent, on voit que, pour écrire 18 347 chiffres, il a fallu d'abord poser les 999 premiers nombres, qui ont nécessité 2 889 caractères.

Avec la différence $18\,347 - 2\,889$ ou 15 458 on a écrit $\dfrac{15\,458}{4}$ ou 3 864 nombres complets de 4 chiffres, plus 2 caractères du nombre suivant. On a donc écrit $999 + 3\,864$, soit les 4 863 premiers nombres ; le suivant serait 4 864, et son second chiffre 8 est le chiffre cherché.

12. *Si l'on forme la suite* 1.2.3.5.8.13.21..., *etc., telle qu'un nombre soit la somme des deux précédents, démontrer qu'il y aura toujours quatre nombres au moins de cette suite, et cinq au plus, qui auront le même nombre de chiffres.*

On va démontrer : 1° qu'il y en aura au moins toujours quatre ; 2° qu'il n'y en a jamais six, c'est-à-dire qu'au plus il y en a cinq. Si dans la suite : $1.2.3.5.8.13\ldots\ldots a, b, a+b, a+2b, 2a+3b, 3a+5b,\ldots\ldots a$ et b sont les termes *immédiatement inférieurs* à 10^n, alors $a+b$ sera supérieur à 10^n et on aura :

$$a < b \qquad a < 10^n \qquad b < 10^n \qquad a+b > 10^n$$

d'où l'on déduit :

$a + b < 10^n + 10^n = 2.10^n < 10^{n+1}$, et en comparant avec $b < 10^n$
$a + 2b < 10^n + 2.10^n = 3.10^n < 10^{n+1}$; ajoutant ces 2 inégalités,
$2a + 3b < 2.10^n + 3.10^n = 5.10^n < 10^{n+1}$; ajoutant les 2 dernières,
$3a + 5b < 3.10^n + 5.10^n = 8.10^n < 10^{n+1}$.

On peut donc écrire :

$$10^n < a + b < a + 2b < 2a + 3b < 3a + 5b < 10^{n+1}$$

Ces 4 nombres de la suite auront tous $n + 1$ chiffres.

Le nombre suivant, le 5e, serait $5a + 8b$, et le 6e aurait pour expression $8a + 13b$; or on a identiquement :

$$8a + 13b = 10(a + b) + 3b - 2a$$

Et en remarquant que b est plus grand que a, et que $a + b$ est supérieur à 10^n, on aura :

$$8a + 13b > 10^{n+1}$$

Donc le 6e nombre aura au moins $n + 2$ chiffres; d'où l'on peut conclure qu'il y aura toujours 4 nombres au moins, 5 au plus, qui auront le même nombre de chiffres.

CHAPITRE II

Exercices sur l'Addition et la Soustraction.

13. *D'après le* Journal des économistes, *en novembre* 1876, *l'Europe possédait* 140 550 *km. de chemins de fer; l'Asie,* 11 102; *l'Afrique,* 2 049; *l'Amérique,* 143 528, *et l'Océanie,* 2 489. *On demande le nombre total de km. des chemins de fer du globe.*

Rép. 299 718 km.

14. *Les États-Unis possédaient, en novembre* 1876, 128 880 *km. de chemins de fer, et l'Amérique* 143 528. *Quel était, à cette époque, le nombre de km. des autres États d'Amérique?*

Rép. 14 648.

15. *Trouver deux nombres entiers consécutifs dont la somme égale* 39 089.

Deux nombres consécutifs sont de la forme n et $n+1$, leur somme sera $2n+1$, et elle égale 39 089; en retranchant l'unité, on aura 39 088 ou le double du petit : les deux nombres sont donc :

19 544 et 19 545.

16. *Trouver trois nombres consécutifs dont la somme égale* 8 862.

Ces 3 nombres étant de la forme n, $n+1$, $n+2$, leur somme sera $3n+3$ ou $3(n+1)$; elle égale 8 862. Si l'on en prend le tiers, on aura le nombre du milieu, 2 954. Les 3 nombres sont donc :

$$2953, \quad 2954, \quad 2955$$

17. *Pourquoi, dans la soustraction, ajoute-t-on* 10 *plutôt que tout autre nombre, au chiffre trop faible du nombre supérieur?*

Pour deux raisons : 1º ce nombre est suffisant pour que toutes les soustractions partielles deviennent possibles; 2° la compensation s'effectue facilement par l'addition d'une unité au chiffre suivant du nombre inférieur.

18. *Pourquoi commence-t-on l'addition par la droite?*

On commence par la droite, pour que l'addition de chaque colonne fournisse un chiffre du *résultat*, ce qui n'aurait pas toujours lieu si on commençait par la gauche; car si, dans le cours de l'opération, l'addition d'une colonne donnait plus de 9, il faudrait ajouter les dizaines de cette somme partielle au chiffre déjà écrit de la colonne précédente à gauche; par suite on serait obligé de changer ce chiffre.

19. *Même question pour la soustraction.*

On commence la soustraction par la droite, pour que chaque soustraction partielle donne un chiffre du résultat, ce qui pourrait ne pas avoir lieu si on commençait par la gauche; car, si un chiffre du nombre inférieur était plus fort que son correspondant du nombre supérieur, on augmenterait ce chiffre de 10; mais, pour établir la compensation, il faudrait retrancher une unité au chiffre précédent du résultat déjà écrit.

20. *Lorsque plusieurs nombres sont placés par ordre de grandeur, la somme des différences que l'on obtient en retranchant chacun de ces nombres de celui qui le suit immédiatement, est égale à la différence des extrêmes.*

Soient par exemple les nombres 3, 19, 58, 209, 2 454; on a :

$$
\begin{aligned}
19 - 3 &= 16 \\
58 - 19 &= 39 \\
209 - 58 &= 151 \\
2\,454 - 209 &= 2\,244
\end{aligned}
$$

Additionnant membre à membre et simplifiant, il vient :

$$2\,454 - 3 = 16 + 39 + 151 + 2\,244 \quad \text{C. Q. F. D.}$$

21. *Trouver trois nombres, sachant que la somme des deux premiers est 30, la somme des deux derniers 38, et celle du 1er et du 3e, 32.*

$$
\begin{aligned}
&30 \text{ comprend le 1er et le 2e nombre} \\
&38 \quad\quad \text{»} \quad\quad 2e \quad\quad 3e \quad\quad \text{»} \\
&32 \quad\quad \text{»} \quad\quad 1er \quad\quad 3e \quad\quad \text{»}
\end{aligned}
$$

La somme $30 + 38 + 32$ ou 100 contiendra donc 2 fois le premier, plus 2 fois le second, plus 2 fois le troisième, c'est-à-dire 2 fois la somme des trois nombres; cette somme sera donc 50. Si on en retranche 30, qui représente le 1er et le 2e nombre, il reste 20, qui est le 3e; de même si on en retranche 38 et 32, il reste 12 et 18, qui sont le 1er et le 2e nombre.

Les trois nombres sont 12, 18 et 20.

22. *Quatre personnes se sont partagé une certaine somme : la 1re, la 2e et la 3e ont reçu ensemble 239757 fr.; la 1re, la 2e et la 4e, 230246; la 1re, la 3e et la 4e, 160077; enfin la 2e, la 3e et la 4e, 246562. Quelle est la part de chacune?*

On voit aisément que la somme des nombres donnés

$$239757 + 230146 + 260077 + 246562 \text{ ou } 976542$$

est égale au triple du montant à partager, qui par suite sera

$$\frac{976542}{3} \text{ ou } 325514.$$

Si de cette somme on retranche successivement les 4 nombres donnés, on aura la part de chaque personne.

1re 85757.   2e 95368.   3e 65437.   4e 78952.

23. *Démontrer que la somme de deux nombres, ajoutée à leur différence, donne un résultat double du plus grand, et que cette somme, diminuée de la même différence, donne un résultat double du plus petit.*

Soient a et b les nombres, s leur somme, d leur différence, et soit a plus grand que b; on a :

$$a + b = s \quad a - b = d$$

Additionnant $\qquad 2a = s + d$

retranchant (Ex. 26 bis.) $\quad 2b = s - d \qquad\qquad$ C. Q. F. D.

24. *Que faut-il faire pour rendre égaux deux nombres différents sans changer leur somme?*

Il faut ajouter au plus petit et retrancher du plus grand la moitié de leur différence, selon que l'indiquent les relations :

$$a + b = s$$

$a - \dfrac{a - b}{2} = b + \dfrac{a - b}{2}$ condition d'égalité des nombres.

$a - \dfrac{a - b}{2} + b + \dfrac{a - b}{2} = a + b = s$, constance de la somme.

25. *Paul dit à sa sœur : Qu'on me donne 6 oranges, et j'en aurai autant que toi. Elle répond : Qu'on m'en donne 6, et j'en aurai le double de ce que tu as. Combien chacun en a-t-il?*

D'après ce que dit Paul, on voit que sa sœur a 6 oranges de plus que lui; si à sa sœur on donne 6 oranges, elle en aura autant que Paul, plus 12 oranges; mais alors, dit-elle, elle en possédera deux fois autant que son frère.

Paul a donc 12 oranges, et sa sœur, 18.

26. *Pour ajouter à un nombre la différence de deux autres, il faut ajouter le premier, et au résultat retrancher le second.*

En effet, supposons qu'il s'agisse d'ajouter à 16 la différence $(12-5)$. Si au lieu d'ajouter à 16 $(12-5)$, on lui ajoute 12, on lui ajoutera 5 unités de trop; par suite, la somme $16+12$ surpassera de 5 unités le résultat cherché, qui sera, par conséquent, $16+12-5$. Ce résultat s'exprime par l'égalité

$$16 + (12 - 5) = 16 + 12 - 5$$

26 bis. *Pour diminuer un nombre de la différence de deux autres, il faut retrancher de ce nombre le plus grand, et ajouter le plus petit.*

En effet, soit à retrancher de 25 la différence $(17-8)$. Si, au lieu de retrancher de 25 la différence $17-8$ ou 9, on lui retranche 17, on retranchera 8 unités de trop; par suite, la différence obtenue $25-17$ sera trop faible de 8 unités; par conséquent, en ajoutant 8 unités, on aura le résultat cherché, qui sera $25-17+8$. Ce résultat s'exprime par l'égalité

$$25 - (17 - 8) = 25 - 17 + 8$$

27. *Qu'appelle-t-on complément arithmétique d'un nombre?*

On appelle complément arithmétique d'un nombre la différence entre ce nombre et l'unité de l'ordre immédiatement supérieur; on l'obtient en retranchant de 10 son premier chiffre significatif à droite, et en retranchant de 9 tous les autres chiffres.

Ainsi le complément arithmétique de 6 473 est ce qui manque à 6 473 pour égaler 10 000 ou $9\,990+10$; d'où l'on voit que ce complément s'obtient en retranchant de 10 le dernier chiffre à droite, et les autres de 9, ce qui permet de l'écrire presque à vue; ainsi le complément de 6 473 sera 3 527, et celui de 4 028, 5 972.

Remarques. Si le dernier chiffre à droite était 0, on prendrait la différence à 10 du premier chiffre significatif précédant ce zéro, de sorte que le complément de 1 480 serait 8 520. Il en serait de même si le nombre était terminé par plusieurs zéros; ainsi 273 000 a pour complément 727 000. Pour les fractions décimales proprement dites, on prend ordinairement le complément à l'unité : les compléments de 0,75, 0, 00 403 sont, respectivement, 0,25 et 0,995 97.

Les compléments arithmétiques permettent de transformer l'addition de deux nombres en une soustraction, ou inversement.

Dans les calculs, pour montrer qu'on a pris le complément d'un nombre, et pour en exprimer la valeur, on établit l'égalité entre le nombre précédé du signe C^t et le complément lui-même. On aura :

$$C^t\,7\,322 = 2\,678 \qquad C^t\,0{,}123\,01 = 0{,}876\,99$$

28. *Transformer, au moyen du complément, l'addition de deux nombres en une soustraction.*

Soit à transformer l'addition $317\,538 + 4\,216$ en une soustraction.

On a successivement :

$$317\,538 + 4\,216 = 317\,538 + 10\,000 - 10\,000 + 4\,216$$
$$= (317\,538 + 10\,000) - (10\,000 - 4\,216)$$
$$= (317\,538 + 10\,000) - C^t\,4\,216$$
$$= (317\,538 + 10\,000) - 5\,784 = (317\,538 - 5\,784) + 10\,000$$

D'où la règle : *Pour transformer l'addition de 2 nombres en une soustraction, on retranche de l'un des nombres le complément de l'autre, et on ajoute au résultat une unité de l'ordre immédiatement supérieur à l'ordre représenté par le premier chiffre à gauche du nombre dont on a pris le complément.*

Cette règle découle de l'identité :

$$(a + b) = \left[a - (10^n - b) \right] + 10^n$$

29. *Transformer de même la soustraction de deux nombres en une addition.*

Soit à transformer la différence $3\,427 - 248$ en une addition. On a successivement :

$$3427 - 248 = 3427 - 248 + 1000 - 1000 = 3427 + 1000 - 248 - 1000$$
$$= 3\,427 + C^t\,248 - 1\,000$$
$$= 3\,427 + 752 - 1\,000$$

D'où la règle : *Pour transformer la soustraction de deux nombres en une addition, on ajoute au plus grand nombre le complément du petit, et on retranche du résultat une unité de l'ordre immédiatement supérieur à celui qui représente le premier chiffre à gauche du nombre dont on a pris le complément.*

Cette règle se déduit de l'identité :

$$a - b = \left[a + (10^n - b) \right] - 10^n$$

CHAPITRES III ET IV

Exercices sur la Multiplication et la Division.

30. *Trouver deux nombres dont la somme est* 6 612 *et le quotient de leur division* 75.

Le dividende renferme 75 fois le diviseur; donc la somme des deux termes de la division égale 76 fois le diviseur; par suite, si on divise cette somme par le quotient plus un, on a le diviseur; soit $\dfrac{6\,612}{76} = 87$; le dividende sera 6 525.

Les deux nombres sont 6 525 et 87.

31. *Trouver le produit* 345 × 699 *en faisant une multiplication d'un seul chiffre.*

On a identiquement :

$$345 \times 699 = 345 \times (699+1) - 345 = 345 \times 700 - 345 = 34500 \times 7 - 345$$
$$= 241\,500 - 345 = 241\,155$$

Il suffit de multiplier 34 500 par 7 et de retrancher 345 du produit.

32. *Comment peut-on former le produit de* 457 893 *par* 11 *sans faire de multiplication?*

Supposons la multiplication effectuée pour en déduire le résultat demandé.

$$
\begin{array}{r}
457893 \\
11 \\
\hline
457893 \\
457893 \\
\hline
5036823
\end{array}
$$

On voit que le dernier chiffre à droite du produit est celui du nombre proposé; que les autres s'obtiennent en additionnant successivement chaque chiffre avec celui qui le précède, en tenant compte de la retenue à laquelle a pu donner lieu l'addition précédente.

33. *La différence de deux nombres est* 76; *le plus grand égale* 5 *fois le plus petit. Quels sont ces deux nombres?*

Si du grand nombre on retranche le petit, la différence vaudra, d'après l'énoncé, 4 fois ce dernier, et comme elle égale 76, le petit nombre est $\frac{76}{4}$ ou 19; le grand nombre sera donc 95.

Rép. 95, 19.

34. *La somme de deux nombres est* 95; *la différence égale* 3 *fois le plus petit. Quels sont ces deux nombres?*

La différence égalant 3 fois le petit nombre, le grand vaut 4 fois ce petit nombre. La somme sera donc égale à 5 fois le petit nombre; ce dernier, par suite, sera $\frac{95}{5}$ ou 19, et le grand 76, ou 95 — 19.

Rép. 76 et 19.

35. *Que devient un produit lorsqu'on augmente ou que l'on diminue l'un de ses facteurs d'un certain nombre?*

Les deux égalités : $(a+m)b = ab + bm$
$$(a-m)b = ab - bm$$

montrent que le produit ab augmente ou diminue du produit du second facteur par le nombre ajouté ou retranché au premier.

36. *Que devient le produit* 14×25 *lorsqu'on augmente le* 1er *facteur de* 3 *unités et le* 2e *de* 7?

Si, au lieu du produit 14×25, on considère $(14+3) \times 25$, d'après l'exercice 35, le produit augmente de 3 fois 25; si, au lieu de ce produit intermédiaire $(14+3) \times 25$, on considère le produit $(14+3) \times (25+7)$, le produit $(14+3)25$ sera augmenté de $7(14+3)$ ou $7 \times 14 + 7 \times 3$. Donc *la différence entre* $(14+3)(25+7)$ *et* 14×25 *sera de* $3 \times 25 + 14 \times 7 + 3 \times 7$.

37. *Que devient le même produit si l'on diminue les facteurs respectivement de* 3 *et de* 7 *unités.*

On peut effectuer l'opération $(14-3)(25-7)$, ce qui se fera en multipliant d'abord $(14-3)$ par 25, et retranchant de ce produit celui de $(14-3)$ par 7; car le multiplicateur 25 surpassant le multiplicateur $(25-7)$ de 7 unités, le 1er produit $(14-3)25$ surpassera le produit $(14-3)(25-7)$ de 7 fois le multiplicande. On a (47) :

$$(14-3)25 = 14 \times 25 - 3 \times 25$$
$$(14-3)7 = 14 \times 7 - 3 \times 7$$

d'où $(14-3)(25-7) = 14 \times 25 - 3 \times 25 - 14 \times 7 + 3 \times 7$

Ce résultat montre que le produit obtenu diffère du produit primitif de la quantité $-3 \times 25 - 14 \times 7 + 3 \times 7$. On peut en conclure la règle suivante : *Pour multiplier deux différences entre elles, on multiplie la première par chaque terme de la seconde et on retranche le second produit du premier.*

38. *Généraliser les questions proposées dans les deux exercices précédents.*

Écrivons les 3 identités :
$$(a+m)(b+n) = ab + bm + an + mn$$
$$(a-m)(b-n) = ab - bm - an + mn$$
$$(a-m)(b+n) = ab - bm + an - mn$$

qui renferment tous les cas possibles ; elles conduisent à la règle suivante :

Lorsqu'on augmente ou que l'on diminue les deux facteurs d'un produit, celui-ci éprouve une double variation, se composant :

1° Du produit des deux quantités que l'on ajoute ou que l'on retranche, lequel s'ajoute si les quantités modifient dans le même sens, et se retranche dans le cas contraire.

2° Du produit de chacun des facteurs par la quantité modifiant l'autre facteur ; ces deux produits s'ajoutent si la nouvelle quantité introduite s'ajoute elle-même à l'autre facteur ; ils se retranchent dans le cas contraire.

39. *Le produit de deux nombres est 240 ; si l'on ajoute 3 au multiplicateur, le produit devient 276. Trouver ces deux nombres.*

L'augmentation $(276-240)$, ou 36 du produit, représente 3 fois le multiplicande (Ex. 35), qui est par suite $\frac{36}{3}$ ou 12 ; le multiplicateur sera 20.

Rép. 12, multiplicande ; 20, multiplicateur.

40. *Le produit de deux nombres est 23 688 ; si l'on retranche 4 au multiplicateur, le produit diminue de 1 692 ; quels sont ces nombres ?*

Le nombre 1 692 égale donc 4 fois le multiplicande; par suite, les deux nombres sont 423 et 56.

41. *En multipliant un nombre par 113, il se trouve augmenté de 183 680; quel est ce nombre?*

Le produit du nombre par 113 égale ce nombre lui-même plus 183 680; donc 112 fois ce nombre égale 183 680; par suite, le nombre sera $\dfrac{183\,680}{112}$ ou 1 640.

42. *De combien diminue un produit de deux facteurs lorsqu'on ajoute 1 au plus grand et qu'on retranche 1 au plus petit?*

On a
$$(a+1)(b-1)=ab+b-a-1=ab-(a-b)-1=ab-\big[(a-b)+1\big]$$

Le produit diminue de la différence des deux nombres augmentée d'une unité.

43. *Quand on multiplie deux nombres inégaux par un même nombre, leur différence varie-t-elle?*

Elle est multipliée par ce nombre, car on a
$$am-bm=(a-b)m$$

44. *Calculer les 10 premières puissances de 3 et faire les produits de chacune de ces puissances par le cube de 7.*

Les 10 premières puissances de 3 sont :

3, 9, 27, 81, 243, 729, 2 187, 6 561, 19 683, 59 049

Les produits par le cube de 7 sont :

1 029, 3 087, 9 261, 27 783, 83 349, 250 047, 750 141,

2 250 423, 6 751 269, 20 253 807

45. *Calculer les 5 produits que l'on obtient en multipliant chacune des 5 premières puissances de 8 par les mêmes puissances de 5.*

On obtient   40, 1 600, 64 000, 2 560 000, 102 400 000

Exemple de l'une de ces opérations :
$$8^4\times5^4=4^4\times2^4\times5^4=4^4\times(2^4\times5^4)=4^4\times(10^4)=2\,560\,000$$

46. *Calculer l'effectif d'une brigade composée de 2 régiments de chacun 4 bataillons; chaque bataillon renferme 4 compagnies, une compagnie compte 120 hommes.*

L'effectif est de 3 840 hommes.

47. *Expliquer pourquoi on obtient le produit 97×96 en multipliant 100 par 93 et ajoutant 3×4 au résultat. Le nombre 93 s'obtient en retranchant de 100 la somme des compléments à 100 des deux facteurs.*

On a (Ex. 37) :

$$97 \times 96 = (100-3)(100-4) = 100 \times 100 - 3 \times 100 - 4 \times 100 + 3 \times 4$$
$$= 100(100-3-4) + (3 \times 4) = 100(100-7) + 3 \times 4 = 100 \times 93 + 3 \times 4$$

Et en général on a :

$$(10^m - a)(10^m - b) = 10^m \times 10^m - 10^m \times a - 10^m \times b + ab$$
$$= 10^m \left[10^m - (a+b) \right] + ab$$

48. *Démontrer que l'on obtient le produit $1\,005 \times 1\,009$ en multipliant $1\,000$ par $(1\,000 + 14)$ et en ajoutant 5×9. Généraliser.*

On a
$$1\,005 \times 1\,009 = (1\,000 + 5)(1\,000 + 9)$$
$$= 1\,000 \times 1\,000 + 1\,000 \times 5 + 1\,000 \times 9 + 5 \times 9$$
$$= 1\,000 \left[1\,000 + (5+9) \right] + 5 \times 9$$
$$= 1\,000 (1\,000 + 14) + 5 \times 9$$

Et en général :

$$(10^m + a)(10^m + b) = 10^m \times 10^m + 10^m a + 10^m b + a \times b$$
$$= 10^m \left[10^m + (a+b) \right] + a \times b$$

49. *On obtient de même le produit 104×98 en multipliant 100 par $\left[100 + (4-2) \right]$ et en retranchant 4×2.*

On a
$$104 \times 98 = (100+4)(100-2) = 100 \times 100 + 4 \times 100 - 2 \times 100 - 2 + 4$$
ce qui égale $\qquad 100 \left[100 + (4-2) \right] - 2 \times 4$

Et en général :

$$(10^m + a)(10^m - b) = 10^m \times 10^m + 10^m \times a - 10^m . b - ab$$
$$= 10^m \left[10^m + (a-b) \right] - ab$$

50. *On peut obtenir le produit de deux nombres compris entre 5 et 10 de la manière suivante : fermer autant de doigts dans la main gauche qu'il manque d'unités au multiplicande pour être égal à 10, et dans la main droite, autant qu'il en manque au multiplicateur ; faire le produit de ces deux nombres de doigts, et lui ajouter autant de dizaines qu'il est resté de doigts non fermés.*

Soient a et b les deux nombres ; les nombres des doigts fermés seront : pour la main gauche $10 - a$

pour la main droite $10 - b$

Ces deux nombres sont évidemment inférieurs à 5.

Les doigts ouverts seront : pour la main gauche $(a - 5)$
pour la main droite $(b - 5)$

Le produit des nombres de doigts fermés est :
$$(10 - a)(10 - b) = 100 - 10(a + b) + ab$$
La somme des doigts ouverts multipliée par 10 est :
$$10(a + b) - 100$$
Si l'on ajoute ces résultats, on trouve ab.   C. Q. F. D.

51. *Multiplier 36 par 5 en divisant par 2, par 25 en divisant par 4, par 125 en divisant par 8.*

On a
$$36 \times 5 = 36 \times \frac{10}{2} = \frac{36}{2} \times 10 = 180$$
$$36 \times 25 = 36 \times \frac{100}{4} = \frac{36}{4} \times 100 = 900$$
$$36 \times 125 = 36 \times \frac{1\,000}{8} = \frac{36}{8} \times 1\,000 = 4\,500$$

52. *Diviser 2625 par 5, 25 ou 125, en multipliant par 2, 4 ou 8.*

On a
$$\frac{2\,625}{5} = \frac{2\,625 \times 2}{5 \times 2} = \frac{2\,625 \times 2}{10} = 525$$
$$\frac{2\,625}{25} = \frac{2\,625 \times 4}{25 \times 4} = \frac{2\,625 \times 4}{100} = 105$$
$$\frac{2\,625}{125} = \frac{2\,625 \times 8}{125 \times 8} = \frac{2\,625 \times 8}{1\,000} = 21$$

53. *La somme de deux nombres est 319 ; leur quotient est 23, le reste de leur division est 7 ; trouver les deux nombres.*

Après avoir soustrait 7 de 319 on retombe dans le cas de l'exercice 30, et on trouve alors facilement que les deux nombres sont 13 et 306.

54. *Le quotient de deux nombres est 19, le reste de leur division 537 ; quels sont ces deux nombres si leur différence est 12777 ?*

Le grand nombre contient 19 fois le petit plus 537 ; la différence renferme donc 18 fois le petit nombre plus 537 ; ce petit nombre sera donc
$$\frac{12\,777 - 537}{18} = 680$$
le grand nombre est 13 457.

55. *Peut-on commencer la multiplication par les chiffres de gauche du multiplicateur ?*

Oui, et l'opération n'est pas plus longue.

En effet, on a les mêmes produits partiels, rangés verticalement dans un ordre inverse ; seulement au lieu de reculer chaque produit d'un rang vers la gauche, par rapport au produit précédent, il faut l'avancer vers la droite, de cette façon les unités de même ordre se correspondent. Ex. :

$$
\begin{array}{r}
536 \\
125 \\
\hline
2680 \\
1072 \\
536 \\
\hline
67000
\end{array}
\qquad
\begin{array}{r}
536 \\
125 \\
\hline
536 \\
1072 \\
2680 \\
\hline
67000
\end{array}
$$

56. *Pourquoi commencer la multiplication par la droite du multiplicande ?*

On commence la multiplication par la droite du multiplicande, parce que les retenues de chaque produit s'ajoutent aisément au produit suivant, ce qui n'aurait pas lieu en commençant par la gauche ; car lorsqu'un produit partiel surpasserait 9, il en faudrait écrire les unités, puis ajouter les dizaines au chiffre déjà trouvé au produit précédent, et pour cela le placer sous ce chiffre. On aurait ainsi une addition plus longue.

57. *Dans une division dont le quotient n'a qu'un chiffre, on peut obtenir une limite inférieure de ce quotient, en divisant par le premier chiffre à gauche du diviseur augmenté d'une unité, la partie du dividende qui exprime des unités de même ordre.*

Soit la division de 4 358 par 569 dont le quotient n'a qu'un chiffre ; on obtiendra une limite inférieure du quotient en divisant 43 par $5 + 1$ ou 6.

En effet, cela revient à remplacer les deux nombres proposés par 4 300 et 600 ; or le premier est plus petit que le dividende donné, et le second plus grand que le diviseur ; pour cette double raison, le quotient trouvé ne peut être que trop faible ; ce sera donc une limite inférieure du quotient cherché.

58. *Dans les nombres concrets, de quelle nature peut être le quotient d'une division ?*

Pour répondre à cette question, il est utile de se rappeler ce qu'on a dit au n° 43 de la nature des termes d'une multiplication, et de ne pas oublier que la division est l'opération inverse de la multiplication.

Le numéro précité, en n'ayant en vue que les opérations sur les nombres concrets, peut se formuler ainsi :

Lorsque le multiplicande est une grandeur concrète, le multiplicateur doit toujours être considéré comme abstrait, et le produit est alors de même nature que le multiplicande. Ceci ressort clairement de ce que la multiplication étant une addition abrégée, le produit, qui en est le total, ne saurait être de nature différente de celle du multiplicande, qui est le nombre ajouté. Les calculs de surface et de volume semblent au premier abord s'écarter de cette *règle générale*; mais il n'en est rien, car alors on doit considérer les facteurs comme des nombres abstraits.

Ceci établi, si on compare une multiplication avec l'opération inverse, le dividende représentera le produit, tandis que le diviseur et le quotient représenteront les facteurs. Il est alors évident :

1° Que si le diviseur représente le multiplicande, il est concret et de la nature du dividende; le quotient, dans ce cas, représentant le multiplicateur, est abstrait.

2° Que si, au contraire, le diviseur représente le multiplicateur, il est abstrait, tandis que le quotient, représentant le multiplicande, est concret, et de même nature que le dividende.

Les conclusions auxquelles on vient de parvenir peuvent être facilement appliquées à tous les cas; on les retrouve aussi en faisant attention à quelle définition de la division peut s'appliquer le problème que l'on traite.

1° Quand la question donne lieu à une division ayant pour but de chercher *combien de fois* un nombre en contient un autre, il est évident que le dividende et le diviseur représentent des nombres concrets de même nature, et le quotient un nombre abstrait; alors le dividende est le produit, et le diviseur le multiplicande, tandis que le quotient en est le multiplicateur, comme dans l'exemple suivant : Si un mètre coûte 5 fr., combien aura-t-on de mètres pour 30 francs?

2° Quand la question donne lieu à une division ayant pour but *de partager un nombre en autant de parties égales qu'il y a d'unités dans un autre*, le quotient est de même nature que le dividende, et le diviseur est abstrait; alors le dividende et le quotient représentent respectivement le produit et le multiplicande, et le diviseur représente le multiplicateur.

En résumé, le quotient d'une division est concret et de même nature que le dividende, ou il est abstrait.

59. *Dans toute division le reste est plus petit que la moitié du dividende.*

Soit D le dividende, d le diviseur, Q le quotient et R le reste, il s'agit de prouver que R est plus petit que $\frac{D}{2}$.

On a en effet :
$$D = dQ + R$$

Or Q égale au moins 1 ; par suite, dQ est au moins égal à d ; et comme R est plus petit que d, il s'ensuit que l'on a : $D > 2R$ ou $\frac{D}{2} > R$.
C. Q. F. D.

60. *Multiplier* 12 345 679 *par* 9, 18, 27, 36,...... 81 ; *expliquer les résultats singuliers que l'on trouve.*

Le produit $12\,345\,679 \times 9$ peut s'écrire :
$$12\,345\,679 \times (10 - 1) = 123\,456\,790 - 12\,345\,690 = 111\,111\,111$$

Les autres multiplicateurs étant :
$$9 \times 2 \quad 9 \times 3 \quad 9 \times 4 ..... \quad 9 \times 9$$

les produits qu'ils fournissent seront :
$$222\,222\,222$$
$$333\,333\,333$$
$$. . . . . . .$$
$$999\,999\,999$$

61. *La lumière met* 8' 18" *à venir du soleil à la terre ; elle parcourt environ* 300 000 *km. par seconde ; calculer, d'après cela, la distance de la terre au soleil.*

Cette distance est 149 400 000 km.

62. *Une source fournit environ* 649 *m. c. d'eau par jour : en combien de temps pourra-t-elle remplir un réservoir de* 7 788 000 *litres ?*

En 12 jours.

63. *Combien de secondes aura vécu, à l'âge de* 50 *ans, un individu qui est né le* 1er *janvier* 1850 ? *On aura égard aux années bissextiles.*

Il aura vécu 1 577 836 800ˢ. (Il y a dans cette période 12 années bissextiles.)

64. *Combien de secondes se sont écoulées depuis la fin de l'an 1000 jusqu'à la fin de 1876? On tiendra compte des années bissextiles et de la réforme grégorienne.*

En divisant 876 par 4 on obtient 219; mais, par la réforme grégorienne, on supprima 10 jours à l'année 1582, et, de plus, les années séculaires 1700 et 1800 n'ont pas été bissextiles. Les 219 jours supplémentaires sont donc réduits à $219 - (10 + 2) = 207$. Le nombre de jours écoulés sera $876 \times 365 + 207$, et le nombre de secondes $27\,643\,280\,800$.

65. *On a acheté 780 m. de drap de deux qualités, autant de l'une que de l'autre; la seconde qualité coûte 30 fr. le mètre, et 5 mètres de la première coûtent autant que 7 de la deuxième. Combien doit-on payer?*

Il y a $780 : 2 = 390$ m. de drap de chaque qualité.

5 mètres de la première coûtent 30×7; un mètre coûtera donc $\dfrac{30 \times 7}{5} = 42$.

La dépense totale est : $(30 + 42)390$ ou $28\,080$ fr.

66. *On a, dans un sac, 85 pièces de monnaie d'or, les unes de 10 fr., les autres de 20 fr.; la somme totale est 1 150 fr. Combien y a-t-il de pièces de chaque espèce?*

Si les 85 pièces étaient de 10 fr., elles vaudraient $10 \times 85 = 850$, et il manquerait $1\,150 - 850 = 300$ fr. pour compléter la valeur contenue dans le sac. On peut parfaire la somme en retirant quelques-unes de ces 85 pièces supposées de 10 fr. et les remplaçant par d'autres de 20; mais chaque fois la somme augmentera de 10 fr.; pour atteindre l'augmentation nécessaire de 300 fr, il faudra mettre $\dfrac{300}{10}$ ou 30 pièces de 20 fr.

Le sac contient donc 30 pièces de 20 fr. et 55 de 10 fr.

On aurait pu raisonner autrement :

Si les 85 pièces étaient de 20 fr., elles vaudraient 1 700 fr., et il y aurait, sur la valeur indiquée, un excédant de $1\,700 - 1\,150$ ou de 550 fr. Pour passer de la valeur de 1 700 à celle de 1 150, il suffit de retirer un certain nombre de ces pièces supposées de 20 fr., et de les remplacer par d'autres de 10 fr.; mais pour chaque pièce remplacée, la somme diminuera de 10 fr., et pour qu'elle diminue de 550 fr. il faudrait retirer $\dfrac{550}{10}$ ou 55 pièces de 20 fr. et les remplacer par 55 de 10 fr. Résultat conforme au précédent.

67. *On engage un ouvrier pour 63 jours à la condition qu'on lui donnera 4 fr. pour chaque jour de travail, et qu'il rendra 5 francs chaque jour qu'il ne travaillera pas. On demande combien de jours il aurait travaillé 1° s'il avait reçu 144 fr.; 2° s'il n'avait rien reçu; 3° s'il avait rendu 9 fr.*

1° S'il avait travaillé tous les jours il aurait reçu 4×63 ou 252 fr.; comme il n'a eu que 144 fr., il a donc subi une diminution de $252 - 144$ ou 108 fr.; or, chaque jour qu'il ne travaille pas, il perd $5 + 4 = 9$ fr.; donc il n'a pas travaillé pendant $108 : 9$ ou 12 jours, et il a travaillé pendant $63 - 12 = 51$ jours.

2° Dans ce cas il perd tout, soit 252 fr.; or comme chaque jour chômé lui fait perdre 9 fr., il en a donc passé de la sorte $252 : 9$ ou 28, et il a travaillé pendant $63 - 28 = 35$ jours.

3° Dans cette troisième supposition il perd 252 fr. plus les 9 fr. qu'il rembourse, soit $252 + 9 = 261$; le nombre de jours pendant lesquels il n'a pas travaillé est donc $\dfrac{261}{9} = 29$ jours; le nombre des jours de travail est 34.

68. *Trouver un nombre composé de 2 chiffres tels que leur somme soit 14, et que si l'on intervertit l'ordre des chiffres, ce nombre diminue de 18.*

Le nombre est égal à 10 fois le chiffre des dizaines augmenté de celui des unités. Renversé, il devient égal à 10 fois le chiffre des unités augmenté de celui des dizaines. La différence 18 est donc égale à 9 fois le chiffre des dizaines diminué de 9 fois celui des unités, ou à 9 fois la différence entre ces 2 chiffres; cette différence sera $\dfrac{18}{9} = 2$; connaissant, en outre, la somme de ces 2 chiffres, l'un d'eux est $\dfrac{14 + 2}{2} = 8$ et l'autre $\dfrac{14 - 2}{2} = 6$.

Le nombre est 86.

69. *Un vapeur de guerre poursuit un vaisseau ennemi; la distance qui les sépare est 44448 mètres. On demande dans combien de temps le vaisseau sera atteint, sachant que le vapeur parcourt 12 milles marins à l'heure, et le vaisseau 8. Le mille vaut 1852 mèt.*

Autant de fois la différence $12^{\text{mil}} - 8^{\text{mil}}$ est contenue dans le nombre de milles $\dfrac{44448}{1852}$ que renferment les 44448 m., autant il faut d'heures, c'est-à-dire $\dfrac{44448}{4 \times 1852} = 6$ heures.

70. *On demande le nombre de sauts que doit faire un chien pour atteindre un lièvre qui a 75 sauts d'avance, sachant que le chien fait 2 sauts quand le lièvre en fait 3, et que 5 sauts de celui-ci en valent 2 du premier.*

Pendant que le lièvre fait 3 sauts, le chien en fait 2 qui en valent 5 du lièvre; donc le chien gagne 5 — 3 ou 2 sauts du lièvre chaque fois que lui-même en fait 2, ou bien il gagne un saut du lièvre pour chacun de ceux qu'il fait; par suite, pour en gagner 75, il devra en faire lui-même 75.

71. *Une personne place partie de sa fortune à 6 %, et partie à 5 %; elle se fait ainsi un revenu de 2 450 fr. Quelle est sa fortune, sachant que si la somme qui rapporte 5 % avait été placée à 6 %, et vice versa, le revenu eût augmenté de 50 fr.?*

Le 1$^\text{er}$ revenu 2 450 égale les 6 centièmes de la première partie augmentée des 5 centièmes de la seconde;

Le 2$^\text{e}$ 2 450 + 50 égale les 5 centièmes de la première partie augmentée des 6 centièmes de la seconde.

En faisant la somme on aura 2 450 + 2 450 + 50, qui représenteront les 11 centièmes de la première partie + les 11 centièmes de la seconde, c'est-à-dire les 11 centièmes de la somme totale.

Si les 11 centièmes égalent 2 450 + 2 450 + 50 ou 4 950, la somme totale sera $\dfrac{4\,950 \times 100}{11}$ ou 45 000.

Si au lieu d'ajouter les deux revenus on les retranche, on aura 2 450 + 50 — 2 450 = 50 fr., qui égale 1 centième de la seconde partie moins 1 centième de la première, c'est-à-dire 1 centième de la différence des deux parties; cette différence sera donc 50 × 100 = 5 000 fr.

La somme dés deux parties étant de 45 000 fr., leur différence de 5 000, les deux parties sont donc 20 000 et 25 000.

72. *On divise successivement un nombre par deux nombres entiers consécutifs; si le quotient entier est le même dans les deux opérations, il est moindre que le reste fourni par le plus petit diviseur ou lui est égal.*

L'énoncé fournit

$$D = dQ + R$$

$$D = (d+1)Q + R'; \quad \text{d'où} \quad dQ + R = (d+1)Q + R'$$

ou $\qquad\qquad R = Q + R' \quad$ et $\quad Q = R - R'$

Si R' n'est pas nul, Q sera plus petit que R; si R' = 0, Q sera égal à R.   C. Q. F. D.

73. *Le nombre des chiffres d'un produit de* n *facteurs est au plus égal à la somme du nombre des chiffres de ces facteurs, et au moins égal à cette somme, diminuée de* n — 1 *unités.*

Considérons d'abord deux facteurs dont le 1er ait 4 chiffres et le 2e 3 chiffres ; A_4, B_3 ; on aura :

$$10^3 \leq A_4 < 10^4$$
$$10^2 \leq B_3 < 10^3$$

d'où $\qquad\qquad 10^{3+2} \leq A_4 \times B_3 < 10^{4+3}$

Or 10^{3+2} a 6 chiffres et $A_4 B_3$ en a au moins autant ;

Et 10^{4+3} est le plus petit nombre de 8 chiffres ; donc $A_4 B_3$ en a au plus $4 + 3$ ou 7. $\qquad\qquad$ C. Q. F. D.

En général :

$$10^{\alpha-1} \leq A_\alpha < 10^\alpha$$
$$10^{\beta-1} \leq B_\beta < 10^\beta$$
$$\cdots\cdots\cdots\cdots$$
$$10^{\lambda-1} \leq L\lambda < 10^\lambda$$

donc $\quad 10^{(\alpha+\beta+\ldots\lambda)-n} = \leq A_\alpha \times B_\beta \times \ldots L\lambda < 10^{\alpha+\beta+\ldots+\lambda}$

n est le nombre des facteurs du produit.

Le premier de ces nombres a $\alpha + \beta + \ldots \lambda - n + 1$ ou $\alpha + \beta + \ldots \lambda - (n - 1)$ chiffres, et le produit considéré en aura au moins autant ; le dernier est le plus petit nombre de $\alpha + \beta + \ldots \lambda + 1$ chiffres ; le produit considéré aura donc au plus $\alpha + \beta + \ldots \lambda$ chiffres.

74. *La somme de deux nombres, multipliée par leur différence, donne pour produit la différence de leurs carrés.*

Soit a et b les deux nombres ; si on multiplie $(a + b)$ par $(a - b)$, on trouve pour résultat $a^2 - b^2$; car pour multiplier $(a + b)$ par $a - b$, il suffit de multiplier $a + b$ par a et de ce produit retrancher le produit $a + b$ par b.

Ce problème n'est qu'un cas particulier de l'exercice 38.

75. *De l'exercice précédent, déduire que la somme de deux nombres étant donnée, leur produit est le plus grand possible quand ces deux nombres sont égaux.*

En effet, le produit $a^2 - b^2$ des deux facteurs $a + b$ et $a - b$, dont la somme est constante et égale à $2a$, sera le plus grand possible quand b sera nul ; alors les deux facteurs seront égaux.

LIVRE II

PROPRIÉTÉS DES NOMBRES

CHAPITRE I

Divisibilité.

Préliminaires. — Ce chapitre a pour but d'établir les caractères auxquels on reconnaît qu'un nombre est divisible par un autre nombre, sans qu'on soit obligé d'effectuer la division du premier par le second. Pour cela, on détermine des règles qui permettent de trouver immédiatement le reste de la division d'un nombre quelconque par un diviseur donné, et l'on cherche dans quelles conditions ce reste est nul.

La *recherche* des caractères de divisibilité se fait sur trois séries de diviseurs qui sont, pour n'importe quel système de numération : 1° *les diviseurs de la base et les puissances de ces diviseurs; 2° la base plus ou moins un et les diviseurs de ces nombres; 3° les nombres autres que les précédents.*

Premièrement. On a vu, *Arithmétique*, n°s 92, 93, 94, quels sont les cas où un nombre est divisible par 2 et par 5, par 4 et par 25, par 8 et par 125.....

On va établir, en général, qu'un nombre est divisible par 2^n ou par 5^n quand le nombre formé par les n derniers chiffres à droite est lui-même divisible par 2^n ou 5^n. En effet, si l'on appelle N un nombre, a la partie formée par les n derniers chiffres à droite, et b le nombre formé par les autres chiffres,

on a :
$$N = b \times 10^n + a = b \times 2^n \times 5^n + a$$

Le reste de la division de N par 2^n ou par 5^n est donc le même que celui de a par 2^n ou 5^n; par suite, la condition nécessaire et suffisante pour qu'un nombre soit divisible par 2^n ou 5^n est que le nombre formé par les n derniers chiffres à droite soit lui-même divisible par 2^n ou 5^n.

Deuxièmement. Il n'y a rien à ajouter à ce qui a été dit, *Éléments d'arithmétique,* n°s 95, 96, 97, 98, sur la divisibilité par 9, par 11 et par 3.

Troisièmement. Pour compléter l'étude des caractères de divisibilité, il reste à parler de la troisième série de diviseurs. Nous allons prendre le nombre 7, par exemple : la méthode, qui pourrait d'ailleurs s'appliquer à tout *autre* nombre, consiste à trouver directement les restes de la division, par 7, des puissances successives de 10.

On a :

$$
\begin{array}{r|l}
100\,000\,000\ldots & 7 \\
\hline
30 & 14\,285\,714\ldots \\
2\,0 & \\
60 & \\
40 & \\
5\,0 & \\
10 & \\
\hline
30 & \\
2 & \\
\end{array}
$$

D'où l'on voit que :

$$1 = \mathrm{m}.\,7 + 1\ ^{1}$$
$$10 = \mathrm{m}.\,7 + 3$$
$$10^2 = \mathrm{m}.\,7 + 2$$
$$10^3 = \mathrm{m}.\,7 + 6 = \mathrm{m}.\,7 + 7 - 1 = \mathrm{m}.\,7 - 1$$
$$10^4 = \mathrm{m}.\,7 + 4 = \mathrm{m}.\,7 + 7 - 3 = \mathrm{m}.\,7 - 3$$
$$10^5 = \mathrm{m}.\,7 + 5 = \mathrm{m}.\,7 + 7 - 2 = \mathrm{m}.\,7 - 2$$
$$10^6 = \mathrm{m}.\,7 + 1$$

et les autres se reproduisent dans le même ordre.

Cela posé, si l'on considère un nombre quelconque, 265 478 349, par exemple, on le décompose en tranches de 3 chiffres, et on a

$$349 = \mathrm{m}.\,7 + (9 \times 1) + (4 \times 3) + (3 \times 2)$$
$$478\,000 = \mathrm{m}.\,7 - (8 \times 1) - (7 \times 3) - (4 \times 2)$$
$$265\,000\,000 = \mathrm{m}.\,7 + (5 \times 1) + (6 \times 3) + (2 \times 2)$$

ou
$$265\,478\,943 = \mathrm{m}.\,7 + (9 \times 1 + 4 \times 3 + 3 \times 2)$$
$$- (8 \times 1 + 7 \times 3 + 4 \times 2) + (5 \times 1 + 6 \times 3 + 2 \times 2)$$

---

[1] Nous employons indifféremment dans ce solutionnaire les notations m. 7 ou m. de 7, pour indiquer un multiple de 7 ; ces deux notations sont reçues.

D'où l'on conclut que pour reconnaître si un nombre est divisible par 7, on le partage en tranches de 3 chiffres à partir de la droite, la dernière tranche à gauche peut n'avoir qu'un ou deux chiffres. On multiplie respectivement par 1, 3, 2 les 1er, 2e, 3e chiffres de chaque tranche en prenant pour premier celui de droite; pour chaque tranche séparément on ajoute les produits. De la somme des résultats provenant des tranches de rangs impairs, on soustrait la somme des résultats provenant des tranches de rangs pairs; si cette différence est divisible par 7, le nombre l'est aussi.

Si la soustraction est impossible, on la rend possible en augmentant la première somme d'un multiple de 7.

76. *Étant donnés les nombres* 774, 2775, 83 644, 85 481, 729 484 756, 749 250 *et* 107 811 000, *dire s'ils sont divisibles par* 2, 3, 4, 5, 8, 9, 11, 25 *et* 125.

774	est divisible par	2, 3 et 9
2 775	»	3, 5, 25
83 644	»	2, 4, 11
85 481	»	11
729 484 756	»	2, 4, 11
749 250	»	2, 3, 9, 5, 25, 125
107 811 000	»	2, 3, 4, 5, 8, 11, 25, 125

77. *Déterminer, sans faire la division, les restes que l'on obtient en divisant les nombres* 421 574 607 *et* 2 958 012 249 *successivement par* 2, 3, 4, 5, 8, 9, 11, 25 *et* 125.

Divisé par 2, 3, 4, 5, 8, 9, 11, 25 et 125, le nombre
421 574 607 donne pour restes : 1, 0, 3, 2, 7, 0, 3, 7 et 107
2 958 012 249   »   1, 0, 1, 4, 1, 6, 5, 24 et 124

78. *Démontrer qu'un nombre est divisible par* 4, *si le chiffre de ses unités augmenté du double du chiffre des dizaines donne une somme divisible par* 4, *et réciproquement.*

Tout nombre N est de la forme $100a + 10b + c$; a représentant l'ensemble des centaines, b le chiffre des dizaines, c celui des unités. On aura donc :

$N = 100a + 10b + c$ ou $100a + 8b + 2b + c$; or $100a + 8b$ est un multiple de 4; donc $N = m.4 + (2b + c)$.

Si la somme $(2b + c)$, formée du double des dizaines et

du chiffre des unités, est divisible par 4, le nombre N le sera aussi.

Réciproquement, si un nombre est divisible par 4, la somme du double du chiffre des dizaines et de celui des unités est divisible par 4 : ceci ressort évidemment de l'égalité

$$N = m.4 + (2b + c)$$

79. *Démontrer qu'un nombre est divisible par 8 si le chiffre de ses unités, augmenté du double du chiffre de ses dizaines et de 4 fois celui des centaines, donne une somme divisible par 8, et réciproquement.*

Tout nombre N est de la forme $1\,000a + 100b + 10c + d$; a représentant l'ensemble des mille, b, c, d, respectivement le chiffre des centaines, des dizaines et des unités.

On aura donc :

$$N = 1\,000a + 100b + 10c + d$$

ou $$N = [1\,000a + 96b + 8c] + (4b + 2c + d)$$

La partie comprise dans la première parenthèse est divisible par 8; si la seconde l'est aussi, le nombre N le sera. Donc, etc.

Réciproquement, si un nombre est divisible par 8, le chiffre de ses unités, augmenté du double de celui des dizaines et de 4 fois celui des centaines, donne une somme divisible par 8 : ceci résulte de l'égalité :

$$N = m.8 + [4b + 2c + d]$$

80. *Un nombre est divisible par 6 si le chiffre des unités, ajouté à 4 fois la somme de tous les autres, donne une somme divisible par 6, et réciproquement.*

1º Toute puissance de 10 égale un multiple de 6 augmenté de 4. En effet

$$10 = 6 + 4$$
$$100 = 10(6 + 4) = m.6 + 40 = m.6 + 4$$
$$1\,000 = 10(m.6 + 4) = m.6 + 40 = m.6 + 4$$

$$. \quad . \quad . \quad . \quad . \quad . \quad . \quad . \quad . \quad . \quad . \quad . \quad . \quad .$$

2º Tout chiffre significatif, suivi de un ou plusieurs zéros, est égal à un multiple de 6 plus quatre fois ce chiffre. En effet, en multipliant les deux membres des égalités ci-dessus par un nombre quelconque d'un chiffre, on aura :

$$700 = m.6 + 4 \times 7$$
$$8\,000 = m.6 + 4 \times 8, \text{ etc.}$$

3° Un nombre quelconque est égal à un multiple de 6, augmenté du chiffre des unités, plus 4 fois la somme de tous les autres chiffres.

Soit le nombre 5 897 ; on aura :

$$5\,000 = \text{m.}\,6 + 4 \times 5$$
$$800 = \text{m.}\,6 + 4 \times 8$$
$$90 = \text{m.}\,6 + 4 \times 9$$
$$7 = 7$$

ou $\qquad 5\,897 = \text{m.}\,6 + 4(5 + 8 + 9) + 7$

D'où l'on conclut que la condition nécessaire et suffisante pour qu'un nombre soit divisible par 6, c'est que le chiffre des unités, augmenté de 4 fois la somme de tous les autres, donne une somme divisible par 6.

81. *Si* a, b *et* c, *divisés par* d, *donnent pour restes* r, r′ *et* r″, *démontrer que la somme* a + b + c, *divisée par* d, *donnera le même reste que la somme* r + r′ + r″, *divisée par* d.

En effet, on a :

$$a = d \times q + r$$
$$b = d \times q' + r'$$
$$c = d \times q'' + r''$$

d'où $\qquad a + b + c = d(q + q' + q'') + r + r' + r''$

Donc le reste de la division de $a + b + c$ par d sera le même que celui de $r + r' + r''$ par d.

82. *A l'aide du principe précédent, indiquer un moyen de faire la preuve par 9 de l'addition.*

Soient :

$$
\begin{array}{lllll}
8\,450 & \text{qui, divisé par 9, donne pour reste} & 8 \\
+7\,367 & \text{»} \qquad \text{»} \qquad \text{»} & 5 \\
+3\,742 & \text{»} \qquad \text{»} \qquad \text{»} & 7 \\
\hline
19\,559
\end{array}
$$

Il faut, pour que l'opération soit exacte, que la somme des restes 8 + 5 + 7 ou 20, divisée par 9, donne le même reste que le nombre 19 559 : ce qui a lieu, puisque 20 et 19 559, divisés par 9, donnent pour restes 2 ; donc l'opération est exacte ; ou s'il y a une erreur, elle ne peut être que d'un multiple de 9.

La règle de cette preuve se déduit facilement de ce qui vient d'être dit.

M.   2

83. *Si* a *et* b, *divisés respectivement par* d, *donnent les restes* r *et* r′, *démontrer que la différence* a — b, *divisée par* d, *donnera un reste égal à la différence* r — r′.

On a, comme pour l'exercice 81,

$$a = dq + r$$
$$b = dq' + r'$$
$$a - b = d(q - q') + r - r'$$

Donc le reste de la division de $a - b$ par d est $r - r'$.

REMARQUE. Si r est plus petit que r' on l'augmente de d; alors $r + d$ sera supérieur à r', car $d > r'$, et la soustraction $r + d - r'$ sera possible; le résultat sera le reste de la division de $a - b$ par d; car on a :

$$a - b = d(q - q') + r - r' = d(q - q' - 1) + [d + r - r'].$$

84. *À l'aide du principe précédent, indiquer un moyen de faire la preuve par 9 de la soustraction.*

Soit 51 847 qui, divisé par 9, donne pour reste **7**
 — 32 862   »   »   »   **3**
 —————
 18 985

La différence, divisée par 9, doit donner pour reste 7 — 3 ou 4. L'opération est donc exacte, ou elle est fautive d'un multiple de 9.

 47 846   reste 2
 — 31 425   » 6   Il peut arriver, comme l'in-
 —————   dique l'exemple ci-contre, que
 16 421   le reste obtenu par la division

par 9 du plus grand nombre soit moindre que le reste obtenu avec le plus petit; alors on augmente le plus petit reste de 9; la soustraction devient alors possible et le résultat $(2 + 9) - 6$ ou 5 est bien le reste de 16 421 par 9.

84 bis. *Quand on ajoute plusieurs nombres, la somme totale des chiffres de ces nombres est surpassée par la somme des chiffres du résultat d'un nombre exact de fois* 9.

Soit la somme $3\,683 + 6\,891 + 4\,582$. On a (95) :

$$3\,683 = \text{m. } 9 + [3 + 6 + 8 + 3]$$
$$6\,891 = \text{m. } 9 + [6 + 8 + 9 + 1]$$
$$4\,582 = \text{m. } 9 + [4 + 5 + 8 + 2]$$

$$16\,156 = \text{m. } 9 + [\text{somme des chiffres des nombres donnés}].$$

Or $\qquad 16\,156 = \text{m}.\,9 + [1 + 6 + 1 + 5 + 6]$

Donc $\quad$ m. $9 + [\text{somme des chiffres des nombres donnés}] =$
$$= \text{m}.\,9 + (1 + 6 + 1 + 5 + 6)$$

D'où il suit que la différence entre la somme des chiffres des nombres donnés et la somme des chiffres du résultat sera un multiple de 9.

85. *Le reste qu'on obtient en divisant un produit de plusieurs facteurs par un nombre, est le même que le reste obtenu en divisant par ce nombre le produit des restes des facteurs.*

Cette propriété a été établie pour deux facteurs (99).

Démontrons que, si le théorème est vrai pour $n-1$ facteurs, il le sera aussi pour n facteurs. En effet :

Soient A, B, C, D,..... H, K les n facteurs. On a :

(1) $\quad \text{A} \times \text{B} \times \text{C} \times \text{D} \times ... \times \text{H} = \text{m}.\,d + \text{R}_1 \times \text{R}_2 \times \text{R}_3 ... \times \text{R}_{n-1}$

Ce produit ayant $n-1$ facteurs, le théorème lui est applicable par hypothèse. On a d'ailleurs :

(2) $\qquad\qquad \text{K} = \text{m}.\,d + \text{R}_n$

Multipliant membre à membre les égalités (1) et (2), on a :

$\text{A} \times \text{B} \times \text{C} \times ... \times \text{H} \times \text{K} = \text{m}.\,d + \text{R}_1 \times \text{R}_2 \times \text{R}_3 \times ... \times \text{R}_{n-1} \times \text{R}_n$

Ce qui démontre que, si le théorème est vrai pour $n-1$ facteurs, il l'est aussi pour n facteurs.

Or si la proposition est vraie pour deux facteurs, elle le sera pour 3 ; étant vraie pour 3, elle l'est aussi pour 4, etc.; par suite, elle est générale.

86. *Si* r *est le reste de la division de* a *par* d, *on trouve le même reste en divisant* a^m *par* d *qu'en divisant* r^m *par* d.

En effet, si l'on suppose $a = m.\,d + r$, on aura, d'après le principe précédent :
$$a^m = \text{m}.\,d + r^m$$

Par suite, le reste de la division de a^m par d doit égaler celui de r^m par d.

87. *Deux nombres* a *et* b, *divisés successivement par leur différence* a $-$ b, *donnent le même reste. En déduire que* $a^m - b^m$ *est divisible par* a $-$ b.

Posons $a - b = d$, on aura :

$$a = b + d$$

Donc le reste que donnera a divisé par d, sera le même que celui de b par d.

Pour en déduire que $a^m - b^m = \text{m}.\,d$ on écrit :

$$a = \text{m}.\,(a - b) + r$$
$$b = \text{m}.\,(a - b) + r\,; \qquad \text{par suite,}$$
$$a^m = \text{m}.\,(a - b) + r^m$$
$$b^m = \text{m}.\,(a - b) + r^m\,; \qquad \text{d'où}$$
$$a^m - b^m = \text{m}.\,(a - b) \qquad \text{C. Q. F. D.}$$

88. *Pourquoi la preuve par 9 n'indique-t-elle pas d'erreur quand le premier chiffre à droite d'un produit a été placé sous le troisième chiffre, au lieu d'être placé sous le deuxième chiffre du produit précédent ?*

Parce que l'erreur est égale à un multiple de 9.

En effet, si l'on considère le produit ci-dessous, produit erroné,

$$
\begin{array}{r}
347 \\
31 \\
\hline
347 \\
1\,041 \\
\hline
104\,447
\end{array}
$$

on voit que, au lieu d'ajouter à 347 le nombre 10 410, on a ajouté 104 100 ; l'erreur est donc $104\,100 - 10\,410$

ou $\qquad 10\,410\,(10 - 1) = 10\,410 \times 9 = \text{m}.\,9$

89. *Démontrer que lorsque la preuve par 9, par 11, ou par un diviseur quelconque réussit, s'il y a une erreur dans le résultat, cette erreur ne peut être qu'un multiple de 9, de 11, ou du diviseur considéré.*

En effet, soit le produit $a \times b$ et le produit erroné p ; l'erreur commise sera :

$$e = ab - p \quad \text{ou} \quad e = pa - b$$

suivant que le produit erroné est plus grand ou plus petit que le produit exact.

Or, si la preuve par 9, par 11 ou par un diviseur quelconque réussit, p et ab donnent les mêmes restes ; si on les divise par 9, par 11, ou, en général, par d, on aura :

$$a \times b = \mathrm{m}.\,d + r$$
$$p = \mathrm{m}.\,d + r$$

d'où
$$e = \mathrm{m}.\,d$$

90. *Si l'on retranche l'un de l'autre deux nombres de 3 chiffres, composés des mêmes chiffres en ordre inverse, le chiffre du milieu du résultat est un 9 et la somme des deux autres est égale à 9.*

Soient 347 et 743 ; on aura :

$$
\begin{array}{r}
743 \\
-\ 347 \\
\hline
396
\end{array}
$$

1° Le chiffre du milieu sera un 9 ; car le chiffre des unités du nombre inférieur, étant toujours plus grand que son correspondant supérieur[1] et les deuxièmes chiffres des nombres étant égaux, pour faire la soustraction, on devra ajouter une unité au chiffre des dizaines du nombre inférieur, et alors le résultat de la soustraction, pour cette colonne, ne pourra être que 9.

2° La somme des deux autres chiffres sera 9.

En effet, la somme des chiffres de la différence des deux nombres est un multiple de 9 ; car,

$$
\begin{array}{r}
743 = \mathrm{m}.\,9 + 14 \\
347 = \mathrm{m}.\,9 + 14 \\
\hline
396 = \mathrm{m}.\,9
\end{array}
$$

Ce multiple ne saurait être que 18 ; car, 1° il ne peut être 9, puisque 9 est précisément la valeur du chiffre du milieu ; 2° ce n'est pas non plus 27, parce qu'alors il faudrait que les 3 chiffres fussent des 9, ce qui est impossible. Donc la somme des chiffres de la différence étant 18 et le chiffre du milieu étant 9, il reste 9 pour la somme des deux autres[2].

---

[1] Ceci aura toujours lieu si l'on veut que la soustraction soit possible.

[2] Cette propriété permet de résoudre la question suivante : « Écrivez un nombre de trois chiffres, renversez-le, faites la différence des deux nombres, dites-moi le premier ou le dernier chiffre, et je vous dirai la différence. » Le chiffre des dizaines étant toujours 9, la somme des deux autres étant également 9, dès que l'un de ces derniers sera connu, on aura l'autre, et par suite le nombre.

Remarque. Les égalités suivantes démontrent aussi ce même principe.

$$D = (100a + 10b + c) - (100c + 10b + a)$$
$$= 100(a - c) + (c - a)$$

et, en remarquant que a est plus grand que c, on aura :

$$D = 100(a - c) - (a - c) = 100\left[(a - c) - 1\right] + 90 + \left[10 - (a - c)\right]$$

Le chiffre des dizaines est 9 et la somme des deux autres est

$$\left[(a - c) - 1\right] + \left[10 - (a - c)\right] = 9$$

91. *Lorsque deux nombres ne sont pas divisibles par 3, si l'on fait leur somme et leur différence, l'un de ces résultats est divisible par 3.*

Soient a et b les deux nombres; il peut se présenter les 4 cas suivants :

$$(1) \begin{cases} a = \text{m. } 3 + 1 \\ b = \text{m. } 3 + 1 \end{cases} (2) \begin{cases} a = \text{m. } 3 + 2 \\ b = \text{m. } 3 + 2 \end{cases} (3) \begin{cases} a = \text{m. } 3 + 1 \\ b = \text{m. } 3 + 2 \end{cases} (4) \begin{cases} a = \text{m. } 3 + 2 \\ b = \text{m. } 3 + 1 \end{cases}$$

Les deux premières hypothèses donnent :

$$a - b = \text{m. } 3$$

les deux dernières donnent :

$$a + b = \text{m. } 3 + 3 = \text{m. } 3$$

92. *Le carré d'un nombre qui n'est pas divisible par 3 est un multiple de 3, augmenté de 1.*

Soit a ce nombre.

a est un multiple de 3, augmenté de l'un des nombres 1 ou 2;
a^2 est un multiple de 3, augmenté de leurs carrés, ou des restes, de la division par 3, du carré de l'un des nombres précédents, soit 1 ou 1. (Ex. 86.)

Donc a^2 est toujours un multiple de 3, plus 1.

Remarque. On peut démontrer ce principe plus brièvement. En effet, l'on a : $a = \text{m. } 3 + 1$, ou bien $a = \text{m. } 3 + 2$; et alors

$$a^2 = \text{m. } 3 + 1 \quad \text{et} \quad a^2 = \text{m. } 3 + 4 = \text{m. } 3 + 3 + 1 = \text{m. } 3 + 1$$

93. *Le carré d'un nombre qui n'est pas divisible par 5 est un multiple de 5, plus ou moins 1.*

Soit a ce nombre.

a est un multiple de 5, augmenté de l'un des nombres 1, 2,

3 , 4; a^2 sera un multiple de 5, augmenté du carré ou du reste de la division par 5 du carré de l'un des nombres précédents (Ex. 86), soit 1, 4, 4, 1.

Donc a^2 est un multiple de 5, plus 1, ou un multiple de 5, plus 4. Si $a^2 =$ m. $5 + 4$, il égale encore

$$\text{m.} 5 + 5 - 1 = \text{m.} 5 - 1 \qquad \text{par suite,}$$
$$a^2 = \text{m.} 5 \pm 1 \qquad \text{C. Q. F. D.}$$

94. *Le cube d'un nombre qui n'est pas divisible par 7 est un multiple de* 7, *plus ou moins* 1.

Soit a ce nombre; il est un multiple de 7, augmenté de l'un des nombres 1, 2, 3, 4, 5, 6.

Le carré a^2 sera un multiple de 7, augmenté du carré ou du reste de la division par 7 du carré de l'un des nombres précédents (Ex. 86) : soit 1, 4, 2, 2, 4, 1.

Son cube a^3 sera un multiple de 7, augmenté du produit ou des restes de la division par 7 du produit des restes correspondants dans les deux suites précédentes, soit 1, 1, 6, 6, 1, 1.

Donc un nombre, qui n'est pas divisible par 7, a son cube égal à un multiple de 7 plus 1 ou 6, c'est-à-dire un multiple de 7, plus ou moins 1; par suite, $a^3 =$ m. 7 ± 1.

Remarque. On aurait pu se dispenser de considérer les valeurs de a^2, et dire :

a^3 sera un multiple de 7, augmenté du cube ou du reste de la division par 7, du cube des restes que donne la division de a par 7, soit (Ex. 86) : 1, 1, 6, 1, 6, 6.

(Résultats identiques aux précédents.)

95. *La différence des sixièmes puissances de deux nombres qui ne sont pas divisibles par* 7 *est divisible par* 7.

D'après l'exercice précédent, on sait que $a^3 =$ m. 7 ± 1; on en déduit :

$$a^6 = \text{m.} 7 + 1 \qquad (\text{Ex. 86})$$

Si l'on considère 2 nombres A et B, non divisibles par 7, on aura :

$$A^6 = \text{m.} 7 + 1$$
$$\underline{B^6 = \text{m.} 7 + 1.} \qquad \text{d'où}$$
$$A^6 - B^6 = \text{m.} 7$$

96. *La différence des quatrièmes puissances de deux nombres qui ne sont pas divisibles par 5 est divisible par 5.*

D'après l'exercice 93, on a : $a^2 = m.5 \pm 1$; d'où

$$a^4 = m.5 + 1 \qquad \text{(Ex. 86)}$$

Donc si A et B sont deux nombres non divisibles par 5, on aura :

$$\begin{aligned} A^4 &= m.5 + 1 \\ B^4 &= m.5 + 1 \end{aligned} \qquad \text{d'où}$$

$$A^4 - B^4 = m.5$$

97. *La différence des sixièmes puissances de deux nombres qui ne sont pas divisibles par 3 est divisible par 9.*

Considérons un nombre a non divisible par 3 ; il sera égal à un multiple de 9, augmenté de l'un des nombres 1, 2, 4, 5, 7, 8.

Son carré a^2 est aussi un multiple de 9, augmenté du carré ou du reste de la division par 9, du carré de l'un des nombres précédents (Ex. 86), soit : 1, 4, 7, 7, 4, 1.

A^4 sera un multiple de 9 augmenté du carré ou du reste de la division par 9 du carré de l'un des nombres précédents (Ex. 86); soit : 1, 7, 4, 7, 4, 1.

a^6, égalant $a^2 \times a^4$, sera un multiple de 9, augmenté du produit ou du reste de la division par 9 du produit des restes qui proviennent de la division par 9 de a^2 et a^4 (Ex. 85), c'est-à-dire : 1, 1, 1, 1, 1, 1.

Si donc A et B sont des nombres non divisibles par 3, on pourra écrire :

$$\begin{aligned} A^6 &= m.9 + 1 \\ B^6 &= m.9 + 1 \end{aligned} \qquad \text{d'où}$$

$$A^6 - B^6 = m.9$$

Remarque. Dans ce dernier exercice et dans quelques-uns des précédents, on peut encore procéder comme il suit :

Considérons un nombre A non divisible par 3 ; on aura :

$$A = m.9 + (1 \text{ ou } 2 \text{ ou } 4 \text{ ou } 5 \text{ ou } 7 \text{ ou } 8)$$

par suite (Ex. 86) $\quad A^3 = m.9 + (1 \text{ ou } 8 \text{ ou } 1 \text{ ou } 8 \text{ ou } 1 \text{ ou } 8)$

de même $\qquad A^6 = m.9 + (1 \text{ ou } 1 \text{ ou } 1 \text{ ou } 1 \text{ ou } 1 \text{ ou } 1)$

On aura donc, pour deux nombres quelconques A et B non divisibles par 3 :

$$A^6 = m.\,9 + 1$$

et
$$B^6 = m.\,9 + 1$$

par suite
$$A^6 - B^6 = m.\,9$$

98. *La somme des carrés de deux nombres ne peut être divisible par 11 qu'autant que ces deux nombres sont eux-mêmes divisibles par 11.*

En effet, un nombre a, non divisible par 11, égale un multiple de 11, augmenté de l'un des nombres

$$1, 2, 3, 4, 5, 6, 7, 8, 9 \text{ ou } 10$$

Son carré a^2 sera un multiple de 11, augmenté du carré ou du reste de la division par 11 du carré de l'un de ces nombres, soit

$$1, 4, 9, 5, 3, 3, 5, 9, 4 \text{ ou } 1$$

Par suite, a et b étant deux nombres non divisibles par 11, on aura :

$$a^2 = m.\,11 + (1 \text{ ou } 4, 9, 5, 3)$$
$$b^2 = m.\,11 + (1 \text{ ou } 4, 9, 5, 3)$$

Or, pour que $a^2 + b^2$ fût divisible par 11, il faudrait que la somme de deux des nombres 1, 4, 9, 5, 3 pût former 11, ce qui n'est pas ; donc pour que $a^2 + b^2$ soit divisible par 11, il faut que a et b soient eux-mêmes divisibles par 11.

99. *Toute puissance de 100 est égale à un multiple de 9, de 11 ou de 33, augmenté de l'unité.*

En effet, on a :

$$100 = 99 + 1 = (m.\text{ de } 9 \text{ ou de } 11 \text{ ou de } 33) + 1$$

multipliant par 100, on a :

$$100^2 = m.9 \text{ ou } m.11 \text{ ou } m.33 + 100 = m.9 \text{ ou } m.11 \text{ ou } m.33 + 99 + 1$$
$$= m.\,9 \text{ ou } m.\,11 \text{ ou } m.\,33 + 1$$

multipliant encore par 100 :

$$100^3 = m.\,9 \text{ ou } m.\,11 \text{ ou } m.\,33 + 100 = m.\,9 \text{ ou } m.\,11 \text{ ou } m.\,33 + 1$$

et ainsi de suite.

100. *Un nombre est divisible par 9, par 11 ou par 33, quand la somme des nombres exprimés par ses tranches de deux chiffres, de droite à gauche, est divisible par 9, par 11 ou par 33.*

Soit le nombre 142 549. On a (Ex. 99) :

$$14\,00\,00 = 14 \times 100^2 = \text{m. } 9 \text{ ou m. } 11 \text{ ou m. } 33 + 14$$
$$25\,00 = 25 \times 100 = \text{m. } 9 \text{ ou m. } 11 \text{ ou m. } 33 + 25$$
$$49 = \qquad\qquad\qquad\qquad\qquad\qquad\qquad 49$$

$$\overline{14\,25\,49 = \text{m. } 9 \text{ ou m. } 11 \text{ ou m. } 33 + (14 + 25 + 49)}$$

Donc si la somme formée par les tranches de deux chiffres est divisible par 9, par 11 ou par 33, le nombre le sera aussi.

101. *Toute puissance impaire de* 1 000 *est égale à un multiple de* 7, *de* 11 *ou de* 13, *diminué d'une unité, et toute puissance paire de* 1000 *est égale à un multiple de* 7, *de* 11 *ou de* 13, *augmenté d'une unité.*

En effet :

$$1\,000 = 1\,001 - 1 = 7 \times 11 \times 13 - 1 = \text{m. } 7 \text{ ou m. } 11 \text{ ou m. } 13 - 1$$

multipliant par 1 000 :

$$1\,000^2 = \text{m.} 7 \text{ ou m.} 11 \text{ ou m.} 13 - 1\,000 = \text{m.} 7 \text{ ou m.} 11 \text{ ou m.} 13 - 1\,001 + 1$$
$$= \text{m. } 7 \text{ ou m. } 11 \text{ ou m. } 13 + 1$$
$$1\,000^3 = \text{m. } 7 \text{ ou m. } 11 \text{ ou m. } 13 + 1\,000 = \text{m. } 7 \text{ ou m. } 11 \text{ ou m. } 13 - 1$$
$$1\,000^4 = \text{m. } 7 \text{ ou m. } 11 \text{ ou m. } 13 - 1\,000 = \text{m. } 7 \text{ ou m. } 11 \text{ ou m. } 13 + 1$$

etc.

102. *Un nombre est divisible par* 7, *par* 11 *ou par* 13 *lorsque, partagé en tranches de* 3 *chiffres à partir de la droite, la différence entre la somme des nombres exprimés par chaque tranche de rang impair et la somme des nombres exprimés par les tranches de rang pair, à partir de la droite, est divisible par* 7, *par* 11 *ou par* 13.

Soit le nombre 12 194 587 932; décomposé en tranches de 3 chiffres, il fournira (Ex. 101) les relations suivantes :

$$12\,000\,000\,000 = 12 \times 1\,000^3 = \text{m.} 7 \text{ ou de } 11 \text{ ou de } 13 - 12$$
$$194\,000\,000 = 194 \times 1\,000^2 = \text{m.} 7 \text{ ou de } 11 \text{ ou de } 13 + 194$$
$$587\,000 = 587 \times 1\,000 = \text{m.} 7 \text{ ou de } 11 \text{ ou de } 13 - 587$$
$$932 = \qquad\qquad\qquad\qquad\qquad\qquad\qquad 932 \text{ d'où}$$

$$\overline{12\,194\,587\,932 = \text{m.} 7 \text{ ou de } 11 \text{ ou de } 13 + (932 + 194) - (587 + 12)}$$

donc, etc.

On sait (98) comment on traiterait cette différence, si elle se présentait sous une forme négative.

103. *Si* a *est égal à un multiple de* b, *plus* 1, *toutes les puissances de* a *seront aussi des multiples de* b, *plus* 1.

Si l'on a : $\quad\quad a = \text{m. } b + 1$, on aura aussi, en multipliant par a :

$$a^2 = \text{m. } b \times a + a, \text{ or } a = \text{m. } b + 1$$

donc $\quad\quad\quad a^2 = \text{m. } b + \text{m. } b + 1 = \text{m. } b + 1$

on aurait de même $a^3 = \text{m. } b + a = \text{m. } b + 1$

et en général : $\quad a^n = \text{m. } b + 1$

104. *Si* a *est égal à un multiple de* b, *moins* 1, *toutes les puissances impaires de* a, *c'est-à-dire* a, a³, a⁵....., *seront aussi des multiples de* b, *moins* 1; *et toutes les puissances paires :* a², a⁴, a⁶..., *seront des multiples de* b, *plus* 1.

On a : $a = \text{m. } b - 1$; par suite, on aura :

$$a^2 = \text{m. } b - a = \text{m. } b - (\text{m. } b - 1) = \text{m. } b + 1$$

car la différence de deux multiples de b est un multiple de b.

$$a^3 = \text{m. } b + a = \text{m. } b + (\text{m. } b - 1) = \text{m. } b - 1$$
$$a^4 = \text{m. } b - a = \text{m. } b - (\text{m. } b - 1) = \text{m. } b + 1$$

et ainsi de suite. Donc, etc.

CHAPITRE II

Théorie du plus grand commun diviseur.

Préliminaires. — La théorie du p. g. c. d. n'a pas l'importance qu'on a coutume de lui attribuer. Le procédé qu'elle indique est ordinairement remplacé par un autre, beaucoup plus expéditif, qui est exposé après la théorie des nombres premiers.

Si l'on insiste sur les propriétés du p. g. c. d., c'est principalement parce qu'elles servent à démontrer le théorème fondamental des nombres premiers : *Si un nombre divise un produit de deux facteurs, et s'il est premier avec l'un de ces facteurs, il divise l'autre.*

La solution des exercices suivants complétera ce que nous en avons dit dans les *Éléments d'arithmétique.*

EXERCICES SUR LE PLUS GRAND COMMUN DIVISEUR

105. *Trouver le p. g. c. d. des nombres* 756 *et* 6 435
350 *et* 9 075
1 365, 3 185 *et* 5 733

Ces trois p. g. c. d. sont 9, 25, 91.

106. *Le p. g. c. d. de deux nombres est* 5; *les quotients des divisions que l'on a faites pour l'obtenir sont* 1, 3, 2. *Quels sont ces nombres?*

Pour trouver ces nombres, il faut reprendre, en sens inverse, les opérations de la recherche du p. g. c. d.

D'après le n° 106, on a :

	1	3	2
A	B	C	5
1ᵉʳ reste	2ᵉ reste	0	
C	5		

En remarquant que le dernier diviseur est le p. g. c. d., on aura :

$$C = 2 \times 5 = 10$$
$$B = 3 \times 10 + 5 = 35$$
$$A = 35 \times 1 + 10 = 45$$

Les deux nombres A et B sont donc 45 et 35.

107. *Dans la recherche du p. g. c. d. de deux nombres, chaque reste est toujours moindre que la moitié de celui qui le précède de deux rangs.*

Soient R_1, R_2, R_3, trois restes successifs; il faut prouver que l'on a $R_3 < \dfrac{R_1}{2}$.

En effet, les restes allant en diminuant, si R_2 est déjà plus petit que $\dfrac{R_1}{2}$, à *fortiori* en sera-t-il de même pour R_3.

Si R_2 est plus grand que $\dfrac{R_1}{2}$, en divisant R_1 par R_2, on trouvera l'unité pour quotient, et pour reste $R_3 = R_1 - R_2$.

Or R_2 est plus grand que $\dfrac{R_1}{2}$, et si d'un nombre on retranche une quantité plus grande que sa moitié, le reste sera moindre que cette moitié; par suite, R_3 est plus petit que $\dfrac{R_1}{2}$. C. Q. F. D.

108. *On a une limite du nombre des divisions à effectuer dans la recherche du p. g. c. d., en prenant le double du rang de la puissance de 2 immédiatement supérieure au plus petit des deux nombres.*

Soient A et B les deux nombres, et R_1, R_2..... R_n..... R_{2n}; les restes de l'opération, on a :

$$A > B > R_1 > R_2 ..... > R_n ..... > R_{2n}$$

Le théorème précédent fournit les relations :

$$
\begin{array}{lll}
R_2 < \dfrac{B}{2} & & 2R_2 < B \\[2mm]
R_4 < \dfrac{R_2}{2} & & 2R_4 < R_2 \\[2mm]
R_6 < \dfrac{R_4}{2} \quad \text{ou bien} & & 2R_6 < R_4 \\[2mm]
\cdots\cdots\cdots\cdots\cdots\cdots \\[2mm]
R_{2n} < \dfrac{R_{2n-2}}{2} & & 2R_{2n} < R_{2n-2}
\end{array}
\left.\rule{0pt}{6em}\right\} n
$$

Multipliant membre à membre ces dernières inégalités, et réduisant, on obtient :

$$2^n \times R_{2n} < B$$

par suite
$$R_{2n} < \frac{B}{2^n}$$

Si 2^n est supérieur à B, le second membre sera une fraction ; or, comme tous les restes doivent être entiers, il en résulte qu'on ne saurait avoir le reste de rang $2n$; par suite, on n'aura pas à faire $2n$ divisions. Ce qui démontre que la limite sera le double du rang de la puissance de 2 immédiatement supérieure au plus petit des deux nombres.

109. *Démontrer que le p. g. c. d. de deux nombres* A *et* B *est le même que celui des deux nombres* B *et* B — R, R *étant le reste de la division de* A *par* B.

En effet, on a : $A = B \times Q + R$

ou $A = BQ + B - B + R = B(Q + 1) - (B - R)$

Or, tout diviseur commun à A et à B l'est à A et à $B(Q + 1)$, et, par conséquent, divise B — R ; réciproquement, tout diviseur commun à B — R et à B divise $B(Q + 1)$, et, par suite, divise A ; par conséquent, le p. g. c. d. de A et B est le même que celui de B et de B — R.

110. *En choisissant convenablement les restes, démontrer que, dans la recherche du p. g. c. d., la limite du nombre de divisions est le rang de la puissance de 2 immédiatement supérieure au plus petit des deux nombres.*

Soient A et B les nombres, R_1, R_2....., R_n les restes. Dans le cas où l'on fait usage de la simplification indiquée au n° 107 (que justifie aussi l'ex. 109), et qui consiste, lorsqu'on a un reste plus grand que la moitié du diviseur correspondant, à prendre pour diviseur suivant l'excès du diviseur actuel sur ce reste, chaque reste est alors moindre que la moitié du précédent, et l'on a :

$$R_1 < \frac{B}{2} \qquad\qquad 2R_1 < B$$

$$R_2 < \frac{R_1}{2} \qquad\qquad 2R_2 < R_1$$

$$R_3 < \frac{R_2}{2} \qquad \text{ou (1)} \qquad 2R_3 < R_2$$

$$\cdots\cdots\cdots\cdots\cdots\cdots\cdots$$

$$R_n < \frac{R_{n-1}}{2} \qquad\qquad 2R_n < R_{n-1}$$

Multipliant les inégalités (1) membre à membre et réduisant, on aura :

$$2^n \times R_n < B; \quad \text{d'où} \quad R_n < \frac{B}{2^n}$$

Si 2^n est supérieur à B, le second membre est une fraction; or, comme tous les restes doivent être entiers, il en résulte que l'on ne saurait avoir le reste de rang n, et que, par suite, on n'aura pas à faire n divisions; la limite sera donc le rang de la puissance de 2 immédiatement supérieure au plus petit des deux nombres.

Remarque. Le plus souvent, le nombre de divisions est bien inférieur aux limites que nous avons indiquées aux exercices 108 et 110.

111. On sait que lorsqu'on divise deux nombres par leur p. g. c. d., les quotients obtenus sont premiers entre eux. Démontrer que réciproquement, si, ayant divisé deux nombres par un troisième, les quotients obtenus sont premiers entre eux, ce troisième nombre est le p. g. c. d. des deux premiers.

Soient les deux nombres A et B qui, divisés par un troisième D, donnent les quotients Q et Q' premiers entre eux ; il faut prouver que ce troisième nombre D est le p. g. c. d. des deux nombres A et B.

En effet, le p. g. c. d. de Q et Q' est l'unité; d'après le n° 109, les produits $D \times Q$, ou A et $D \times Q'$, ou B, auront pour p. g. c. d. $1 \times D$, ou D.   C. Q. F. D.

CHAPITRES III ET IV

Théorie des nombres premiers.

Préliminaires. — La théorie des nombres premiers est une des plus difficiles, mais aussi des plus importantes de l'arithmétique; autrefois, elle faisait même partie du cours d'algèbre supérieur; on lui donnait des développements beaucoup plus considérables que ceux que l'on trouve ordinairement dans les traités d'arithmétique. Au commencement de ce siècle, Legendre, dans sa *Théorie des nombres*, et Gauss, dans ses *Discussions arithmétiques*, ont établi plusieurs propriétés inconnues à leurs devanciers.

Nous avons groupé dans le chapitre III les théorèmes les plus importants, et dans le chapitre IV, nous en avons déduit les applications pratiques les plus utiles.

Le premier de ces chapitres contient, dans les théorèmes n°s 115, 117, 118 et 119, ce que l'on peut considérer comme les préliminaires de cette théorie; ces théorèmes établissent qu'il y a des nombres premiers, et que *leur suite est illimitée;* ils fournissent un moyen de dresser une table des nombres premiers, et permettent de s'assurer si un nombre donné est premier ou non.

Le n° 120 est le théorème fondamental; les suivants, jusqu'au n° 130, n'en sont, pour ainsi dire, que des corollaires ou des conséquences.

Le n° 131 est aussi d'une grande importance, car la propriété qu'il démontre permet de faire toutes les réductions, simplifications ou décompositions sur les quantités de la forme

$$\frac{120 \times 64 \times 33 \times 25}{36 \times 24 \times 11 \times 5}$$

et cela, dans un ordre quelconque, sans crainte d'altérer le résultat. Propriété capitale, sans laquelle on serait arrêté à chaque instant dans les calculs pratiques.

EXERCICES SUR LES NOMBRES PREMIERS

112. *Trouver parmi les nombres* 3 477, 2 003, 5 977, 2 081, 2 209, 1 517, 2 099, 3 649, *ceux qui sont premiers.*

En appliquant le théorème 119, on trouve que les nombres 2 003, 2 081, 2 099 sont premiers.

113. *Deux nombres consécutifs sont toujours premiers entre eux.*

Ces deux nombres sont de la forme $2n$ et $2n+1$. Tout diviseur qui leur serait commun diviserait leur différence 1; or 1 n'admet pas d'autre diviseur que lui-même; donc les deux nombres sont premiers entre eux.

114. *A quelle condition trois nombres consécutifs sont-ils premiers entre eux?*

Considérés ensemble, trois nombres consécutifs sont toujours premiers entre eux.

Ils sont, en outre, premiers deux à deux, si le nombre du milieu est pair.

115. a *et* b *sont premiers entre eux; à quelle condition leur somme et leur différence seront-elles premières entre elles?*

Tout diviseur commun aux deux quantités

$$a+b \quad \text{et} \quad a-b$$

le sera à leur somme $2a$ et à leur différence $2b$; or, a et b étant premiers entre eux, $2a$ et $2b$ ne peuvent avoir que 2 pour diviseur commun. $a+b$ et $a-b$ ne peuvent donc admettre que le diviseur 2; mais si a est impair et b pair, ou inversement, $a+b$ et $a-b$ seront impairs, et, par suite, premiers entre eux. La condition cherchée est donc qu'un des nombres étant pair, l'autre soit impair.

116. a *et* b *sont premiers entre eux; démontrer que la somme* a+b *et la différence* a−b *sont premières avec le produit* ab.

Si $a+b$ et ab admettaient un facteur commun, celui-ci, divisant le produit ab, devrait diviser un des facteurs, a, par exemple; le facteur commun, divisant la somme $a+b$ et l'une des parties a, devrait diviser l'autre, b; dès lors, a et b ne seraient pas premiers entre eux. Donc, etc.

On démontrerait, d'une manière analogue, que $a-b$ et ab sont premiers entre eux.

117. a *et* b *sont premiers entre eux ; à quelle condition* ma *et* nb *le seront-ils ?*

ma et *nb* seront premiers entre eux si *n* est premier avec le produit *ma*, c'est-à-dire avec *a* et *m*, et si en même temps *m* est premier avec *nb*, c'est-à-dire avec *b* et *n*.

118. *Un nombre* a *ne divise ni* b *ni* c ; *que faut-il pour qu'il puisse diviser le produit* bc ?

a divisera *bc* : 1° si tous les facteurs qu'il contient se trouvent dans l'ensemble des nombres *b* et *c* ; 2° si les exposants des facteurs premiers de *a* sont respectivement inférieurs à la somme des exposants des facteurs des deux nombres. La condition nécessaire et suffisante est que les facteurs premiers de *a* qui ne se trouvent pas dans *b* soient dans *c* avec un exposant au moins égal à celui qu'ils ont dans *a*, et que les facteurs qui se trouvent simultanément dans *a* et *b*, mais dans ce dernier, avec un exposant plus faible, paraissent aussi dans *c* avec un exposant au moins égal à la différence des exposants de ces mêmes facteurs dans *a* et *b*.

119. *Le produit de* 3 *nombres consécutifs est toujours divisible par* 6.

Car l'un au moins de ces nombres est pair, et un autre est toujours divisible par 3 ; donc (128) le produit est divisible par 2×3 ou 6 ; par suite, $n(n+1)(n+2) =$ m. 6.   C. Q. F. D.

120. *Le produit de* 4 *nombres consécutifs est toujours divisible par* 24.

D'après l'exercice 119, ce produit sera divisible par 3 ; il le sera aussi par 8 ; car parmi les 4 nombres il y en a deux qui sont pairs ; or, de deux nombres pairs consécutifs l'un est toujours divisible par 4 ; le produit de ces deux nombres pairs est donc divisible par 8, et, par suite, le produit de 4 nombres consécutifs est divisible par 24.

Donc $\qquad n(n+1)(n+2)(n+3) =$ m. 24.

121. *Le produit de* 5 *nombres consécutifs est toujours divisible par* 120.

L'exercice précédent montre que ce produit est divisible par 24 ; or il l'est aussi par 5, car de 5 nombres consécutifs l'un est multiple de 5 ; donc ce produit est divisible par 24×5 ou 120 ; par suite,

$$n(n+1)(n+2)(n+3)(n+4) = \text{m. } 120$$

122. *Si* n *est un nombre entier quelconque,* n(n+1)(2n+1) *est toujours divisible par* 6.

En effet, $n(n+1)$ est divisible par 2; n divisé par 3 peut donner pour restes 0,1 ou 2; dans le premier cas, le produit est divisible par 3; donc il l'est par 6; dans le deuxième cas, $2n+1$ est un m. de 3, et le théorème est démontré; enfin, dans le troisième cas, $n+1$ est divisible par 3, et la proposition est encore établie.

123. *A quelle condition le produit de 3 nombres consécutifs est-il divisible par 24?*

A la condition que le premier des 3 nombres soit pair; car alors le produit sera de la forme

$$2n(2n+1)(2n+2)$$

ce qui peut s'écrire: $\quad 4n(n+1)(2n+1)$

or, d'après l'exercice précédent, $n(n+1)(2n+1)$ est divisible par 6; donc $4n(n+1)(2n+1)$ l'est par 24.

124. *Chercher tous les diviseurs des nombres* 68, 148, 936, 4260, 581, 1200 *et* 2000.

Les diviseurs de 68 sont
$$\begin{cases} 1, & 2, & 4 \\ 17, & 34, & 68 \end{cases}$$

» 148 »
$$\begin{cases} 1, & 2, & 4 \\ 37, & 74, & 148 \end{cases}$$

» 936 »
$$\begin{cases} 1, & 2, & 4, & 8 \\ 3, & 6, & 12, & 24 \\ 9, & 18, & 36, & 72 \\ 13, & 26, & 52, & 104 \\ 39, & 78, & 156, & 312 \\ 117, & 234, & 468, & 936 \end{cases}$$

» 4260 »
$$\begin{cases} 1, & 2, & 4 & 71, & 142, & 284 \\ 3, & 6, & 12 & 213, & 426, & 852 \\ 5, & 10, & 20 & 355, & 710, & 1420 \\ 15, & 30, & 60 & 1065, & 2130, & 4260 \end{cases}$$

» 581 » $\quad$ 1, 7, 83, 581

» 1200 »
$$\begin{cases} 1,2,4,8,16 & 15,30,60,120,240 \\ 3,6,12,24,48 & 25,50,100,200,400 \\ 5,10,20,40,80 & 75,150,300,600,1200 \end{cases}$$

» 2000 »
$$\begin{cases} 1, & 2, & 4, & 8, & 16 \\ 5, & 10, & 20, & 40, & 80 \\ 25, & 50, & 100, & 200, & 400 \\ 125, & 250, & 500, & 1000, & 2000 \end{cases}$$

125. *Trouver, en décomposant les nombres en facteurs premiers, le p. g. c. d. des nombres* 600, 1 260, 5 880.

Le p. g. c. d. est 60.

126. *Trouver de même le p. g. c. d. des nombres* **2 772,** 17 640, 19 404, 13 104.

Le p. g. c. d. est 252.

127. *Trouver tous les diviseurs communs aux nombres* 990 *et* 630.

Les diviseurs communs à ces 2 nombres sont ceux de leur p. g. c. d. qui est $2 \times 3^2 \times 5$ ou 90. Les diviseurs de ce nombre sont :

$$1, 2, 3, 5, 6, 9, 10, 15, 18, 30, 45, 90$$

128. *Trouver tous les diviseurs communs aux nombre* 840, 1 800 *et* 1 320.

Leur p. g. c. d. étant 120 ou $2^3 \times 3 \times 5$, les diviseurs sont :

$$1, 2, 3, 4, 5, 6, 10, 12, 15, 20, 24, 30, 40, 60, 120$$

129. *Trouver le nombre des diviseurs de chacun des nombres* 1 389 150, 3 704 400, 12 395 375.

On a pour le 1er :

$$1 389 150 = 2 \times 3^4 \times 5^2 \times 7^3$$

Le nombre des diviseurs sera :

$$(1 + 1)(4 + 1)(2 + 1)(3 + 1) = 120$$

Pour le 2e $\qquad 3 704 400 = 2^4 \times 3^3 \times 5^2 \times 7^3$

Le nombre des diviseurs sera :

$$(4 + 1)(3 + 1)(2 + 1)(3 + 1) = 240$$

Pour le 3e $\qquad 12 395 375 = 5^3 \times 53 \times 1 871$

Le nombre des diviseurs sera :

$$(3 + 1)(1 + 1)(1 + 1) = 16$$

130. *Quand un nombre est divisible par plusieurs autres nombres qui sont premiers entre eux deux à deux, il est divisible par leur produit ; cette condition, suffisante, est-elle nécessaire ?*

Cette condition, suffisante, n'est pas nécessaire. En effet, 360, qui est divisible par 4 et par 6, l'est par leur produit, quoique 4 et 6 ne soient pas premiers entre eux.

De même, 280, qui est divisible par 2, par 4, par 7, l'est aussi par leur produit.

131. *Tout nombre carré parfait a un nombre impair de diviseurs.*

Car, 1° tous les exposants des facteurs premiers du nombre sont pairs (235); 2° le nombre des diviseurs se trouve en ajoutant une unité à chacun de ces exposants et en en faisant le produit; or, tous ces facteurs étant des nombres impairs, leur produit, c'est-à-dire le nombre des diviseurs, sera impair. C. Q. F. D.

132. *Tout nombre non carré parfait a un nombre pair de diviseurs.*

Car il a au moins un facteur premier affecté d'un exposant impair, lequel, augmenté d'une unité, est un nombre pair; par suite, le produit, qui indique le nombre des diviseurs, est aussi un nombre pair.

133. *Si l'on range par ordre de grandeur tous les diviseurs d'un nombre, en commençant par l'unité et finissant par le nombre lui-même, le produit de deux diviseurs également éloignés des extrêmes est constant et égal au nombre lui-même.*

Soient a, b, c..... k, l, les diviseurs, par ordre de grandeur, d'un nombre N, on aura :

$$1 < a < b < c..... h < k < l < N$$

La suite :

$$\frac{N}{N} < \frac{N}{l} < \frac{N}{k} ..... < \frac{N}{b} < \frac{N}{a} < \frac{N}{1}$$

représente pareillement, et rangés par ordre de grandeur, ces mêmes diviseurs.

Chaque terme de cette suite égale évidemment celui de même rang de la série précédente, c'est-à-dire que l'on a :

$$\frac{N}{N} = 1 \qquad\qquad N = 1 \times N$$

$$\frac{N}{l} = a \qquad\qquad N = a \times l$$

$$\frac{N}{k} = b \qquad\qquad N = k \times b$$

$$. . . . . . \quad \text{d'où} \quad . . . .$$

$$\frac{N}{a} = l \qquad\qquad N = a \times l$$

$$\frac{N}{1} = N \qquad\qquad N = 1 \times N, \quad \text{C.Q.F.D.}$$

134. *Trouver le produit des diviseurs d'un nombre.*

1° Le nombre donné N n'est pas un carré parfait.

Il aura alors un nombre pair de diviseurs (Ex. 132), $2m$ par exemple; par suite, en se reportant à l'exercice précédent, on a $2m$ égalités, qui, multipliées membre à membre, donnent:

$$N^{2m} = (1.a.b.c.....k.l)^2 \quad \text{d'où} \quad N^m = (1.a.b.c.....k.l)$$

Donc le produit des diviseurs d'un nombre qui n'est pas carré parfait égale ce nombre élevé à la puissance marquée par la moitié du nombre de ses diviseurs.

2° Le nombre N est un carré parfait.

Il a alors un nombre impair de diviseurs (Ex. 131), $2m-1$; il y aura donc $2m-1$ égalités. Si on supprime celle du milieu, $N = i \times i$, i étant la racine de N, il en reste $2m-2$, ou $2(m-1)$. Ces égalités donnent:

$$N^{2(m-1)} = (1.a.b.c.....k.l)^2$$
où manque i

d'où
$$N^{m-1} = (1.a.b.c.....k.l)$$
où manque i

Le produit de tous les facteurs sera:

$$i \times N^{m-1} = (1.a.b.c.....i.....k.l)$$

puisque
$$N = i^2,$$

on aura
$$i \times N^{m-1} = (i^2)^{m-1} \times i = i^{2m-1}$$

par suite,
$$i^{2m-1} = (1.a.b.c.....i.....k.l)$$

Le nombre étant carré parfait, le produit des diviseurs égale la racine carrée de ce nombre élevée à la puissance marquée par le nombre des diviseurs.

135. *Trouver la somme des diviseurs d'un nombre.*

Soit N un nombre, a, b, c..... ses facteurs premiers, α, β, λ..... leurs exposants respectifs, on a:

$$N = a^{\alpha} b^{\beta} c^{\lambda}$$

Si l'on écrit le tableau

$$1, a, a^2 ..... a^{\alpha}$$
$$1, b, b^2 ..... b^{\beta}$$
$$1, c, c^2 ..... c^{\lambda}$$

qui sert à former tous les diviseurs du nombre, on voit que leur somme est celle des termes obtenus en multipliant

$(1 + a + a^2 + \ldots a^\alpha)$ par $(1 + b + b^2 + \ldots b^\beta)$ et le produit obtenu par $(1 + c + c^2 + \ldots c^\lambda)$, soit

$$(1 + a + a^2 + \ldots a^\alpha)(1 + b + b^2 + \ldots b^\beta)(1 + c + c + \ldots c^\lambda)$$

Chacune de ces parenthèses est une progression géométrique dont on doit chercher la somme des termes; alors la somme des diviseurs du nombre N devient :

$$S = \frac{a^{\alpha+1} - 1}{a - 1} \times \frac{b^{\beta+1} - 1}{b - 1} \times \frac{c^{\lambda+1} - 1}{c - 1}$$

Remarque. On pourrait encore obtenir la somme $\dfrac{a^{\alpha-1} - 1}{a - 1}$, en se rappelant la loi du quotient de $x^m - a^m$ par $x - a$. (Voir l'*Algèbre* de F. I. C., n° 42; 2° édition.)

136. *Trouver un nombre qui admette 36 diviseurs.*

Le problème est indéterminé, car beaucoup de nombres admettent 36 diviseurs.

Pour en déterminer un, il suffit de décomposer 36 en un *nombre quelconque* de facteurs *premiers ou non,* soit par exemple $36 = 3 \times 3 \times 4$, et de donner *indistinctement* ces facteurs diminués d'une unité comme exposants à des nombres premiers *quelconques,* leur nombre étant celui des facteurs : le produit de ces nombres premiers, affectés d'exposants ainsi déterminés, donnera un nombre qui admettra 36 diviseurs. Avec la décomposition précitée, on trouverait, par exemple, les nombres

$$2^2 \times 5^3 \times 7^1 = 34\,300;\ 2^3 \times 5^2 \times 7^2 = 5\,800;\ 11^2 \times 3^3 \times 2^3 = 8\,712\ldots$$

et une infinité d'autres qui ont

$$(3+1)(2+1)(2+1) = 4 \times 3 \times 3 \text{ ou } 36 \text{ diviseurs}$$

On aurait pu décomposer 36 en 9×4, et on aurait eu les nombres

$$2^8 \times 5^3 = 19\,200;\ 3^8 \times 5^3 = 492075;\ 2^8 \times 7^3 = 87800\ldots \text{ etc. etc.}$$

137. *Déterminer le plus petit nombre qui admette 36 diviseurs.*

D'après le problème précédent, il est aisé de voir que, pour une même décomposition du nombre qui représente le nombre des diviseurs, les nombres cherchés sont d'autant plus petits que les facteurs premiers que l'on emploie pour les former sont eux-mêmes plus faibles.

Cela posé, si on décompose 36 en produits de facteurs, premiers ou non, on a :

$$36 = 2 \times 18 = 4 \times 9 = 3 \times 3 \times 4 = 2 \times 2 \times 9 = 2 \times 2 \times 3 \times 3$$

le nombre demandé sera le plus petit des produits :

$$2^{35}, \quad 2^{17} \times 3, \quad 2^8 \times 3^3, \quad 2^3 \times 3^2 \times 5^2, \quad 2^8 \times 3 \times 5, \quad 2^2 \times 3^2 \times 5 \times 7$$

qui est le dernier ou 1 260. On l'obtient en donnant les plus forts exposants aux plus petits facteurs premiers.

138. *Déterminer le plus petit des nombres qui admettent 120 diviseurs.*

Par une marche analogue à la précédente, on trouverait que le plus petit des nombres est $2^4 \times 3^2 \times 5 \times 7 \times 11 = 55\,440$.

139. *Trouver 2 nombres entiers qui aient chacun 15 diviseurs et qui soient divisibles par 7 et par 11, et ne le soient par aucun autre nombre premier.*

Les facteurs premiers des nombres cherchés ne peuvent être que 7 et 11, et comme $15 = 3 \times 5$, les deux nombres demandés seront :

$$7^2 \times 11^4 \quad \text{ou} \quad 65\,219 \quad \text{et} \quad 7^4 \times 11^2 \quad \text{ou} \quad 290\,521$$

140. *Trouver 6 nombres qui aient chacun 30 diviseurs et qui soient divisibles par 3, 5 et 7, et ne le soient par aucun autre nombre premier.*

Les facteurs premiers de ces nombres seront 3, 5 et 7.

Or $30 = 2 \times 3 \times 5$; les exposants des facteurs premiers seront 1.2.4 (Ex. 136); en les affectant aux nombres premiers donnés, on a :

1° $3 \times 5^2 \times 7^4 = 180\,075$	4° $3^2 \times 5^4 \times 7 = 39\,375$
2° $3 \times 5^4 \times 7^2 = 91\,875$	5° $3^4 \times 5 \times 7^2 = 19\,845$
3° $3^2 \times 5 \times 7^4 = 108\,045$	6° $7 \times 3^4 \times 5^2 = 14\,175$

141. *Quels sont les nombres de 4 chiffres qui sont divisibles à la fois par 2, 3, 4, 5, 6 et 7 ?*

Pour qu'un nombre soit divisible à la fois par 2, 3, 4, 5, 6 et 7, il suffit qu'il le soit par 3, 4, 5 et 7. Ces nombres étant premiers entre eux, les nombres cherchés seront divisibles par leur produit 420. Donc tout nombre divisible à la fois par 2, 3,

4, 5, 6 et 7 est de la forme $K \times 420$. Et comme on demande les nombres de 4 chiffres, on devra avoir :

$$10^3 < 420 \times K < 10^4 \quad \text{d'où} \quad \frac{1\,000}{420} < K < \frac{10\,000}{420}$$

K étant entier, on aura : $2 < K < 24$

La plus petite valeur de K est donc 3, et la plus grande 23. En sorte que les nombres cherchés seront :

$$420 \times 3, \quad 420 \times 4 \ldots\ldots \quad 420 \times 22, \quad 420 \times 23$$

Il y en aura 22 en tout. (B. facul. acad. de Lyon, 1876.)

142. *Trouver, à l'aide des facteurs premiers, le p. p. c. m. des nombres* 99, 66, 462, 589, 1 089.

Ce p. p. c. m. est 106 722.

143. *Trouver de même le p. p. c. m. des nombres* 325, 525, 169, 1 014.

Ce p. p. c. m. est 177 450.

144. *Combien y a-t-il de nombres plus petits que un million qui soient communs multiples de* 7, 11 *et* 13.

Il y en a autant que de multiples du produit de $7 \times 11 \times 13$ ou 1 001, c'est-à-dire $\dfrac{1\,000\,000}{1\,001}$, soit 999.

145. *Le p. p. c. m. de deux nombre est égal au produit de leur p. g. c. d. par les quotients obtenus en les divisant par ce p. g. c. d.*

Soient A et B deux nombres, D leur p. g. c. d.; Q et Q' les quotients obtenus en divisant ces deux nombres par le p. g. c. d.; le p. p. c. m. de A et de B sera $D \times Q \times Q'$.

En effet $\quad\quad A = D \times Q, \quad B = D \times Q'$

Tous les multiples de A seront de la forme $m \times A$ ou $m \times D \times Q$, m étant un nombre entier quelconque.

Pour que l'expression $m \times D \times Q$ renferme aussi les multiples de B, il faut qu'elle soit divisible par B ou $D \times Q'$, c'est-à-dire que le quotient $\dfrac{m \times D \times Q}{D \times Q'}$ soit exact, ce qui exige, puisque Q et Q' sont premiers, que Q' divise m; soit $m = K \times Q'$; K étant un nombre entier quelconque; remplaçant m par sa valeur, on aura $K \times D \times Q \times Q'$ pour expression générale de tous les multiples de A et de B.

2*

La plus petite valeur qu'on puisse attribuer à K est l'unité; donc l'expression $D \times Q \times Q'$ sera le p. p. c. m. de A et de B. C. Q. F. D.

146. *Tout multiple commun à deux nombres est multiple du p. p. c. m.*

On vient de voir que la forme générale de tous les multiples communs à A et à B est $K \times D \times Q \times Q'$; que $D \times Q \times Q'$ représente le p. p. c. m.; donc tout multiple commun à deux nombres l'est du p. p. c. m.

147. *Le p. p. c. m. de deux nombres est égal au produit de l'un de ces nombres par le quotient obtenu en divisant l'autre par leur p. g. c. d.*

On a $A = D \times Q$, $B = D \times Q'$ (mêmes notations qu'aux numéros précédents); d'où $\dfrac{A}{Q} = \dfrac{B}{Q'}$ et $A \times Q' = B \times Q = D \times Q' \times Q$; donc $A \times Q'$ est égal au p. p. c. m. C. Q. F. D.

148. *Le p. p. c. m. de deux nombres est égal à leur produit, divisé par le p. g. c. d.*

Multipliant membre à membre les deux égalités suivantes,

$$A = D \times Q \quad \text{et} \quad B = D \times Q'$$

on a $A \times B = D^2 \times Q \times Q'$ d'où $\dfrac{A \times B}{D} = D \times Q \times Q'$ C. Q. F. D.

149. *Si l'on multiplie deux nombres par un troisième, leur p. p. c. m. est multiplié par ce troisième.*

Si l'on multiplie A et B par m, on a $A \times m$ et $B \times m$ qui ont $D \times m$ pour p. g. c. d. (109).

Or, d'après l'exercice précédent, le p. p. c. m. de $A \times m$ et $B \times m$ est $\dfrac{(A \times m) \times (B \times m)}{(D \times m)} = \dfrac{A \times B}{D} \times m$

Or $\dfrac{A \times B}{D}$ est le p. p. c. m. des nombres donnés; donc...

150. *Si l'on divise le p. p. c. m. de deux nombres par chacun de ces nombres, les quotients seront premiers entre eux, et réciproquement.*

En effet, $\dfrac{A \times B}{D}$ est le p. p. c. m. de A et de B.

Si on le divise par A et par B on obtient les quotients $\dfrac{B}{D}$ et $\dfrac{A}{D}$ qui sont premiers entre eux (110).

Réciproquement. Si un nombre N, divisé par deux autres, A et B, donne des quotients premiers entre eux, N est le p. p. c. m. de A et de B.

Si N, qui est un multiple commun, n'était pas le plus petit, on aurait (Ex. 146) $N = N' \times K$, N' étant le p. p. c. m.

Or Q et Q' étant les quotients de A et de B par leur p. g. c. d. D, on a (Ex. 145) :

$$N' = \frac{(D \times Q) \times B}{D}, \qquad N' = \frac{(D \times Q')A}{D}$$

ou $\qquad N' = B \times Q, \qquad\qquad N' = A \times Q'$

donc $\qquad N = K \times B \times Q, \qquad N = K \times A \times Q'$

d'où $\qquad \dfrac{N}{B} = K \times Q, \qquad\qquad \dfrac{N}{A} = Q' \times K$

d'où l'on voit que les quotients de N par A et par B ne seraient pas premiers entre eux, ce qui est contraire à l'hypothèse. Donc N est le p. p. c. m. de A et de B.

151. *Pour trouver le p. p. c. m. de plusieurs nombres, on peut chercher le p. p. c. m. de deux d'entre eux, ensuite le p. p. c. m. entre le résultat obtenu et le troisième nombre; ensuite le p. p. c. m. entre ce dernier résultat et le quatrième nombre, ainsi de suite. Le dernier résultat sera le p. p. c. m. cherché.*

Soient A, B, C, D les 4 nombres, et ci-dessous le tableau indiquant l'opération que signale l'énoncé.

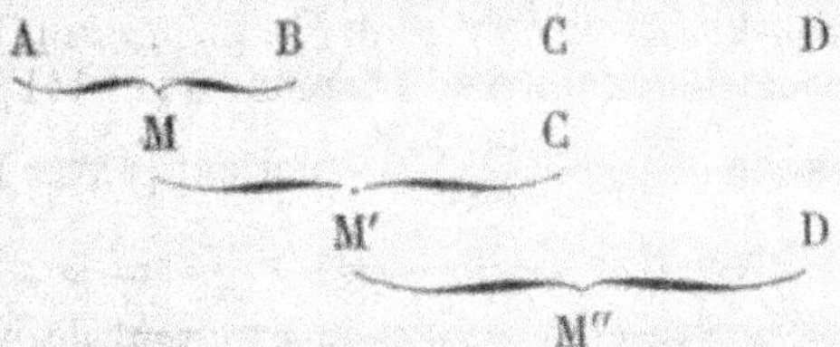

M est le p. p. c. m. entre A et B, M' l'est entre M et C, enfin M″ entre M' et D, et c'est M″ qui est le p. p. c. m. des 4 nombres.

En effet, M″ étant *multiple* de M' et de D, l'est de M et de C;

l'étant de M, il l'est encore de A et de B; donc M″ *est multiple commun à* A, B, C, D.

D'autre part, *tout multiple commun* de ces 4 nombres, étant multiple de A et de B, l'est de M; l'étant de M et de C, il l'est de M′; enfin l'étant de M′ et de D, il l'est de M″.

Donc M″ *est multiple* de A, B, C et D, et *tout multiple commun* de ces 4 nombres est *multiple* de M″; donc le plus petit de ces multiples communs, c'est-à-dire le p. p. c. m., est M″.   C. Q. F. D.

Remarque. On peut faire voir autrement que M″ est le p. p. c. m.; il suffit de prouver que M″ contient les facteurs des 4 nombres avec leur plus fort exposant. En effet, M contient tous les facteurs de A et B avec leur plus fort exposant; M′ contient ceux de M et C, c'est-à-dire de A, de B et de C avec leur plus fort exposant. Enfin M″ contient les facteurs de M′ et de D, c'est-à-dire de A, B, C et D avec leur plus fort exposant; c'est donc leur p. p. c. m.

152. *Le p. p. c. m. de trois nombres est égal à leur produit multiplié par leur p. g. c. d., et divisé par le produit de leur p. g. c. d. deux à deux.*

Application aux nombres 1 200, 1 580, 2 000.

Soient A, B, C les trois nombres, d leur p. g. c. d., D, D′, D″ les p. g. c. d. des nombres considérés 2 à 2; il s'agit de prouver que l'expression $\dfrac{A \times B \times C \times d}{D \times D' \times D''}$ est le p. p. c. m. des trois nombres.

Cela est vrai si cette expression contient tous les facteurs premiers des nombres A, B et C avec leur plus fort exposant.

Soit p un facteur premier quelconque se trouvant dans A avec α pour exposant, dans B avec β, dans C avec λ; et soit $\alpha < \beta < \lambda$, β et λ pouvant d'ailleurs être nuls; le p. p. c. m. des nombres A, B, C devra contenir p avec l'exposant α (n° 141).

Or l'expression $\dfrac{A \times B \times C \times d}{D \times D' \times D''}$ contient p avec l'exposant

$$\alpha + \beta + \lambda + \lambda - (\beta + \lambda + \lambda) = \alpha$$

car A, B, C ont respectivement pour exposant de p α, β, λ

D	p. g. c. d. de A et B a pour exposant de p			β
D′	» de A et C	»	»	
D″	» de B et C	»	»	λ
d	» de A, B, C	»	»	λ

L'expression $\dfrac{A \times B \times C \times d}{D \times D' \times D''}$ contient donc p avec le plus fort exposant α; elle contient de même tous les autres facteurs premiers des nombres avec leur plus fort exposant; c'est donc le p. p. c. m.

Application. $\dfrac{1\,200 \times 1\,580 \times 2\,000 \times 20}{20 \times 20 \times 400} = 474\,000$

133. *Lorsqu'un nombre est divisible par plusieurs nombres premiers entre eux 2 à 2, il est divisible par leur p. p. c. m.*

Tout nombre N divisible par 3 autres, A, B, C premiers entre eux 2 à 2, est divisible par leur produit $A \times B \times C$; or le produit est un commun multiple des 3 nombres, par suite, un multiple de leur p. p. c. m. (Ex. 146); donc le nombre N sera divisible par ce p. p. c. m. $\hfill$ C. Q. F. D.

134. *De combien de manières peut-on décomposer un nombre en un produit de deux facteurs premiers entre eux?*

Soit N un nombre; a, b, c..... ses facteurs premiers; α, β, λ..... leurs exposants respectifs, on a :

$$N = a^\alpha b^\beta c^\lambda .....$$

Si l'on pose $N' = abc.....,$ on remarque que les deux nombres N et N' peuvent se décomposer un même nombre de fois en un produit de deux facteurs premiers entre eux; car, à toute décomposition relative à N, en correspond une relative à N', que l'on trouve en réduisant tous les exposants à l'unité. Il suffit donc de considérer

$$N' = a \times b \times c .....$$

Si l'on suppose que ce nombre renferme n facteurs premiers, le nombre de ses diviseurs sera (n° 137)

$$\underbrace{(1+1)(1+1)(1+1)..... = 2^n}_{n \text{ fois}}$$

Et on pourra, en groupant les facteurs 2 à 2, le décomposer de $\dfrac{2^n}{2}$ ou 2^{n-1} manières en des produits de deux facteurs nécessairement premiers entre eux, comme se composant de facteurs premiers différents. Il y a toutefois exception lorsque l'un des facteurs est l'unité; car alors l'autre est le nombre lui-même, en sorte que le nombre de décompositions sera $2^{n-1} - 1$

155. *Trouver deux nombres, connaissant leur p. g. c. d. et leur p. p. c. m.*

Application : p. g. c. d. 20; p. p. c. m. 420.

Soient M le p. p. c. m. et D le p. g. c. d. des nombres cherchés que l'on représentera par A et par B, on a (Ex. 148) :

$$M = \frac{A \times B}{D}, \quad \text{d'où} \quad M \times D = A \times B$$

Q et Q' désignant les quotients de A et B par D, on a (Ex. 148) :

$$A \times B = D^2 \times Q \times Q'$$

d'où $\quad D^2 \times Q \times Q' = M \times D,\quad$ d'où enfin $\quad Q \times Q' = \dfrac{M}{D}$

Comme Q et Q' sont premiers entre eux, le problème revient à décomposer un nombre en un produit de deux facteurs premiers entre eux, et le nombre de solutions est $2^{n-1} - 1$ (Ex. 154), n représentant le nombre des facteurs premiers de $\dfrac{M}{D}$.

Lorsque Q et Q' sont trouvés, en multipliant leur valeur par D, on a A et B; soit $A = D \times Q$, $B = D \times Q'$.

Application. $\qquad Q \times Q' = \dfrac{420}{20} = 21$

$$Q \times Q' = 3 \times 7, \quad Q = 3, \ Q' = 7$$
$$A = 20 \times 3 = 60, \quad B = 20 \times 7 = 140$$

Il n'y a qu'une solution, ainsi que l'indique la formule $2^{n-1} - 1$, qui donne $2^{2-1} - 1 = 1$.

156. *Trouver deux nombres, connaissant leur produit et leur. p g. c. d. Application : produit 840, p. g. c. d. 2.*

En prenant les mêmes notations que dans l'exemple précédent, P étant le produit, on a :

$$P = A \times B = D^2 \times Q \times Q' \quad \text{d'où} \quad Q \times Q' = \frac{P}{D^2}$$

On décomposera, comme ci-devant, $\dfrac{P}{D^2}$ en un produit de deux facteurs premiers entre eux, lesquels facteurs, multipliés par D, donneront les deux nombres demandés.

Application. $Q \times Q' = \dfrac{840}{2^2} = 210 = 2 \times 3 \times 5 \times 7$

Il y aura $2^{n-1} - 1 = 2^3 - 1 = 7$ solutions, qui seront :

$$1° \begin{cases} Q = 2 & A = 4 \\ Q' = 105 & B = 210 \end{cases} \quad 3° \begin{cases} Q = 10 & A = 20 \\ Q' = 21 & B = 42 \end{cases} \quad 5° \begin{cases} Q = 30 & A = 60 \\ Q' = 7 & B = 14 \end{cases}$$

$$2° \begin{cases} Q = 6 & A = 12 \\ Q' = 35 & B = 70 \end{cases} \quad 4° \begin{cases} Q = 14 & A = 28 \\ Q' = 15 & B = 30 \end{cases} \quad 6° \begin{cases} Q = 42 & A = 84 \\ Q' = 5 & B = 10 \end{cases}$$

$$7° \begin{cases} Q = 70 & A = 140 \\ Q' = 3 & B = 6 \end{cases}$$

157. *Trouver deux nombres, connaissant leur produit et leur p. p. c. m. Application : produit* 12 600, *p. p. c. m.* 6 300.

On a : $P = A \times B = D^2 \times Q \times Q' = (D \times Q \times Q') \times D = M \times D$

d'où
$$D = \frac{P}{M}$$

On connaît dès lors le p. g. c. d. et on est ramené à l'un des deux cas précédents (Ex. 155, 156).

Application. $D = \dfrac{12\,600}{6\,300} = 2$

D'après l'exercice 155 :

$$D = 2, \quad M = 6\,300, \quad QQ' = \frac{6\,300}{2} = 3\,150$$

$$Q \times Q' = 2 \times 3^2 \times 5^2 \times 7$$

On aura $\quad 2^{n-1} - 1 = 2^{4-1} - 1 = 7$ solutions.

Voici, par exemple, comment on en trouverait 2 :

$$1° \begin{cases} Q = 2 & A = 4 \\ Q' = 3^2 \times 5^2 \times 7 = 1\,575 & B = 3\,150 \end{cases}$$

$$2° \begin{cases} Q = 2 \times 3^2 = 18 & A = 36 \\ Q' = 5^2 \times 7 = 175 & B = 350\ldots \end{cases}$$

les autres se trouveraient aisément.

158. *Trouver deux nombres, connaissant leur rapport et leur p. g. c. d. Application : rapport* $\dfrac{5}{8}$; *p. g. c. d.* 21.

$\dfrac{m}{n}$ étant le rapport, on aura :

$$\frac{m}{n} = \frac{A}{B} = \frac{D \times Q}{D \times Q'} = \frac{Q}{Q'}$$

On peut toujours supposer le rapport donné irréductible ; les fractions $\dfrac{m}{n}$ et $\dfrac{Q}{Q'}$ étant égales et Q étant premier avec Q', elles sont identiques (167); on aura alors :

$$m = Q, \quad n = Q'$$

et les nombres seront $m \times D$, $n \times D$.

Application. Rapport $\dfrac{5}{8}$; p. g. c. d. 21 ; les nombres seront :

$$21 \times 5 = 105, \quad 21 \times 8 = 168$$

159. *Trouver deux nombres, connaissant leur rapport et leur p. p. c. m. Application : rapport* $\dfrac{7}{15}$; *p. p. c. m.* 1260.

En se servant des mêmes notations que précédemment on aura, en supposant le rapport irréductible :

$$m = Q, \quad n = Q', \quad M = D \times Q \times Q' = D \times m \times n$$

d'où
$$D = \frac{M}{m \times n}$$

On trouvera ainsi le p. g. c. d. et alors on sera ramené au problème précédent ; les nombres seront :

$$A = D \times m = \frac{M}{m \times n} \times m = \frac{M}{n}, \quad \text{et } B = \frac{M}{m}$$

Application. $A = \dfrac{1\,200}{15} = 84, \quad B = \dfrac{1\,260}{7} = 180$

160. *Trouver deux nombres, connaissant leur somme et leur p. g. c. d. Application : somme,* 168 ; *p. g. c. d.,* 24.

Soit S cette somme ; en faisant usage des mêmes notations que précédemment, on aura :

$$A = D \times Q \qquad B = D \times Q'$$

d'où $S = A + B = D(Q + Q')$;   d'où $Q + Q' = \dfrac{S}{D}$

La somme de ces deux quotients Q et Q', premiers entre eux, est donc connue ; dès lors, on n'aura qu'à partager $\dfrac{S}{D}$ en 2 parties premières entre elles, et les produits de chacune d'elles par D donneront les nombres A et B.

Il y a autant de solutions que l'on peut trouver de nombres premiers entre eux dont la somme est $\dfrac{S}{D}$.

Application. $Q + Q' = \dfrac{168}{24} = 7$

$$1° \begin{cases} Q = 2 & A = 48 \\ Q' = 5 & B = 120 \end{cases} \quad 2° \begin{cases} Q = 3 & A = 72 \\ Q' = 4 & B = 96 \end{cases} \quad 3° \begin{cases} Q = 6 & A = 144 \\ Q' = 1 & B = 24 \end{cases}$$

161. *Tout nombre impair est de la forme* $4n \pm 1$; *la réciproque est-elle vraie?*

1° La suite naturelle des nombres peut être représentée par la série

$$4n, \quad 4n+1, \quad 4n+2, \quad 4n+3$$

n étant un nombre entier quelconque, ou zéro.

Les nombres pairs sont compris dans $4n$ et $4n+2$; les nombres impairs sont compris dans $4n+1$ et $4n+3$; or cette dernière expression peut s'écrire $4n+4-1$ ou $4n-1$, en ayant égard à la valeur générale de n ; donc les nombres impairs sont de la forme

$$4n \pm 1$$

2° La réciproque est vraie, car tout nombre de cette forme est nécessairement impair.

162. *Tout nombre premier, excepté* 2 *et* 3, *est de la forme* $6n \pm 1$; *la réciproque est-elle vraie?*

1° La suite naturelle des nombres peut être réprésentée par la série :

$$6n, \quad 6n+1, \quad 6n+2, \quad 6n+3, \quad 6n+4, \quad 6n+5$$

n étant un nombre entier quelconque, ou zéro.

Les nombres de la forme $6n$, $6n+2$, $6n+3$, $6n+4$ ne sont pas premiers, car ils sont au moins divisibles par 2 ou par 3 ; donc les nombres premiers sont renfermés dans $6n+1$ et $6n+5$; or cette dernière expression peut s'écrire $6n+6-1$, ou, en ayant égard à la valeur générale de n, $6n-1$; par suite, tout nombre premier est de la forme $6n \pm 1$.

2° La réciproque n'est pas vraie, car l'expression $6n \pm 1$ renferme non seulement les nombres premiers absolus, mais aussi tous les nombres premiers avec 2 et avec 3, et qui, par suite, peuvent être divisibles par 5, 7, 11,..... etc.

163. *Le carré de tout nombre impair, diminué de l'unité, est divisible par* 8.

En effet, tout nombre impair est de la forme (Ex. 161)

$$N = 4n \pm 1$$

son carré sera

$$N^2 = (4n \pm 1)^2 = 16n^2 \pm 8n + 1 = 8(2n^2 \pm n) + 1$$

En retranchant l'unité aux deux membres, on a :

$$N^2 - 1 = 8(2n^2 \pm n) \qquad \text{C. Q. F. D.}$$

164. *Le carré de tout nombre premier, diminué de l'unité, est toujours divisible par 24.*

En effet, N étant un nombre premier quelconque, on a :

$$N = 6n \pm 1$$

par suite $N^2 = 36n^2 \pm 12n + 1 = 12n(3n \pm 1) + 1$

d'où $N^2 - 1 = 12n(3n \pm 1)$

Or, des deux facteurs n et $3n \pm 1$, l'un est pair; donc $N^2 - 1$ sera divisible par 24.   C. Q. F. D.

165. *Si a et b sont premiers entre eux, les sommes* a + b *et* $a^2 + b^2$ *sont-elles aussi premières entre elles?*

On a identiquement :

$$a^2 + b^2 = (a + b)(a + b) - 2ab$$

Tout diviseur commun à $a^2 + b^2$ et à $a + b$ l'est aussi à $2ab$.

Or, a et b étant premiers entre eux, leur somme $a + b$ et leur produit ab sont premiers entre eux (Ex. 116); donc 2 pourrait être le seul diviseur de $2ab$ commun à $a^2 + b^2$ et à $a + b$.

D'où l'on peut conclure que si a et b sont premiers entre eux, les sommes $a^2 + b^2$ et $a + b$ sont aussi premières entre elles, ou qu'elles admettent 2 pour facteur commun.

166. *Si a et b sont des nombres premiers, la différence des carrés* $a^2 - b^2$ *pourra-t-elle être un nombre premier?*

Non, car a et b, étant premiers, sont impairs, et leurs carrés aussi; par suite, la différence $a^2 - b^2$ est paire et ne peut être première. Il y a exception quand l'un des nombres est 2.

167. *Si a et b sont premiers entre eux, les sommes* a + b *et* $a^2 + ab + b^2$ *sont-elles aussi premières entre elles?*

On a identiquement :

$$a^2 + ab + b^2 = (a + b)(a + b) - ab$$

Tout diviseur commun à $a^2 + ab + b^2$ et à ab divise aussi $a + b$; mais $a + b$ et ab (Ex. 116) sont premiers entre eux; donc $a^2 + ab + b^2$ et $a + b$ le sont aussi.   C. Q. F. D.

168. *Si a et b sont premiers entre eux, démontrer que* $a^2 - ab + b^2$ *et* a + b *ne peuvent avoir d'autre diviseur commun que 3.*

On sait (Ex. 116) que si a et b sont premiers entre eux, $a + b$ et ab le sont aussi.

Cela posé, on a : $a^2 - ab + b^2 = (a + b)(a + b) - 3ab$.

On voit dès lors que tout diviseur commun à $a^2 - ab + b^2$ et à $a + b$ divise $3ab$, et, par suite, ne peut être que 3, puisque $a + b$ et ab sont premiers entre eux.

169. a *et* b *étant premiers avec* 2, 3 *et* 5, *démontrer que* $a^4 - b^4$ *est divisible par* 240.

Il suffit de montrer que $a^4 - b^4$ est divisible séparément par 2^4, 3 et 5, car $240 = 2^4 \times 3 \times 5$.

Or on a : $a^4 - b^4 = (a^2 - b^2)(a^2 + b^2)$

Mais ni a ni b n'étant divisibles par 3, $a^2 - b^2$ l'est toujours (Ex. 91); de même, ni a ni b n'étant divisibles par 5, $a^4 - b^4$ l'est toujours (Ex. 96). Il reste donc à démontrer que $a^4 - b^4$ est divisible par 2^4; en effet, a et b étant impairs, $a^2 + b^2$ sera pair, et, par suite, divisible par 2; en outre, $a^2 - b^2$ est divisible par 8 ou 2^3, car, le carré de tout nombre impair égalant un multiple de 8, augmenté de l'unité (Ex. 163), la différence $a^2 - b^2$ sera un multiple de 8. Donc $a^4 - b^4$ est divisible par 240.

170. a *et* b *étant entiers, si* $a^2 - b^2$ *est un nombre premier, on aura* $a^2 - b^2 = a + b$.

On a identiquement $a^2 - b^2 = (a - b)(a + b)$; mais, par hypothèse, $a^2 - b^2$ étant premier, il ne peut se décomposer qu'en 2 facteurs dont l'un est l'unité et l'autre le nombre lui-même; donc on a :

$$a - b = 1 \quad \text{et} \quad a^2 - b^2 = a + b \quad \text{C. Q. F. D.}$$

171. *Si* a *et* b *sont deux nombres premiers absolus, combien y a-t-il de nombres entiers moindres que le produit* ab *et premiers avec ce produit?*

Il y a $ab - 1$ nombres inférieurs à ab. Ces nombres peuvent se partager en trois groupes.

Le premier groupe contient les multiples de a :

$a, 2a, 3a, \ldots\ (b - 1)a$; il comprend $b - 1$ nombres.

Le deuxième groupe contient les multiples de b :

$b, 2b, 3b, \ldots\ (a - 1)b$; il comprend $a - 1$ nombres.

Enfin, le troisième groupe renferme ceux qui, n'étant divisibles ni par a ni par b, sont premiers avec le produit ab, et leur nombre est :

$$(ab - 1) - \big[(b - 1) + (a - 1)\big] = (a - 1)(b - 1)$$

Donc, a et b étant premiers absolus, il y a $(a-1)(b-1)$ nombres inférieurs à ab et premiers avec ce produit.

172. *La somme de tous les nombres entiers plus petits qu'un nombre premier* p *est toujours divisible par* p.

Les nombres entiers inférieurs à p sont :

$$1,\ 2,\ 3,\ 4\ldots\ p-2,\ p-1$$

La somme de deux d'entre eux, pris à égales distances des extrêmes, est toujours égale à p, car

$$1+p-1=p,\quad 2+p-2=p\ldots\ \text{etc.}$$

et comme il y a $\dfrac{p-1}{2}$ de ces sommes, la somme de tous les nombres jusqu'à $p-1$ sera $p\times\dfrac{p-1}{2}$. Or, cette somme, divisée par p, donne pour quotient $\dfrac{p-1}{2}$ qui est un nombre entier, puisque, p étant impair, $p-1$ est pair.

Remarque I. Le théorème est en défaut pour le nombre premier 2.

Remarque II. On résout *à priori* ce théorème ainsi que le suivant, lorsqu'on connaît la théorie des progressions.

173. *Le théorème est-il vrai si* p *est un nombre impair non premier ?*

Tout ce que l'on a dit dans l'exercice précédent convient aussi à un nombre impair quelconque.

174. *Trouver, dans la suite naturelle des nombres,* n *nombres entiers consécutifs non premiers.*

Si l'on pose :

$$p=2\times3\times4\times5\ldots\ n(n+1)$$

p est divisible par $2, 3,\ldots (n+1)$.

et par suite $p+2$ sera divisible par 2

$p+3$ le sera par 3

$$p+(n+1)\ \text{le sera par}\ n+1$$

Donc $p+2$, $p+3$, $p+4\ldots\ p+(n+1)$ sont n nombres entiers consécutifs non premiers.

175. *Quelle est la plus haute puissance d'un nombre premier, 7, par exemple, qui divise le produit des 500 premiers nombres.*

Le quotient approché de 500 par 7 est 71; donc, dans le produit des 500 premiers nombres, il y a les facteurs

$$7, \quad 2\times 7, \quad 3\times 7 \ldots\ldots \quad 70\times 7, \quad 71\times 7$$

dont le produit est $\quad 7^{71}\times 1\times 2\times 3\times 4\ldots\ldots\times 71$

Si l'on traite le produit $1\times 2\times 3\ldots\ldots 71$ comme le premier, le quotient approché de 71 par 7 étant 10, on voit que dans ce produit il y a les facteurs

$$7, \quad 2\times 7, \quad 3\times 7 \ldots\ldots \quad 10\times 7$$

dont le produit est $\quad 7^{10}\times 1\times 2\times 3\ldots\ldots\times 10$

Donc le premier produit contiendra 7, comme le contient le suivant :

$$7^{71}\times 7^{10}\times 1\times 2\times 3\ldots\ldots\times 10$$

Si on traite à son tour le produit $1\times 2\times 3\ldots\ldots\times 10$, le quotient de 10 par 7 étant 1, on voit que 7 s'y trouve une fois.

Par suite, le facteur 7 figure dans le produit des 500 premiers nombres autant de fois que l'indique

$$7^{71}\times 7^{10}\times 7 = 7^{71+10+1} = 7^{82}$$

c'est-à-dire 82 fois.

176. *Généraliser la question précédente.*

Trouver la plus grande puissance d'un nombre premier p *qui divise le produit des* n *premiers nombres.*

Il est évident qu'on doit avoir $n > p$, sinon p ne diviserait pas le produit; soit $n \geqq n'p$, n' est le quotient exact, ou à une unité près, de n par p.

Dans la suite $1.2.3\ldots\ldots (n-1)n$, figurent donc les nombres

$$p, \quad 2p, \quad 3p,\ldots\ldots \quad n'p$$

Si l'on désigne par R le produit des autres facteurs non divisibles par p, la suite deviendra :

$$p^{n'}\times 1\times 2\times 3\ldots\ldots\times n'\times R$$

Si n' est plus petit que p, $p^{n'}$ sera la plus grande puissance de p contenue dans le produit des n premiers nombres.

Si n' est plus grand que p, on aura $n' \geqq n''p$, et comme précédemment, dans la suite $1.2.3\ldots\ldots (n'-1)n'$, il y aura les facteurs :

$$p, \quad 2p, \quad 3p\ldots\ldots \quad n''p$$

dont le produit est $\quad p^{n''}\times 1.2\ldots\ldots n''$

M.

Et, en représentant par R' le produit des autres autres facteurs de $1 \times 2 \times 3 \ldots n'$, non multiple de p, l'expression du produit des n premiers nombres sera :

$$p^{n'} \times p^{n''} \times 1 \times 2 \times 3 \times \ldots \times n'' \times R \times R' =$$
$$= p^{n'+n''} \times 1 \times 2 \times 3 \ldots n'' \times R \times R'$$

Si n'' est plus petit que p, $p^{n'+n''}$ sera la puissance cherchée; sinon, on continuera de la même manière.

On en déduit la règle suivante :

On divise n par p, puis le quotient obtenu, par p, le nouveau quotient par p, et ainsi de suite, jusqu'à ce que l'on obtienne un quotient moindre que p; alors p, pris avec un exposant égal à la somme des quotients successifs, sera la plus grande puissance de p contenue dans le produit des n premiers nombres.

177. *Démontrer que le produit de* n *nombres entiers consécutifs est toujours divisible par le produit des* n *premiers nombres.*

Soit K l'expression $\dfrac{(m+1)(m+2)\ldots(m+n)}{1.2.3\ldots n}$

En multipliant et divisant par $1.2.3\ldots m$, on aura :

$$\frac{1.2.3\ldots m(m+1)\ldots(m+n)}{1.2.3\ldots m \times 1.2.3\ldots n}$$

Pour prouver que ce quotient est exact, il suffit de constater qu'un nombre premier quelconque p se trouve au numérateur avec un exposant au moins égal à celui qu'il a au dénominateur.

Si on applique la règle déduite de l'exercice précédent pour trouver la plus grande puissance de p qui divise les produits

$$1.2.3\ldots(m+n), \quad 1.2.3\ldots m, \quad 1.2.3\ldots n,$$

on aura d'abord à diviser $m+n$, m et n par p.

Le quotient de $m+n$ par p sera au moins égal à la somme des quotients de m et de n par p. En traitant les divers quotients successifs de la même manière que $m+n$, m et n, on aura, en représentant par

$$q,\ q_1,\ q_2,\ q_3\ldots q_n;\quad q',\ q'_1,\ q'_2\ldots q'_n;\quad q'',\ q''_1,\ q''_2\ldots q''_n$$

les 3 séries de quotients :

$$q \geqq q' + q''; \quad q_1 \geqq q'_1 + q''_1 \ldots q_n \geqq q'_n + q''_n$$

Ajoutant membre à membre, on aura :

$$q + q_1 + q_2 + \ldots q_n \geqq (q' + q'_1 + q'_2 + q'_3 + \ldots q'_n) +$$
$$+ (q'' + q''_1 + q''_2 + \ldots q''_n)$$

Or, le premier membre représente l'exposant du facteur p au numérateur, et le second, celui de ce même facteur au dénominateur; le premier étant égal ou supérieur au second, il en résulte que p figure au numérateur avec un exposant au moins égal à celui qu'il a au dénominateur.　　　C. Q. F. D.

178. *Trouver combien il y a de nombres premiers avec* 1 000 *et plus petits que* 1 000.

On a $1\,000 = 2^3 \times 5^3$.

Or les nombres pairs ne sont pas premiers avec 1 000, et il y en a 500 ou $1\,000 - \dfrac{1\,000}{2} = 1\,000\left(1 - \dfrac{1}{2}\right)$. Il reste donc 500 nombres à considérer. Les multiples de 5, compris dans ces 500 nombres, ne sont pas non plus premiers avec 1 000; or il y en a 100, puisque parmi les 200 multiples de 5 que contient 1 000, on en a déjà supprimé 100 qui sont pairs; donc les 400 qui restent sont premiers avec 2 et avec 5, ou avec 1 000. Or $500 - 100$ ou 400 peut s'écrire $500\left(1 - \dfrac{1}{5}\right)$; on aura l'expression :

$$1\,000\left(1 - \frac{1}{2}\right)\left(1 - \frac{1}{5}\right) \quad \text{ou} \quad 400$$

Il y a donc 400 nombres inférieurs à 1 000, et premiers avec lui.

179. *Généraliser la question précédente.*

Combien y a-t-il de nombres entiers moindres que N *et premiers avec lui?*

Si N est premier, tous les nombres entiers moindres que N, sont premiers avec lui; leur nombre est $N - 1$.

Si N n'est pas premier, la décomposition en ses facteurs donne :

$$N = a^{\alpha} b^{\beta} c^{\lambda}$$

Dans la suite des nombres entiers de 1 à N, si l'on supprime tous les multiples de a, de b et de c, les termes restants seront les nombres entiers inférieurs à N et premiers avec lui.

Les multiples de a, contenus dans la suite

$$1, 2, 3 \ldots N$$

sont : $\qquad\qquad a, 2a, 3a \ldots \dfrac{N}{a} \times a$

Il y en a $\frac{N}{a}$; si on les supprime, il reste $N - \frac{N}{a} = N\left(1 - \frac{1}{a}\right)$ nombres entiers contenus dans la suite 1, 2, 3...... N et premiers avec a.

Il faut, dans la suite déjà réduite, supprimer les multiples de b. Dans la suite primitive, les multiples de b sont :

$$b,\ 2b,\ 3b..... \frac{N}{b} \times b$$

mais parmi eux, ceux qui ne sont pas premiers avec a ont déjà été éliminés; il restera à supprimer ceux qui sont premiers avec a, et ce sont ceux dans lesquels le multiplicateur de b est lui-même premier avec a. Leur nombre est donc celui des nombres entiers premiers avec a, contenus dans la suite

$$1,\ 2,\ 3..... \frac{N}{b}$$

qui est, d'après ce qui précède,

$$\frac{N}{b}\left(1 - \frac{1}{a}\right)$$

Le nombre des entiers non supprimés après cette seconde opération sera donc :

$$N\left(1 - \frac{1}{a}\right) - \frac{N}{b}\left(1 - \frac{1}{a}\right) = N\left(1 - \frac{1}{a}\right)\left(1 - \frac{1}{b}\right)$$

et c'est le nombre des entiers inférieurs à N et premiers avec a et b.

Il reste à éliminer les multiples de c.

Dans la première suite il y avait $\frac{N}{c}$ multiples de c, mais après les deux suppressions, il ne reste plus qu'à faire disparaître ceux d'entre eux qui sont premiers avec a et b, car ceux qui ne satisfont pas à ces conditions ont été supprimés. Ces nombres, premiers avec a et avec b, sont ceux dans lesquels le multiplicateur de c est lui-même premier avec a et b. Leur nombre est celui des entiers, premiers avec a et b, contenus dans la suite

$$1,\ 2,\ 3..... \frac{N}{c}$$

il sera, d'après ce qui précède :

$$\frac{N}{c}\left(1 - \frac{1}{a}\right)\left(1 - \frac{1}{b}\right)$$

Après cette troisième opération, il restera de la suite primitive :

$$N\left(1-\frac{1}{a}\right)\left(1-\frac{1}{b}\right)-\frac{N}{c}\left(1-\frac{1}{a}\right)\left(1-\frac{1}{b}\right)\left(1-\frac{1}{c}\right)=$$
$$=N\left(1-\frac{1}{a}\right)\left(1-\frac{1}{b}\right)\left(1-\frac{1}{c}\right) \quad .$$

nombres inférieurs à N et premiers avec lui.

Remarque. La forme de ce résultat permet d'écrire, par analogie, le nombre des entiers inférieurs à un nombre donné et premiers avec lui, lorsque ce nombre renferme un nombre quelconque de facteurs premiers; d'ailleurs le raisonnement qui précède est évidemment général.

180. *Lorsqu'on divise les* p — 1 *premiers multiples d'un nombre a par un nombre* p, *premier avec a, on obtient pour reste, dans un ordre quelconque, les* p — 1 *premiers nombres.*

Soient ma, $m'a$ deux des $p-1$ premiers multiples de a; on a : $\quad m < p, \quad m' < p$

1° L'un quelconque de ces multiples, ma, par exemple, n'est jamais divisible par p; car si p divisait ma, étant premier avec a, il devrait diviser m, nombre plus petit que lui, ce qui est impossible.

2° Les restes sont tous différents; car si ma et $m'a$, par exemple, donnaient le même reste, la différence $(m-m')a$ serait divisible par p, ce qui exigerait que p fût diviseur de $m-m'$ nombre moindre que lui, ce qui ne se peut.

Ainsi, en divisant les $p-1$ premiers multiples de a par le nombre p, premier avec a, on trouvera toujours des restes qui sont tous différents; ces restes seront par conséquent, dans un ordre quelconque, les $p-1$ premiers nombres entiers.

181. Théorème de Fermat. — *Si a est un nombre entier non divisible par un nombre premier* p, *la différence* $a^{p-1}-1$ *est toujours divisible par* p.

En effet, soient r_1, r_2..... r_{p-1} les restes obtenus, en divisant par p les $p-1$ premiers multiples de a.

On a :

$$a = \text{m}.\,p + r_1$$
$$2a = \text{m}.\,p + r_2$$
$$. \quad . \quad . \quad . \quad . \quad .$$
$$(p-1)a = \text{m}.\,p + r_{p-1}$$

Multipliant membre à membre, on a :

$$a \times 2a \times 3a \times \ldots\ldots \times (p-1)a = \text{m. } p + r_1 r_2 r_3 \ldots\ldots r_{p-1}$$

puisque les restes r_1, r_2 ..... r_{p-1} représentent, dans un ordre quelconque, les $p-1$ premiers nombres, on aura :

$$1, \ 2, \ 3 \ldots\ldots (p-1)a^{p-1} = \text{m. de } p + 1, \ 2, \ 3 \ldots\ldots (p-1)$$

ou $\qquad 1, \ 2, \ 3 \ldots\ldots (p-1)(a^{p-1}-1) = \text{m. de } p$

Mais p étant premier absolu, il sera premier avec tous les facteurs du produit $1, 2, 3 \ldots\ldots p-1$, et, par suite, avec ce produit; il doit donc diviser $a^{p-1}-1$.   C. Q. F. D.

LIVRE III

DES FRACTIONS

Préliminaires. — Jusqu'ici, nous nous sommes occupés des nombres entiers, c'est-à-dire des nombres que nous pouvons concevoir à l'aide de la simple idée de pluralité. Mais il y a bien des grandeurs qui ne forment pas de pluralités; telles sont les grandeurs continues, dans lesquelles on ne peut compter des objets distincts, et dont on a cependant besoin de connaître l'étendue ou la valeur. Pour parvenir à ce résultat, on est convenu de comparer la quantité à évaluer à une autre quantité de même espèce, que l'on appelle unité. (Le système métrique nous en fournit des exemples très simples.) On cherche, par des procédés dépendants de la nature de cette quantité, combien de fois elle contient l'unité choisie; ce nombre de fois est la mesure de cette grandeur. *Un nombre est donc, d'une manière générale, le résultat de la mesure d'une grandeur.* Mais cette mesure peut fournir plusieurs sortes de nombres. En effet, si après avoir ôté de la quantité à évaluer autant d'unités entières qu'elle en contient, il y avait un reste moindre que l'unité, on comparerait ce reste à une nouvelle unité qui serait une subdivision de la première. Si après cette seconde opération il y avait encore un reste, on le mesurerait avec une subdivision de la première subdivision de l'unité, et l'on continuerait ainsi de suite. La fraction décimale, exprimant la mesure d'une grandeur concrète, donne une idée de ce procédé.

Dans la pratique, cette série d'opérations a toujours une fin, parce qu'on arrive toujours à un reste trop petit pour être appréciable; mais en théorie, il est des cas où elle ne se termine pas, c'est ce qui arrive quand il n'y a aucune mesure commune entre la grandeur à évaluer et celle qui est prise pour unité; par exemple, entre la diagonale du carré et son côté; ces quantités, qui n'ont pas de communes mesures, sont dites *incommensurables*.

On voit par là comment, à l'aide d'une unité choisie arbitrairement, on peut, par des nombres, faire connaître toutes les grandeurs de même espèce, soit qu'elles renferment un nombre exact d'unités, soit qu'il y ait, en outre, une portion ou *fraction* d'unité. Dans le premier cas, on a un nombre entier, et dans le second, on a un nombre fractionnaire.

Dans le cas d'incommensurabilité, la mesure de la grandeur ne peut être exprimée exactement, ni par un nombre entier, ni par un nombre fractionnaire; on peut toujours, dans la pratique, obtenir des valeurs suffisamment approchées.

Avec ces notions, on parvient à se faire une idée de l'origine des trois sortes de nombres dont on s'occupe en mathématiques, qui sont : les nombres entiers, les nombres fractionnaires ou fractions, et enfin les nombres incommensurables.

Nous ferons cependant remarquer que l'on peut encore, au point de vue purement abstrait, regarder une fraction comme résultat d'une division qui ne peut se faire exactement; c'est ce qui, d'ailleurs, a été justifié au n° 149.

Le livre III des *Éléments* expose la théorie des fractions; après les définitions et les propriétés, qu'il est fort important de bien connaître, on indique les quatre principales réductions des fractions; puis on établit les règles à suivre pour faire les quatre opérations; ces règles se déduisent de celles des opérations sur les nombres entiers, dont on généralise les définitions.

Le calcul des fractions ordinaires est, pour ainsi dire, un calcul de nombres entiers *en double partie* [1], par numérateur et par dénominateur; on peut le simplifier en adoptant une subdivision unique de l'unité en parties égales; c'est ce que l'on fait à l'aide des fractions décimales, où l'unité est partagée en dix dixièmes, le dixième en dix centièmes, etc...; ces sortes de fractions peuvent se réduire au même dénominateur d'une manière très simple, car la multiplication par 10, ou par les puissances de 10, se faisant sans calcul, la réduction de ces fractions au même dénominateur s'exécute en écrivant quelques zéros à droite de certains numérateurs, et les opérations ne portent plus ensuite que sur ces numérateurs transformés. Bien plus, en indiquant, comme on l'a fait au n° 200, un moyen d'écrire ces fractions sans dénominateur, on est arrivé à exécuter tous les calculs sur ces fractions comme si c'étaient des nombres entiers, et la virgule, que l'on sait toujours mettre à sa place, à la fin de l'opération, indique d'une manière précise la nature du résultat.

---

[1] Cette expression est due à M. Maximilien Marie, répétiteur à l'École polytechnique. Voir son Arithmétique, page 115.

Ce qui vient d'être dit permet de se rendre compte des deux manières différentes d'exposer les calculs sur les nombres décimaux; on peut regarder ces nombres comme des fractions ordinaires et leur appliquer les règles établies pour celles-ci. On peut aussi les soumettre à une théorie directe qui les assimile aux nombres entiers, où le raisonnement prendrait principalement pour base leur composition en parties décimales de l'unité. C'est précisément à ce point de vue que se plaçaient les anciens auteurs qui exposaient tout ensemble la théorie des quatre opérations fondamentales et sur les nombres entiers et sur les nombres décimaux; malgré les avantages qu'offre cette méthode au point de vue pratique, elle a l'inconvénient, au point de vue théorique, d'exiger trois théories des quatre opérations, pour les nombres entiers, pour les fractions décimales et pour les fractions ordinaires, tandis que la première méthode d'exposition n'en demande que deux.

EXERCICES SUR LES FRACTIONS ORDINAIRES

182. *Convertir en fractions les expressions fractionnaires*

$$15\frac{2}{3},\ 113\frac{4}{7},\ 1\,043\frac{21}{31},\ 15\,433\frac{35}{43},\ 121\,045\frac{106}{113},\ 18\,300\,457\frac{1\,304}{2\,081}$$

Rép. $\dfrac{47}{3},\ \dfrac{795}{7},\ \dfrac{32\,354}{31},\ \dfrac{663\,654}{43},\ \dfrac{13\,678\,191}{113},\ \dfrac{38\,083\,252\,321}{2\,081}$

183. *Extraire les entiers contenus dans les expressions*

$$\frac{125}{7},\ \frac{1\,218}{11},\ \frac{14\,547}{15},\ \frac{343\,489}{187},\ \frac{10\,450\,894}{2\,099},\ \frac{340\,057\,891}{31\,037}$$

Rép. $17\frac{6}{7},\ 110\frac{8}{11},\ 969\frac{4}{5},\ 1\,847\frac{100}{187},\ 4\,978\frac{2\,072}{2\,099},$

$$10\,956\frac{16\,519}{31\,037}$$

184. *Réduire à sa plus simple expression chacune des expressions suivantes :*

$$\frac{25}{45},\ \frac{105}{225},\ \frac{68}{204},\ \frac{581}{830},\ \frac{4\,260}{7\,455},\ \frac{13\,585}{27\,690},\ \frac{184\,500}{48\,608},\ \frac{272\,611}{393\,917},$$

$$\frac{184\,568}{2\,189\,864}$$

Rép. $\dfrac{5}{9},\ \dfrac{7}{15},\ \dfrac{1}{3},\ \dfrac{7}{10},\ \dfrac{4}{7},\ \dfrac{209}{426},\ 3\dfrac{9\,669}{12\,152},\ \dfrac{2\,081}{3\,007},\ \dfrac{23\,071}{273\,733}$

185. *Réduire au même dénominateur :*

1° *les fractions* $\dfrac{1}{2}$, $\dfrac{4}{5}$, $\dfrac{2}{3}$;

2° *les fractions* $\dfrac{11}{12}$, $\dfrac{19}{20}$, $\dfrac{7}{13}$, $\dfrac{30}{36}$

Rép. 1° $\dfrac{15}{30}$, $\dfrac{24}{30}$, $\dfrac{20}{30}$;   2° $\dfrac{8580}{9360}$, $\dfrac{8892}{9360}$, $\dfrac{5040}{9360}$, $\dfrac{7800}{9360}$

186. *Placer par ordre de grandeur les fractions*

$$\dfrac{7}{8}, \quad \dfrac{9}{11}, \quad \dfrac{17}{19}$$

On a $\dfrac{7}{8} = \dfrac{1463}{1672}$, $\dfrac{9}{11} = \dfrac{1368}{1672}$, $\dfrac{17}{19} = \dfrac{1496}{1672}$, par suite :

Rép. $$\dfrac{17}{19} > \dfrac{7}{8} > \dfrac{9}{11}$$

187. *Placer par ordre de grandeur les fractions*

$$\dfrac{7}{11}, \quad \dfrac{12}{19}, \quad \dfrac{23}{36}, \quad \dfrac{32}{41}$$

Rép. On a $$\dfrac{32}{41} > \dfrac{23}{36} > \dfrac{7}{11} > \dfrac{12}{19}$$

188. *Réduire au plus petit dénominateur commun*

1° *les fractions* $\dfrac{5}{17}$, $\dfrac{9}{34}$, $\dfrac{55}{68}$

2°   « $\dfrac{12}{19}$, $\dfrac{17}{52}$, $\dfrac{143}{117}$, $\dfrac{203}{312}$

3°   « $\dfrac{16}{48}$, $\dfrac{30}{37}$, $\dfrac{59}{74}$, $\dfrac{112}{148}$, $\dfrac{233}{481}$

4°   « $\dfrac{11}{12}$, $\dfrac{108}{142}$, $\dfrac{57}{71}$, $\dfrac{140}{1065}$, $\dfrac{852}{2130}$

En appliquant la règle 173, on aura :

1° $\dfrac{20}{68}$, $\dfrac{48}{68}$, $\dfrac{55}{68}$

2° $\dfrac{11232}{17784}$, $\dfrac{5814}{17784}$, $\dfrac{21736}{17784}$, $\dfrac{11571}{17784}$

3° $\dfrac{962}{2886}$, $\dfrac{2340}{2886}$, $\dfrac{2301}{2886}$, $\dfrac{2184}{2886}$, $\dfrac{1398}{2886}$

4° $\dfrac{3905}{4260}$, $\dfrac{3240}{4260}$, $\dfrac{3420}{4260}$, $\dfrac{560}{4260}$, $\dfrac{1704}{4260}$

189. *Faire la somme des fractions* $\dfrac{7}{8}$, $\dfrac{9}{11}$, $\dfrac{17}{19}$.

Rép. $\dfrac{7}{8} + \dfrac{9}{11} + \dfrac{17}{19} = \dfrac{1463 + 1368 + 1496}{1672} = \dfrac{4327}{1672} = 2\,\dfrac{983}{1672}$

190. *Faire la somme des fractions* $\dfrac{7}{11}$, $\dfrac{12}{17}$, $\dfrac{23}{36}$, $\dfrac{32}{41}$.

$$\dfrac{7}{11} + \dfrac{12}{17} + \dfrac{23}{36} + \dfrac{32}{41} = \dfrac{175\,644 + 194\,832 + 176\,341 + 215\,424}{276\,012} =$$

$$= \dfrac{762\,241}{276\,012} = 2\,\dfrac{210\,217}{276\,012}$$

191. 1° *Faire séparément la somme des 4 séries de fractions de l'exercice n° 188; 2° faire la somme des résultats.*

D'après l'exercice 188, on a premièrement :

1°
$$\dfrac{20 + 18 + 55}{68} = \dfrac{93}{68} = 1\,\dfrac{25}{68}$$

2°
$$\dfrac{11\,232 + 5\,814 + 21\,736 + 11\,571}{17\,784} = \dfrac{50\,353}{17\,784} = 2\,\dfrac{14\,785}{17\,784}$$

3°
$$\dfrac{962 + 2\,340 + 2\,301 + 2\,184 + 1\,398}{2\,886} = \dfrac{9\,185}{2\,886} = 3\,\dfrac{527}{2\,886}$$

4°
$$\dfrac{3\,905 + 3\,240 + 3\,420 + 560 + 1\,704}{4\,260} = \dfrac{12\,829}{4\,260} = 3\,\dfrac{49}{4\,260}$$

Deuxièmement :

$$\dfrac{25}{68} + \dfrac{14\,785}{17\,784} + \dfrac{527}{2\,886} + \dfrac{49}{4\,260} =$$

$$= \dfrac{1\,459\,955\,250 + 1\,359\,406\,825 + 297\,587\,660 + 18\,808\,062}{1\,635\,149\,880} =$$

$$= \dfrac{3\,135\,757\,797}{1\,635\,149\,880} = 1\,\dfrac{1\,500\,607\,917}{1\,635\,149\,880}$$

Total des entiers $1 + 2 + 3 + 3 + 1$; par suite la somme totale sera

$$10\,\dfrac{1\,500\,607\,917}{1\,635\,149\,880}$$

192. *Faire la somme des expressions suivantes :*

$$1° \qquad 12\frac{5}{8} + 18\frac{15}{16} + 37\frac{31}{32}$$

$$2° \qquad 14\frac{11}{12} + 19\frac{35}{36} + 56\frac{59}{72}$$

$$3° \qquad 31\frac{13}{17} + 47\frac{18}{23} + 45\frac{3}{39} + \frac{63}{68}$$

Rép. $1°$ $\quad 12\frac{5}{8} + 18\frac{15}{16} + 37\frac{31}{32} = 69\frac{17}{32}$

« $\quad 2°$ $\quad 14\frac{11}{12} + 19\frac{35}{36} + 56\frac{59}{72} = 91\frac{17}{24}$

« $\quad 3°$ $\quad 31\frac{13}{17} + 47\frac{18}{23} + 45\frac{3}{39} + \frac{63}{68} = 125\frac{11\,197}{20\,332}$

193. *Effectuer les soustractions suivantes :*

$$1° \quad \frac{11}{12} - \frac{13}{36}; \qquad 2° \quad \frac{17}{19} - \frac{15}{31}; \qquad 3° \quad 13\frac{2}{3} - 7\frac{1}{8}$$

$$4° \; 23\frac{3}{7} - 15\frac{6}{7}; \quad 5° \; 131\frac{4}{9} - 17\frac{5}{8}; \quad 6° \; 1457\frac{12}{31} - 1010\frac{3}{17}$$

On a :

$$1° \qquad \frac{11}{12} - \frac{13}{36} = \frac{5}{9}; \qquad\qquad 2° \qquad \frac{17}{19} - \frac{15}{31} = \frac{242}{589}$$

$$3° \; 13\frac{2}{3} - 7\frac{1}{8} = 6\frac{13}{24}; \qquad 4° \qquad 23\frac{3}{7} - 15\frac{6}{7} = 7\frac{4}{7}$$

$$5° \; 131\frac{4}{9} - 17\frac{5}{8} = 113\frac{59}{72}; \quad 6° \; 1457\frac{12}{31} - 1010\frac{3}{17} = 447\frac{111}{527}$$

194. *Faire les produits suivants et simplifier les résultats :*

$$1° \; 13\frac{1}{3} \times 7\frac{1}{8}; \quad 2° \; 14 \times \frac{7}{8} \times 3\frac{1}{7}; \quad 3° \; 60\frac{4}{5} \times \frac{104}{142} \times 3\frac{284}{426}$$

On a :

$$1° \qquad 13\frac{1}{3} \times 7\frac{1}{8} = \frac{40}{3} \times \frac{57}{8} = \frac{40 \times 57}{3 \times 8} = 95$$

$$2° \; 14 \times \frac{7}{8} \times 3\frac{1}{7} = 14 \times \frac{7}{8} \times \frac{22}{7} = \frac{14 \times 7 \times 22}{8 \times 7} = \frac{77}{2} = 38\frac{1}{2}$$

$$3° \; 60\frac{4}{5} \times \frac{104}{142} \times 3\frac{284}{426} = 60\frac{4}{5} \times \frac{52}{71} \times 3\frac{2}{3} = \frac{304}{5} \times \frac{52}{71} \times \frac{11}{3} =$$

$$= \frac{304 \times 52 \times 11}{5 \times 71 \times 3} = \frac{173\,888}{1\,065} = 163\frac{293}{1\,065}$$

195. *Effectuer les quotients suivants; simplifier les résultats, si cela est possible :*

$1^o \quad \dfrac{55}{48} : 3\dfrac{7}{8}$; $\quad 2^o \quad 705\dfrac{5}{9} : 13\dfrac{8}{15}$; $\quad 3^o \quad 11\,457\dfrac{14}{17} : 137\dfrac{5}{7}$

Rép. $1^o \quad \dfrac{55}{48} : 3\dfrac{7}{8} = \dfrac{55}{48} : \dfrac{31}{8} = \dfrac{55 \times 8}{48 \times 31} = \dfrac{55}{186}$

« $2^o \quad 705\dfrac{5}{9} : 13\dfrac{8}{15} = \dfrac{6\,350}{9} : \dfrac{203}{15} = \dfrac{6\,350 \times 15}{9 \times 203} =$

$$= \dfrac{95\,250}{1\,827} = 52\dfrac{82}{609}$$

« $3^o \quad 11\,457\dfrac{14}{17} : 137\dfrac{5}{7} = \dfrac{194\,783}{17} : \dfrac{964}{7} = \dfrac{194\,783 \times 7}{17 \times 964} =$

$$= \dfrac{1\,363\,481}{16\,388} = 83\dfrac{3\,277}{16\,388}$$

196. *Trouver trois fractions, les plus simples possible, qui soient respectivement égales à* $\dfrac{11}{18}$, $\dfrac{8}{13}$, $\dfrac{26}{43}$, *et telles que le dénominateur de chacune soit égal au numérateur de la suivante* [1].

Les fractions proposées étant irréductibles, les nouvelles fractions devront avoir pour termes des équimultiples des termes de celles-ci. En représentant par a, b, c les nombres entiers, par lesquels il faut multiplier les termes de chacune des fractions, on aura :

$$\dfrac{11 \times a}{18 \times a} \qquad \dfrac{8 \times b}{13 \times b} \qquad \dfrac{26 \times c}{43 \times c}$$

Or on doit avoir $\quad 18a = 8b, \quad 13b = 26c$;

d'où $\qquad b = \dfrac{9a}{4} \quad$ et $\quad c = \dfrac{13b}{26} = \dfrac{b}{2}$

c devant être entier, b doit être pair ; l'expression $b = \dfrac{9a}{4}$ nous montre que la plus petite valeur de a qui donne à b une valeur paire est 8, et par suite on a :

$$a = 8, \quad b = 18 \quad \text{et} \quad c = 9$$

les fractions seront :

$$\dfrac{11 \times 8}{18 \times 8} \qquad \dfrac{8 \times 18}{13 \times 18} \qquad \dfrac{26 \times 9}{43 \times 9} \qquad \text{ou} \qquad \dfrac{88}{144} \qquad \dfrac{144}{234} \qquad \dfrac{234}{487}$$

---

[1] Les élèves peu avancés pourraient faire d'abord les exercices 211 et suivants.

197. *Deux fractions sont dites complémentaires lorsque leur somme est égale à l'unité. Cela posé, si $\frac{a}{b}$ est une fraction irréductible, sa fraction complémentaire $\frac{b-a}{b}$ l'est aussi.*

En effet, si a et b sont premiers entre eux, $b-a$ et b le sont aussi; car si $b-a$ et b admettaient un facteur commun, ce facteur diviserait aussi leur différence a; il diviserait donc a et b, ce qui est contraire à l'hypothèse.

198. *Démontrer que si l'on convertit en fraction la somme d'un nombre entier et d'une fraction irréductible, le résultat est une expression irréductible.*

Soit $a + \frac{b}{c}$; on aura $\frac{ac+b}{c}$ irréductible; en effet, si b et c sont premiers entre eux, $ac+b$ et c le seront aussi; car, si ces deux quantités admettaient un facteur commun, ce facteur, divisant c et $ac+b$, diviserait b; par suite, c et b ne seraient pas premiers entre eux, ce qui est contraire à l'hypothèse.

199. *Si $\frac{a}{b}$ est une fraction irréductible, $\frac{a+b}{ab}$ et $\frac{a-b}{ab}$ sont aussi des fractions irréductibles.*

Car si a et b sont premiers entre eux, $a+b$ et $a-b$ sont premiers avec le produit ab (Ex. 116); donc, etc.

200. *Démontrer que si l'on extrait les unités contenues dans une expression fractionnaire irréductible, la fraction complémentaire que l'on obtient est irréductible.*

Soit l'expression fractionnaire $\frac{a}{b}$, on aura, en appelant q le quotient de a par b, et r le reste :

$$\frac{a}{b} = q + \frac{r}{b}$$

Si a et b sont premiers entre eux, r et b le seront aussi; car on a :

$$a = bq + r$$

d'où l'on voit que s'il existait un facteur commun à b et r, ce facteur serait aussi commun à a et b, et, par suite, ces nombres ne seraient pas premiers entre eux.

201. *Dans quel cas le p. p. c. d. de plusieurs fractions est-il identique au produit des dénominateurs?*

Dans le cas où les dénominateurs sont des nombres premiers absolus ou des nombres premiers entre eux considérés deux à deux.

202. *Quels nombres autres que le produit des dénominateurs et leur p. p. c. m. peut-on prendre pour dénominateur de plusieurs fractions?*

On peut prendre pour dénominateur commun tous les multiples du p. p. c. m.

203. *Lorsqu'on a une suite de fractions égales, la somme des numérateurs sur celle des dénominateurs donne leur valeur commune.*

En effet, soient les fractions égales :

$$\frac{a}{b} = \frac{a'}{b'} = \frac{a''}{b''}$$

Si l'on suppose leur valeur commune égale à q, on aura :

$$a = bq \quad a' = b'q \quad a'' = b''q$$

par suite
$$a + a' + a'' = q(b + b' + b'')$$

d'où
$$\frac{a + a' + a''}{b + b' + b''} = q = \frac{a}{b} = \frac{a'}{b'} = \frac{a''}{b''} \quad \text{C. Q. F. D.}$$

204. *Lorsqu'on a une suite de fractions inégales, la somme des numérateurs sur celle des dénominateurs donne une valeur comprise entre la plus grande et la plus petite des fractions proposées.*

Soit
$$\frac{a}{b} > \frac{a'}{b'} > \frac{a''}{b''}$$

il s'agit de prouver que l'on a :

$$\frac{a}{b} > \frac{a + a' + a''}{b + b' + b''} > \frac{a''}{b''}$$

En effet, si l'on pose :

$$q = \frac{a}{b} > \frac{a'}{b'} > \frac{a''}{b''}$$

on en tire
$$a = bq \quad a' < b'q \quad a'' < b''q$$

par suite
$$a + a' + a'' < q(b + b' + b'')$$

ou
$$\frac{a + a' + a''}{b + b' + b''} < q$$

De même, si l'on pose :

$$\frac{a}{b} > \frac{a'}{b'} > \frac{a''}{b''} = p$$

on a $\qquad a > bp \quad a' > b'p \quad a'' = b''p$

par suite $\qquad a + a' + a'' > p(b + b' + b'')$

ou $\qquad \dfrac{a + a' + a''}{b + b' + b''} > p$

on peut donc écrire :

$$\frac{a}{b} > \frac{a + a' + a''}{b + b' + b''} > \frac{a''}{b''} \qquad \text{C. Q. F. D.}$$

205. *Démontrer que les fractions* $\dfrac{37}{95}$, $\dfrac{3737}{9595}$, $\dfrac{37373737}{95959595}$ *sont équivalentes.*

On a successivement :

$$\frac{3737}{9595} = \frac{3700 + 37}{9500 + 95} = \frac{37 \times 100 + 37}{95 \times 100 + 95} = \frac{37(100 + 1)}{95(100 + 1)} = \frac{37}{95}$$

$$\frac{37373737}{95959595} = \frac{3737 \times 10000 + 3737}{9595 \times 10000 + 9595} = \frac{3737(10000 + 1)}{9595(10000 + 1)} =$$

$$= \frac{3737}{9595} = \frac{37}{95}$$

On pourrait aussi le démontrer comme il suit, en appliquant l'exercice 203 :

$$\frac{37}{95} = \frac{3700}{9500} = \frac{3700 + 37}{9500 + 95} = \frac{3737}{9595}$$

on a de même :

$$\frac{3737}{9595} = \frac{37370000}{95950000} = \frac{37370000 + 3737}{95950000 + 9595} = \frac{37373737}{95959595}$$

par suite $\qquad \dfrac{37}{95} = \dfrac{3737}{9595} = \dfrac{37373737}{95959595}$

206. *Quels sont les nombres que l'on peut ajouter aux deux termes d'une fraction sans en altérer la valeur ?*

On peut ajouter aux deux termes d'une fraction des nombres équimultiples ou *équisous-multiples* de ses termes; car cela revient à additionner terme à terme des fractions équivalentes (**Ex. 203**).

Exemples : $\dfrac{2}{3} = \dfrac{2+4}{3+6} = \dfrac{6}{9}$; de même, $\dfrac{4}{6} = \dfrac{4+2}{6+3} = \dfrac{6}{9}$

car $\qquad \dfrac{2}{3} = \dfrac{4}{6}$, d'où $\dfrac{2+4}{3+6} = \dfrac{2}{3} = \dfrac{6}{9}$

207. *On veut multiplier par 20 la fraction* $\dfrac{1}{8}$ *; on ajoute d'abord 4 au numérateur ; quelle opération doit-on faire sur le dénominateur ?*

20 fois $\dfrac{1}{8} = \dfrac{20}{8}$ ou $\dfrac{5}{2}$; en ajoutant 4 au numérateur, la fraction $\dfrac{1}{8}$ devenant $\dfrac{5}{8}$ est multipliée par 5 ; donc il suffira de la multiplier ensuite par 4, en divisant son dénominateur par 4, ce qui donne $\dfrac{5}{2}$.

208. *Que devient une fraction lorsqu'on ajoute à lui-même chacun des termes de la fraction ?*

Lorsqu'on ajoute à lui-même chacun des termes de la fraction, cette faction ne change pas de valeur ; car cela revient à multiplier ses deux termes par 2.

209. *Comment obtient-on le quotient de deux nombres entiers* a *et* b : *1° à* $\dfrac{1}{n}$ *près ; 2° à* $\dfrac{m}{n}$ *près ?*

1° Chercher le quotient de a par b à $\dfrac{1}{n}$ près, revient à trouver le plus grand nombre de $\dfrac{1}{n}$ contenu dans $\dfrac{a}{b}$; en représentant par x ce nombre de n^{es}, on aura :

$$\frac{x}{n} \leqq \frac{a}{b} < \frac{x+1}{n}$$

ou bien $\qquad x \leqq \dfrac{a \times n}{b} < x+1$

D'où l'on conclut la règle suivante :

Règle. *Pour obtenir le quotient de deux nombres à* $\dfrac{1}{n}$ *près, on multiplie le dividende par le dénominateur* n, *on cherche, à une unité près, le quotient du produit par le diviseur, et on donne à ce quotient le dénominateur* n *de l'approximation.*

2° De même si l'on demandait le quotient de deux nombres a et b à $\frac{m}{n}$ près, cela reviendrait à chercher le plus grand nombre de fois que $\frac{m}{n}$ est contenu dans $\frac{a}{b}$; en appelant x ce nombre, on aura :

$$x \times \frac{m}{n} \leqq \frac{a}{b} < (x+1)\frac{m}{n}$$

en multipliant par $\frac{n}{m}$, on aura, après réduction,

$$x \leqq \frac{a \times n}{b \times m} < x+1$$

par suite x sera le quotient à une unité près de l'expression $\frac{a \times n}{b \times m}$, c'est-à-dire la partie entière du quotient de $a \times n$ par $b \times m$. D'où l'on peut conclure la règle comme ci-dessus.

210. *Réduire une fraction en une autre fraction d'espèce donnée.*

Applications: Réduire $\frac{7}{8}$ *en* 32^{ièmes}; $\frac{12}{15}$ *en* 25^{ièmes}; $\frac{11}{15}$ *en* 24^{ièmes}.

1° Réduire $\frac{7}{8}$ en 32^{ièmes} c'est chercher une fraction équivalente à $\frac{7}{8}$ et qui ait 32 pour dénominateur; si nous connaissions le nombre de 32^{ièmes} contenus dans $\frac{7}{8}$, nous aurions la fraction cherchée, en donnant à ce nombre 32 pour dénominateur; or ce nombre de 32^{ièmes} s'obtient en divisant $\frac{7}{8}$ par $\frac{1}{32}$, ce qui donne $\frac{7 \times 32}{8} = 28$; par suite, la fraction cherchée sera $\frac{28}{32}$.

2° On réduit d'abord $\frac{12}{15}$ à sa plus simple expression; on aura $\frac{4}{5}$ qui valent $\frac{20}{25}$.

3° Pour réduire $\frac{11}{15}$ en 24^{ièmes} on cherche aussi le plus grand nombre de fois que $\frac{11}{15}$ contient $\frac{1}{24}$; ce nombre est $\frac{11 \times 24}{15}$ ou

17 $\frac{9}{15}$; par suite, la fraction $\frac{11}{15}$ est égale à $\frac{17}{24}$ avec une erreur

de $\frac{9}{15}$ ou $\frac{3}{5}$ de 24ième, c'est-à-dire avec une erreur moindre

que $\frac{1}{24}$.

211. *Par quel nombre faut-il multiplier le nombre 23 pour le diminuer de ses* $\frac{7}{11}$?

Pour diminuer 23, ou un nombre quelconque, de ses $\frac{7}{11}$, il

suffit de le multiplier par $\frac{11}{11} - \frac{7}{11}$ ou $\frac{4}{11}$.

212. *Par quel nombre faut-il multiplier 39 pour l'aug-menter de ses* $\frac{5}{13}$?

En augmentant le nombre 39 de ses $\frac{5}{13}$ on en aura les $\frac{18}{13}$.

Il faut donc le multiplier par $\frac{18}{13}$.

213. *On diminue un nombre du centième de sa valeur, et on trouve* 489 832 $\frac{1}{5}$: *quel est ce nombre?*

Les $\frac{99}{100}$ du nombre cherché égalent 489 832 $\frac{1}{5}$ ou $\frac{2\,449\,161}{5}$;

ce nombre égalera donc $\frac{2\,449\,161 \times 100}{5 \times 99} = 494\,780$.

214. *En augmentant un nombre du centième de sa valeur, on trouve* 79 739 $\frac{1}{2}$: *quel est ce nombre?*

Les $\frac{101}{100}$ du nombre cherché égalent 79 739 $\frac{1}{2}$ ou $\frac{159\,479}{2}$;

donc ce nombre égalera $\frac{159\,479 \times 100}{2 \times 101}$ ou 78 950.

215. *Par quel nombre faut-il en diviser un autre pour di-minuer cet autre de ses* $\frac{2}{5}$?

Pour diminuer un nombre de ses $\frac{2}{5}$, par une division, il faut

le diviser par $\frac{5}{3}$; car diviser un nombre par $\frac{5}{3}$ cela revient à le multiplier par $\frac{3}{5}$, c'est-à-dire à n'en prendre que les $\frac{3}{5}$, ce qui est bien le diminuer de ses $\frac{2}{5}$.

216. *On a acheté une pièce de drap à raison de 200 fr. les 17 mètres ; on la revend à raison de 190 fr. les 13 mètres et l'on gagne 48 fr. : quelle était la longueur de la pièce ?*

Sur un mètre on gagne $\frac{190}{13} - \frac{200}{17}$ ou $\frac{630}{221}$. Le nombre de mètres vendus sera $48 : \frac{630}{221} = \frac{48 \times 221}{630} = 16^{\text{m}} \frac{88}{105}$ ou $16^{\text{m}},84$.

217. *La somme de deux nombres entiers égale 729 ; le plus grand contient 8 fois le plus petit. Par quelle fraction faudrait-il multiplier 729 pour obtenir le plus grand de ces nombres ?*

Le plus grand nombre étant égal à 8 fois le plus petit, la somme égalera 9 fois ce même nombre. Le petit étant $\frac{1}{9}$ de la somme, le grand en sera les $\frac{8}{9}$ ou $\frac{729 \times 8}{9} = 648$; le petit sera 81.

218. *Quel est le nombre dont les $\frac{2}{3}$ augmentés de ses $\frac{4}{5}$ et diminués de ses $\frac{3}{4}$ donne 43.*

Les $\frac{2}{3}$ du nombre plus ses $\frac{4}{5}$ donnent $\frac{10}{15} + \frac{12}{15} = \frac{22}{15}$; $\frac{22}{15} - \frac{3}{4} = \frac{43}{60}$. Les $\frac{43}{60}$ du nombre valent 43 ; donc ce nombre sera $\frac{43 \times 60}{43}$ ou 60.

219. *Quel est le nombre dont les $\frac{3}{4}$ des $\frac{7}{10}$ font 105 ?*

Les $\frac{3}{4}$ des $\frac{7}{10}$ valent $\frac{7}{10} \times \frac{3}{4} = \frac{21}{40}$; les $\frac{21}{40}$ du nombre étant 105, le nombre sera $\frac{105 \times 40}{21}$ ou 200.

220. *Combien payera-t-on les* $\frac{7}{9}$ *d'un terrain de 45 arcs 6 centiares, à raison de* 3 *fr.* $\frac{1}{3}$ *le mètre carré?*

Les $\frac{7}{9}$ du terrain égalent $4\,506 \times \frac{7}{9}$ ou $\frac{4\,506 \times 7}{9}$ m. q. Un mètre coûtant $3\frac{1}{3}$ ou $\frac{10}{3}$, le prix total sera

$$\frac{4\,506 \times 7 \times 10}{9 \times 3} = 11\,682 \text{ fr. } \frac{2}{9}$$

221. *Trois sphères de plomb pèsent ensemble* 12 *kg.* $\frac{1}{7}$; *les deux plus lourdes pèsent ensemble* 9 *kg.* $\frac{5}{6}$ *et la plus légère* 1 *kg.* $\frac{2}{3}$ *de moins que la moyenne. Dites le poids de chacune.*

La plus légère pèsera $12\frac{1}{7} - 9\frac{5}{6}$ ou 2 kg. $\frac{13}{42}$.

$$2\frac{13}{42} + 1\frac{2}{3} = 3\frac{41}{42} \text{ poids de la moyenne ;}$$

enfin $9\frac{5}{6} - 3\frac{41}{42} = 5\frac{36}{42}$ ou $5\frac{6}{7}$ poids de la plus lourde.

222. *Partager* 105 *en deux parties telles que les* $\frac{3}{4}$ *de la* 1re *plus les* $\frac{2}{3}$ *de la* 2e *fassent* 75.

Si on réduit $\frac{3}{4}$ et $\frac{2}{3}$ au même dénominateur, on a $\frac{9}{12}$ et $\frac{8}{12}$; on pourra dire que 9 fois la première plus 8 fois la seconde égalent 75×12 ou 900; or 8 fois la somme est égal à 105×8 ou 840; donc $900 - 840 = 60$ sera la première, et $105 - 60$ ou 45 sera la seconde.

223. *Trois compagnies d'ouvriers creuseraient un fossé, la* 1re *en* 9 *jours, la* 2e *en* 10 *jours, la* 3e *en* 12 *jours. On emploie le* $\frac{1}{4}$ *de la* 1re, *le* $\frac{1}{3}$ *de la* 2e *et la* $\frac{1}{2}$ *de la* 3e; *en combien de temps le fossé sera-t-il creusé?*

A $\frac{1}{4}$ de la 1re compagnie il faudra 36 jours pour faire le travail.

A $\frac{1}{3}$ « 2e « 30 «

A $\frac{1}{2}$ « 3e « 24 «

En 1 jour on fera $\frac{1}{36} + \frac{1}{30} + \frac{1}{24}$ ou les $\frac{37}{360}$ du travail ; pour faire l'ouvrage entier il faudra 9 jours $\frac{27}{37}$.

224. *Les aiguilles d'une montre marquent midi ; à quelle heure se fera leur prochaine rencontre ?*

Lorsque la grande aiguille parcourt 60 divisions, la petite n'en parcourt que 5 ; donc la première gagne, par heure, sur la petite, $60 - 5$ ou 55 divisions ; pour gagner une division, elle mettra $\frac{1}{55}$ d'heure, et pour gagner 60 divisions, elle mettra $\frac{1}{55} \times 60$ ou $1^{\mathrm{h}} 5^{\mathrm{m}} \frac{5}{11}$ de minute.

225. *La hauteur du mont Blanc est de 4 810 mètres ; quelle fraction du rayon terrestre représentera cette hauteur, sachant que ce rayon est de 6 366 kilom. ? On demande, en outre, de trouver deux fractions ayant l'unité pour numérateur, et pour dénominateurs deux nombres consécutifs, et qui comprennent entre elles la fraction demandée.*

Le rayon étant 6 366 000 m., le rapport demandé sera

$$\frac{4\,810}{6\,366\,000} \quad \text{ou} \quad \frac{481}{636\,600}$$

si l'on divise 636 600 par 481, on trouve 1 323, par défaut ; par suite, on aura :

$$\frac{1}{1\,324} < \frac{481}{636\,600} < \frac{1}{1\,323}$$

226. *Trois ouvriers font un travail en 4 jours ; sachant que le 1er le ferait seul en 9 jours et le 2e en 12 jours, on demande le nombre de jours qu'il faudrait au 3e pour faire à lui seul le travail.*

Ensemble, en un jour, les trois ouvriers font $\frac{1}{4}$ du travail ;

ensemble, les deux premiers feraient $\frac{1}{9} + \frac{1}{12}$, ou $\frac{7}{36}$; alors $\frac{1}{4} - \frac{7}{36}$ ou $\frac{9}{36} - \frac{7}{36}$, c'est-à-dire $\frac{2}{36}$, sera le travail fait par le 3° en un jour; donc il lui faudrait 18 jours pour le faire à lui seul.

227. *D'après un statisticien, la population de l'Europe, en 1876, était les $\frac{3}{7}$ de celle de l'Asie; celle de l'Afrique en était le $\frac{1}{7}$; celle de l'Amérique, les $\frac{13}{100}$; et celle de l'Océanie, le $\frac{1}{20}$. La population de l'Europe étant de 300 000 000 d'habitants, calculer la population du globe.*

Europe	300 000 000
Asie	700 000 000
Afrique	100 000 000
Amérique	91 000 000
Océanie	35 000 000
Population du globe	1 226 000 000

228. *Trois fontaines peuvent remplir un bassin; la 1re en 2 heures, la 2e en 4 heures, et la 3e en 3 heures $\frac{1}{2}$. On demande de combien augmente ou diminue, dans une heure, l'eau contenue dans ce bassin si, en même temps, on ouvre deux conduits qui le videraient, le 1er en 1 h. $\frac{1}{2}$ et le 2e en 3 heures.*

Les trois fontaines rempliront en une heure $\frac{1}{2} + \frac{1}{4} + \frac{2}{7}$ ou les $\frac{29}{28}$ du bassin. Les deux conduits en videront les $\frac{2}{3} + \frac{1}{3}$ ou le bassin entier; donc l'eau augmenterait de $\frac{1}{28}$ de la capacité du bassin.

229. *Trois fontaines rempliraient un bassin, la 1re en 1 heure $\frac{2}{5}$; la 2e en 2 heures $\frac{3}{4}$; la 3e en 4 heures $\frac{5}{8}$; on ouvre en même temps un robinet qui le viderait en 1 heure $\frac{2}{3}$; dans combien de temps le bassin sera-t-il rempli?*

Les trois fontaines rempliront en une heure les $\dfrac{5}{7} + \dfrac{4}{11} + \dfrac{8}{37}$ ou $\dfrac{2\,035}{2\,849} + \dfrac{1\,036}{2\,849} + \dfrac{616}{2\,849}$, c'est-à-dire les $\dfrac{3\,687}{2\,849}$ du bassin ; il en sort les $\dfrac{3}{5}$; donc il reste $\dfrac{3\,687}{2\,849} - \dfrac{3}{5}$ ou les $\dfrac{9\,888}{14\,245}$; par suite, le bassin sera rempli en 1 heure $\dfrac{4\,357}{9\,888}$.

230. *Une balle élastique rebondit, chaque fois qu'elle tombe, à une hauteur égale aux $\dfrac{3}{5}$ de celle dont elle est tombée ; on a laissé tomber cette balle d'une hauteur de 12 mètres ; à quelle hauteur s'élèvera-t-elle après avoir rebondi 3 fois ?*

Chaque fois la balle s'élève à une hauteur égale aux $\dfrac{3}{5}$ de la hauteur précédente ; donc à la troisième fois la hauteur sera de

$$\dfrac{12 \times 3 \times 3 \times 3}{5 \times 5 \times 5} \quad \text{ou} \quad 2^{\mathrm{m}}\,\dfrac{74}{125}$$

231. *En faisant la même hypothèse que dans le problème précédent, et sachant qu'une balle s'élève, après avoir rebondi 3 fois, à une hauteur de 2 m. $\dfrac{1}{3}$, de quelle hauteur était-elle tombée ?*

Elle est tombée d'une hauteur de $\dfrac{7 \times 5 \times 5 \times 5}{3 \times 3 \times 3 \times 3}$ ou $10^{\mathrm{m}}\,\dfrac{65}{81}$.

232. *La surface d'un plan est $\dfrac{1}{100}$ de celle du terrain ; quelle relation existe-t-il entre la longueur des deux côtés homologues de la copie et de l'original ?*

Un rectangle dont les côtés sont la $\dfrac{1}{n}$ partie de ceux d'un autre rectangle, a pour surface $\dfrac{1}{n^2}$ de la surface du premier.

La copie étant $\dfrac{1}{100}$ de l'original, les côtés seront au $\dfrac{1}{10}$; en d'autres termes, l'échelle du dessin reproduit est de $\dfrac{1}{10}$.

233. *A un récipient de 820 litres de capacité sont adaptés deux tuyaux, l'un pour le remplir, l'autre pour le vider ; le*

1er *fournit* 2 *lit.* $\frac{2}{3}$ *en* $\frac{3}{5}$ *de minute, et le* 2e *fait écouler*

2 *lit.* $\frac{1}{2}$ *en* $\frac{3}{4}$ *de minute. Le bassin étant vide, on ouvre les*

robinets; dans combien de temps sera-t-il rempli?

Le premier tuyau fournit en une minute $\frac{8 \times 5}{3 \times 3}$ ou $\frac{40}{9}$ de litre.

Le deuxième en fait écouler $\qquad \frac{5 \times 4}{2 \times 3}$ ou $\frac{10}{3}$ «

Le bassin reçoit par minute $\frac{40}{9} - \frac{30}{9}$ ou $\frac{10}{9}$ de lit.; pour

se remplir il lui faudra $\frac{820 \times 9}{10}$ ou 738 minutes, c'est-à-dire

12 heures 18 minutes.

234. *Si, après avoir vendu les* $\frac{3}{7}$ *des œufs que j'ai ap-*
portés au marché, disait une personne, j'en ajoute 65 *à ce*
qui me reste, le nombre primitif se trouve augmenté de
moitié; combien a-t-elle apporté d'œufs au marché?

D'après les données, les $\frac{4}{7}$ des œufs apportés, augmentés

de 65, donnent les $\frac{3}{2}$ du nombre d'œufs; par suite, $\frac{3}{2} - \frac{4}{7}$ ou

$\frac{13}{14}$ correspondent à 65 œufs; le nombre demandé sera donc

$$\frac{65 \times 14}{13} \quad \text{ou} \quad 70$$

235. *Le gouvernement paya à un fabricant* 20 400 *fr. pour*
des canons de fusil; mais à l'épreuve, le $\frac{1}{4}$ *du* $\frac{1}{15}$ *se brisa.*
Dites quel eût été le prix de chaque canon s'ils eussent tous
résisté, sachant que le prix des autres augmenta de $\frac{17}{177}$ *de fr.*

Il se brisa $\frac{1}{4} \times \frac{1}{15}$ ou $\frac{1}{60}$ du nombre total. On perdit donc

$\frac{20\,400}{60}$ ou 340 fr. Ces 340 fr. ont fait augmenter le prix de chacun

des autres canons de $\frac{17}{177}$ de fr.; par suite, $\frac{340 \times 177}{17}$ ou 3 540

3*

sera le nombre des canons qui ont résisté et le prix sera

$$\frac{20\,400 - 340}{3\,540} = 5 \text{ fr. } \frac{2}{3}$$

236. *En supposant que dans la composition de la poudre à canon l'on emploie* 75 *kg. de salpêtre pour* 13 *de charbon et* 12 *de soufre, on demande combien il y a de chaque substance dans* $\frac{5}{8}$ *de kg. de poudre.*

Sur un kg. de poudre il y a, de chacune des substances, les fractions suivantes : $\frac{75}{100}$, $\frac{13}{100}$, $\frac{12}{100}$ ou $\frac{3}{4}$, $\frac{13}{100}$, $\frac{3}{25}$; par suite, sur $\frac{5}{8}$ de kg. de poudre il y aura :

$$\frac{3 \times 5}{4 \times 8} \quad \text{ou} \quad \frac{15}{32} \quad \text{de salpêtre}$$

$$\frac{13 \times 5}{100 \times 8} \quad \text{ou} \quad \frac{13}{160} \quad \text{de charbon}$$

$$\frac{3 \times 5}{25 \times 8} \quad \text{ou} \quad \frac{3}{40} \quad \text{de soufre}$$

237. *J'ai dépensé les* $\frac{3}{4}$ *de mon argent, ensuite le* $\frac{1}{3}$ *du reste, et enfin le* $\frac{1}{4}$ *du* 2e *reste, après quoi je suis possesseur de 6 fr. Combien avais-je ?*

Après la première dépense il reste $\frac{1}{4}$ dont le $\frac{1}{3}$ sera $\frac{1}{12}$; il reste ensuite $\frac{1}{4} - \frac{1}{12} = \frac{2}{12}$ ou $\frac{1}{6}$, dont le $\frac{1}{4}$ est $\frac{1}{24}$; il reste enfin $\frac{1}{6} - \frac{1}{24} = \frac{3}{24}$ ou $\frac{1}{8}$ qui représentent 6 fr. ; l'avoir était donc de 6×8 ou 48 fr.

238. *On a acheté du drap de deux qualités, autant de l'une que de l'autre, et l'on a déboursé* 6 000 *fr. en tout. Deux mètres, un de chaque qualité, coûtent ensemble* 40 *fr. ; et* 5 *mètres de la* 1re *coûtent autant que* 7 *de la* 2e*. On demande le prix du mètre de chaque qualité, et combien a-t-on acheté de mètres.*

Le nombre de mètres achetés de chaque qualité est

$$\frac{6\,000}{40} = 150$$

Puisque 5 m. de la 1re en valent 7 de la 2e, 1 m. de la 1re vaudra $\frac{7}{5}$ de m. de la 2e; par conséquent, un mètre de la 1re plus un mètre de la 2e valent autant que $\frac{7}{5} + \frac{5}{5}$ ou $\frac{12}{5}$ de m. de la 2e; par suite, 40 fr. étant le prix de $\frac{12}{5}$ de m., un mètre de la 2e qualité vaudra $\frac{40 \times 5}{12}$ ou $16\frac{2}{3}$, et $40 - 16\frac{2}{3}$ ou $23\frac{1}{3}$ sera le prix du mètre de la 1re.

239. *Deux ouvriers feraient un travail, le 1er en $\frac{2}{3}$ de jour, le 2e en $\frac{4}{5}$. On demande : 1° en combien de temps ils le feraient en travaillant ensemble; 2° quelle part du travail chacun aura faite; 3° le gain, si le travail est payé 5 fr. $\frac{1}{2}$.*

1° En $\frac{2}{3}$ de jour le 1er fait l'ouvrage; en un jour, il en fera les $\frac{3}{2}$ ou $\frac{6}{4}$.

En $\frac{4}{5}$ de jour le 2e fait l'ouvrage; en un jour, il en fera les $\frac{5}{4}$.

Ensemble, en un jour, ils feront les $\frac{6}{4} + \frac{5}{4}$ ou $\frac{11}{4}$ de l'ouvrage; par suite, l'ouvrage sera fait en $\frac{4}{11}$ de jour.

2° Le 1er ouvrier fait les $\frac{3}{2}$ de l'ouvrage en un jour; en $\frac{4}{11}$ il en fera les $\qquad \frac{3}{2} \times \frac{4}{11}$ ou $\frac{6}{11}$

Le 2e en fera $\qquad \frac{5}{4} \times \frac{4}{11}$ ou $\frac{5}{11}$

3° Le travail étant payé $5\frac{1}{2}$ ou $\frac{11}{2}$, le 1er recevra $\frac{11 \times 6}{2 \times 11}$ ou 3 fr., et le 2e $\frac{11 \times 5}{2 \times 11}$ ou 2 fr. $\frac{1}{2}$

240. *Partager le nombre* 178 *en trois parties telles que* 8 *fois la* 3e *soit égale au* $\frac{1}{6}$ *de la* 2e *et au* $\frac{1}{5}$ *de la* 1re.

Si la 3e est représentée par x, la seconde sera $48x$ et la 1re $40x$; donc $89x$ ou 89 fois la 3e égale 178; par suite, $\frac{178}{89} = 2$ sera la 3e, 96 la 2e et 80 la 1re.

241. *Deux entrepreneurs s'offrent à faire construire un mur, le* 1er *en* 60 *jours, en travaillant* 9 *heures par jour; le* 2e *en* 80 *jours, en travaillant* 7 *heures. On emploie les deux; dans combien de temps le mur sera-t-il fait, en travaillant* 8 *heures par jour?*

Puisqu'en 60 jours de 9 heures le 1er fait faire le travail, en une heure il fera faire $\frac{1}{60 \times 9}$, et en un jour de 8 heures, il fera $\frac{1 \times 8}{60 \times 9}$ ou $\frac{2}{135}$.

De même le 2e en un jour fera $\frac{1 \times 8}{80 \times 7}$ ou $\frac{1}{70}$.

Les deux ensemble feront $\frac{2}{135} + \frac{1}{70}$ ou $\frac{55}{1\,890}$.

Si en un jour ils font les $\frac{55}{1\,890}$ de l'ouvrage, l'ouvrage entier sera fait au bout de $\frac{1\,890}{55}$ ou 34 jours et $\frac{4}{11}$ de jour.

242. *Une vis avance de* $\frac{3}{10}$ *de millimètre en* 5 *tours; combien fera-t-elle de tours pour avancer de* 4 *mm.* $\frac{1}{2}$?

En un tour elle avance de $\frac{3}{10 \times 5}$ ou $\frac{3}{50}$ de millimètre; pour avancer de 4 mm. $\frac{1}{2}$ ou $\frac{9}{2}$, il faudra :

$$\frac{9 \times 50}{2 \times 3} \quad \text{ou} \quad 75 \text{ tours.}$$

243. *Avec* 1 210 *fr. on achète un certain nombre de moutons; le* $\frac{1}{3}$ *de ce nombre est payé* 18 *fr.; le* $\frac{1}{4}$ *est payé* 20 *fr.; et le reste* 22 *fr.: combien de moutons a-t-on achetés?*

On a payé le $\frac{1}{3}$ ou les $\frac{4}{12}$ à 18 fr.; le $\frac{1}{4}$ ou les $\frac{3}{12}$ à 20 fr.,

et les $\frac{5}{12}$ à 22 fr;

$$\frac{4}{12} \text{ du nombre } \times 18 \text{ ou } \frac{72}{12}$$

$$\frac{3}{12} \qquad \times 20 \qquad \frac{60}{12}$$

$$\frac{5}{12} \qquad \times 22 \qquad \frac{110}{12}$$

la somme est $\frac{242}{12}$; donc $\frac{242}{12}$ du nombre égalent 1 210.

Ce nombre est donc $\dfrac{1\,210 \times 12}{242} = 60$ moutons.

211. *Un propriétaire dispose de ses biens comme il suit :
les biens meubles sont partagés entre 4 neveux, de façon que
le premier en ait les $\frac{3}{7}$; le 2º, les $\frac{5}{8}$ des $\frac{2}{3}$; le 3º, le $\frac{1}{9}$; le 4º,
le reste, qui vaut 55 440 fr. Les immeubles, dont la valeur est
les $\frac{5}{3}$ des précédents, sont distribués : le $\frac{1}{4}$ à un hôpital,
les $\frac{3}{16}$ des $\frac{4}{9}$ à une académie, les $\frac{2}{15}$ à une bibliothèque pu-
blique, et le reste à des œuvres de bienfaisance. On demande :
1º quelle est la part des biens meubles du 4º neveu, et quelle
est la part des immeubles destinée aux œuvres de bienfaisance ; 2º quelle est la valeur des biens meubles et celle des
immeubles.*

La part des trois premiers neveux étant de

$$\frac{3}{7} + \frac{10}{24} + \frac{1}{9} \text{ ou } \frac{241}{252}$$

il reste $\frac{11}{252}$ pour le 4º. C'est la 1ʳᵉ réponse.

La valeur des biens meubles sera

$$\frac{55\,440 \times 252}{11} = 1\,270\,080$$

celle des immeubles

$$\frac{1\,270\,080 \times 5}{3} = 2\,116\,800$$

L'académie, l'hôpital et la bibliothèque reçoivent

$$\frac{1}{4} + \frac{1}{12} + \frac{2}{15} = \frac{28}{60} \quad \text{ou} \quad \frac{7}{15}$$

par suite, les œuvres de bienfaisance auront les $\frac{8}{15}$ des immeubles.

245. *Un tonneau contient 340 litres de vin; on en tire 55 litres que l'on remplace par de l'eau; on en tire de nouveau 55 litres que l'on remplace encore par de l'eau, et l'on fait encore cette opération une 3ᵉ fois: combien le tonneau contient-il alors de vin?*

En retirant 55 litres du tonneau on en a retiré les $\frac{55}{340}$ ou les $\frac{11}{68}$; il en reste donc $\frac{57}{68}$.

On retire de nouveau les $\frac{11}{68}$, et on remplace par de l'eau; il reste alors, comme vin, dans le tonneau, les $\frac{57}{68}$ des $\frac{57}{68}$ de ce qu'il y avait primitivement, c'est-à-dire $\frac{57 \times 57}{68 \times 68} \times 340$.

Après une 3ᵉ opération, il restera

$$\frac{57 \times 57 \times 57}{68 \times 68 \times 68} \times 340, \quad \text{c'est-à-dire } 200 \text{ litres } \frac{1}{4}$$

Autre solution. Lorsqu'on enlève 55 litres de vin, il en reste $340 - 55$ ou 285 litres.

La 2ᵉ fois on enlève 55 litres du mélange dans lequel il n'y a que $\frac{285}{340}$ de vin, c'est-à-dire que l'on retire $\frac{285}{340} \times 55$; il en restera $285 - \frac{285 \times 55}{340}$ ou $\frac{285(340 - 55)}{340}$ ou $\frac{285^2}{340}$

le litre du mélange ne contiendra alors que $\frac{285^2}{340^2}$ de vin.

En enlevant une 3ᵉ fois 55 litres, on enlève $\frac{285^2}{340^2} \times 55$ de vin; il en reste $\frac{285^2}{340^2} - \frac{285^2 \times 55}{340^3} = \frac{285^3}{340^3}$ ou 200 litres $\frac{1}{4}$.

46. *Répétant l'opération n fois, en appelant A la conte- du tonneau et B la quantité qu'on enlève chaque fois, elle est la quantité de vin qui reste dans le tonneau?*

D'après la 2ᵉ solution du problème précédent, nous aurons, pour la quantité de vin qui reste dans le tonneau, après la n^e opération :

$$\frac{(A - B)^n}{A^{n-1}}$$

247. *Un marchand vend les $\frac{3}{4}$ de ses oranges plus $\frac{1}{4}$ d'une orange, puis les $\frac{3}{4}$ du reste plus $\frac{1}{4}$ d'orange. Après une 3ᵉ et une 4ᵉ vente, faites dans les mêmes conditions, il ne lui reste plus rien; quel était le nombre des oranges?*

En dernier lieu, le marchand a vendu les $\frac{3}{4}$ du reste précédent, plus $\frac{1}{4}$ d'orange, et comme il n'a plus rien, il a tout vendu; par conséquent, ce reste de la 3ᵉ vente était entièrement composé de ses $\frac{3}{4}$ et du $\frac{1}{4}$ d'une orange; donc $\frac{1}{4}$ d'orange vaut $\frac{1}{4}$ de ce reste; par suite, ce reste est composé d'une orange. Or, après la 3ᵉ vente, le marchand a ce reste plus $\frac{1}{4}$ d'orange; il a donc en tout $\frac{5}{4}$ d'orange, et ces $\frac{5}{4}$ d'orange représentent, d'après l'énoncé, le $\frac{1}{4}$ du 2ᵉ reste; ce 2ᵉ reste sera de 5 oranges. Après la 2ᵉ vente le marchand a donc $5 + \frac{1}{4}$ oranges ou $\frac{21}{4}$ d'orange, représentant le $\frac{1}{4}$ du 1ᵉʳ reste. Après la 1ʳᵉ vente le marchand avait, par suite, 21 oranges plus $\frac{1}{4}$ ou $\frac{85}{4}$ d'orange représentant le $\frac{1}{4}$ de ce qu'il possédait primitivement.

Le marchand avait donc en tout 85 oranges.

Autre solution. Le marchand vend d'abord les $\frac{3}{4}$ de ses oranges plus $\frac{1}{4}$ d'orange; il lui reste alors $\frac{1}{4}$ de ce qu'il avait moins $\frac{1}{4}$ d'orange; il vend ensuite les $\frac{3}{4}$ de ce qui lui reste et $\frac{1}{4}$ d'orange; donc il lui restera $\frac{1}{4 \times 4}$ ou $\frac{1}{16}$ de ce qu'il avait moins $\dfrac{1}{4\times 4}$ ou $\dfrac{1}{16}$ d'orange et moins $\dfrac{1}{4}$ d'orange. Ainsi,

après la 2e vente, il lui reste $\dfrac{1}{4^2}$ de ce qu'il avait, moins $\dfrac{1+4}{4^3}$

d'orange.

On trouverait de même qu'après la 3e vente il lui reste-

rait $\dfrac{1}{4^3}$ de ce qu'il avait, moins $\dfrac{1+4+4^2}{4^3}$ d'orange ; et enfin,

après la 4e vente, on aurait $\dfrac{1}{4^4}$ du nombre, moins

$$\dfrac{1+4+4^2+4^3}{4^4} \text{ d'orange ;}$$

alors il ne lui reste plus rien ; donc $\dfrac{1}{4^4}$ du nombre total est

représenté par $\dfrac{1+4+4^2+4^3}{4^4}$ d'orange ;

par suite, les $\dfrac{4^4}{4^4}$ ou le nombre sera 4^4 plus grand, ou

$$\dfrac{(1+4+4^2+4^3)4^4}{4^4} = 1+4+4^2+4^3 = 1+2+16+64 = 85 \text{ oranges.}$$

248. *Quel serait le nombre d'oranges vendues, s'il y avait
eu n ventes dans les mêmes conditions ?*

En suivant la méthode indiquée dans la deuxième solution du
problème précédent, on aura pour le nombre d'oranges vendues,
et dans le cas de n ventes :

$$1+4+4^2+4^3 \ldots\ldots 4^{n-1} = \dfrac{4^n-1}{4-1} = \dfrac{4^n-1}{3}$$

249. *Deux fractions irréductibles ne peuvent avoir pour
somme un nombre entier qu'autant qu'elles ont même dénominateur.*

Soient $\dfrac{a}{b}$ et $\dfrac{c}{d}$ deux fractions irréductibles ; supposons que

l'on ait $\dfrac{a}{b} + \dfrac{c}{d} = E$, E étant un nombre entier ; on aura

aussi $\quad ad + bc = dbE$; or b divise dbE et bc ; par conséquent, il divisera ad ; mais b étant premier avec a, il divisera d. De même d divise Ebd et ad ; par conséquent, il divisera bc ; mais il est premier avec c ; donc il divisera b.

Or b divise d, et d divise b ; ce qui n'est possible qu'autant
que $b = d$.   C. Q. F. D.

230. *Quand la somme de deux fractions irréductibles est-elle aussi une fraction irréductible?*

Soient deux fractions $\frac{a}{b}$ et $\frac{c}{d}$ irréductibles; leur somme est $\frac{ad+bc}{bd}$; si les deux termes de cette fraction admettaient un diviseur premier commun p, ce diviseur devrait diviser l'un des facteurs de bd; b, par exemple; or, divisant $ad+bc$ et bc, il diviserait aussi ad; mais il ne peut diviser a, car a et b ne seraient pas premiers entre eux; donc il divisera d; par conséquent, la somme est une fraction irréductible quand les dénominateurs des deux fractions données sont premiers entre eux.

231. *Même question pour la différence de deux fractions irréductibles.*

Soient les deux fractions $\frac{a}{b}$ et $\frac{c}{d}$; leur différence serait

$$\frac{ad-bc}{bd}$$

Par un raisonnement analogue, on prouve que la différence est irréductible quand les dénominateurs sont premiers entre eux.

232. *Trois fractions irréductibles ne peuvent avoir pour somme un nombre entier, si un facteur premier de l'un quelconque des dénominateurs ne se trouve dans aucun des deux autres dénominateurs.*

Soient les fractions irréductibles $\frac{a}{b}$, $\frac{c}{d}$ et $\frac{e}{f}$; on aura, en réduisant les deux premières au même dénominateur:

$$\frac{ad+bc}{bd}+\frac{e}{f}$$

si l'on appelle $\frac{m}{n}$ la fraction irréductible et équivalente à $\frac{ad+bc}{bd}$, on aura $\frac{m}{n}+\frac{e}{f}$. Or cette somme ne peut être un nombre entier qu'autant que $n=f$ (Ex. 249), ce qui exige que tous les facteurs de f se trouvent dans b ou dans d; car n est un diviseur de bd.

233. *Quand le produit de deux fractions irréductibles est-il une fraction irréductible?*

Soient les fractions irréductibles $\frac{a}{b}$ et $\frac{c}{d}$; leur produit est $\frac{ac}{bd}$. Si les deux termes de cette fraction admettaient un diviseur premier p, ce facteur diviserait l'un des nombres b ou d, b, par exemple, et aussi l'un des nombres a ou c; mais il ne peut diviser a, par hypothèse; donc il diviserait c; par suite, si b et c sont premiers entre eux, la fraction sera irréductible; *la condition pour que le produit de deux fractions irréductibles soit irréductible, est que le dénominateur de l'une soit premier avec le numérateur de l'autre.*

254. *Quand le quotient de deux fractions irréductibles est-il une fraction irréductible?*

Soient les fractions $\frac{a}{b}$ et $\frac{c}{d}$ dont le quotient sera $\frac{ad}{bc}$. Si les deux termes de cette fraction admettaient un diviseur premier p, ce facteur diviserait l'un des nombres b ou c, b, par exemple; il diviserait aussi l'un des nombres a ou d; mais il ne peut diviser a; donc il divisera d; si, au contraire, p divisait c, il devrait diviser aussi a. Donc, *pour que la fraction soit irréductible, il faut que les deux numérateurs et les deux dénominateurs soient premiers entre eux.*

255. *Quand le produit de deux fractions irréductibles est-il un nombre entier?*

Soient les fractions $\frac{a}{b}$ et $\frac{c}{d}$ dont le produit est $\frac{ac}{bd}$. Pour que ce produit soit un nombre entier, il faut et il suffit que a soit divisible par d et que c le soit par b.

256. *Trouver le plus petit commun multiple de deux fractions irréductibles.*

Nous nous proposerons, pour préciser la question, de trouver le plus petit nombre entier E, qui, divisé successivement par les fractions irréductibles $\frac{a}{b}$ et $\frac{c}{d}$, fournisse des quotients entiers, c'est-à-dire que

$$\frac{E \times b}{a} \quad \text{et} \quad \frac{E \times d}{c}$$

seront des nombres entiers; pour cela, b étant premier avec a, et c l'étant avec d, il faut que E soit le p. p. c. m. de a et c. D'où, etc.

237. *Quand le quotient de deux fractions irréductibles est-il un nombre entier ?*

Soient les fractions irréductibles $\dfrac{a}{b}$ et $\dfrac{c}{d}$, dont le quotient est $\dfrac{a \times d}{b \times c}$. Pour que ce quotient soit entier, il faut et il suffit que d soit divisible par b et que a le soit par c.

238. *Démontrer que lorsqu'on prend dans la suite*

$$\frac{1}{1.2} + \frac{1}{2.3} + \frac{1}{3.4} \cdots + \frac{1}{m(m+1)}$$

un nombre m *de ces fractions de plus en plus grand, la somme de toutes ces fractions tend vers l'unité.*

En effet, on a identiquement :

$$\frac{1}{1.2} = 1 - \frac{1}{2}$$

$$\frac{1}{2.3} = \frac{1}{2} - \frac{1}{3}$$

$$\frac{1}{3.4} = \frac{1}{3} - \frac{1}{4}$$

$$\cdots \cdots \cdots$$

$$\frac{1}{m(m+1)} = \frac{1}{m} - \frac{1}{m+1}$$

ajoutant et simplifiant, on aura :

$$\frac{1}{1.2} + \frac{1}{2.3} + \frac{1}{3.4} + \cdots \frac{1}{m(m+1)} = 1 - \frac{1}{m+1}$$

Or, si m croît indéfiniment, la fraction $\dfrac{1}{m+1}$ tend vers 0, par suite :

$$\lim \left(\frac{1}{1.2} + \frac{1}{2.3} + \frac{1}{3.4} + \cdots \frac{1}{m(m+1)} \right) = 1$$

EXERCICES SUR LES FRACTIONS DÉCIMALES ET PÉRIODIQUES

239. *Effectuer les produits :*

1° $375,301 \times 13,075$ 2° $13\,780,409 \times 207,36$
3° $0,470\,59 \times 3,704$ 4° $0,000\,589\,407 \times 0,370\,39$
       5° $39,478 \times 0,009\,745 \times 0,870\,5$

1° Produit $4\,907,060\,575$ 2° Produit $2\,857\,505,610\,24$
2°   « $1,743\,065\,36$ 4°   « $0,000\,217\,409\,555\,73$
      5° Produit $0,334\,892\,762\,255$

260. *Trouver les quotients suivants à 0,01.*

1°   435,75 : 12,37   2°   18 945,8307 : 19,975

1° Quotient 35,22.   2° Quotient 948,44.

261. *Trouver les quotients suivants à 0,0001*

1°   31,754 : 9,347 5   2°   0,087 589 4 : 0,137 54

1° Quotient. 3,397 0   2° Quotient. 0,636 8

262. *Comment calcule-t-on le quotient de deux nombres décimaux à $\frac{1}{n}$ près?*

Application au calcul du quotient de 83,57 : 3,2 à $\frac{1}{17}$ près.

Nous avons déjà traité la question (Ex. 209); il suffit de multiplier le dividende par 17, puis de trouver le quotient de $83,57 \times 17$ par 3,2, à une unité près, on a 443, et enfin de diviser ce quotient par 17, ce qui donne $\frac{443}{17}$ ou $26\frac{1}{17}$.

263. *Dire, sans effectuer la division, le nombre de chiffres décimaux que l'on trouvera en convertissant en décimales les fractions suivantes : $\frac{7}{8}$, $\frac{9}{10}$, $\frac{45}{24}$, $\frac{9}{20}$, $\frac{45}{360}$.*

Il y aura 3 chiffres pour la première, 1 pour la seconde, 3 pour la troisième, 2 pour la quatrième et 3 pour la cinquième. Ce nombre est donné par le plus fort exposant du facteur 2 ou 5, contenu dans le dénominateur (216).

264. *Convertir en décimales les fractions de l'exercice précédent.*

On a $\frac{7}{8} = 0,875$ $\frac{9}{10} = 0,9$ $\frac{45}{24} = \frac{5}{8} = 0,625$

$\frac{9}{20} = 0,45$ $\frac{45}{360} = 0,125$

265. *Trouver les fractions ordinaires irréductibles qui sont égales aux nombres décimaux : 3,2, 12,5, 0,095, 0,002 4, 0,000 102 4.*

On aura $3,2 = \frac{16}{5}$ $12,5 = \frac{25}{2}$ $0,095 = \frac{19}{200}$

$0,002 4 = \frac{3}{1 250}$ $0,000 102 4 = \frac{8}{78 125}$

266. *Convertir en fractions ordinaires irréductibles les fractions périodiques suivantes:* 1° 0,363636...; 2° 0,135135...; 3° 0,8181...; 4° 090909...; 5° 432432...

On aura $\quad 0,3636... = \dfrac{4}{11} \qquad 0,135135... = \dfrac{5}{37}$

$$0,8181... = \dfrac{9}{11} \qquad 0,0909... = \dfrac{1}{11} \qquad 0,432432... = \dfrac{16}{37}$$

267. *Calculer exactement la somme des 5 fractions de l'exercice précédent.*

On a d'abord :

$$\dfrac{4}{11} + \dfrac{1}{11} + \dfrac{9}{11} = \dfrac{14}{11}; \quad \dfrac{5}{37} + \dfrac{16}{37} = \dfrac{21}{37}; \quad 1\dfrac{3}{11} + \dfrac{21}{37} = 1\dfrac{342}{407}$$

268. *Convertir en fractions ordinaires irréductibles les fractions périodiques suivantes:* 1° 0,1656565...; 2° 0,4766...; 3° 0,02666...; 4° 0,1458333...; 5° 0,80857142857142...

On aura $\quad 0,16565... = \dfrac{82}{495} \qquad 0,4666... = \dfrac{7}{15} \qquad 0,02666... = \dfrac{2}{75}$

$$0,1458333... = \dfrac{7}{48} \qquad 0,80857142857142... = \dfrac{283}{350}$$

269. *Calculer exactement le produit des 5 fractions de l'exercice précédent.*

On aura :

$$\dfrac{82}{495} \times \dfrac{7}{15} \times \dfrac{2}{75} \times \dfrac{7}{48} \times \dfrac{283}{350} = \dfrac{568\,547}{2\,338\,875\,000} = \dfrac{81\,221}{334\,125\,000}$$

270. *Calculer la valeur exacte de l'expression*

$$\dfrac{4,555... + 2,777... - 0,453\,33}{0,54\,666... + 0,777... - 0,02666}$$

On aura, en remplaçant par les fractions génératrices :

$$\dfrac{4\dfrac{5}{9} + 2\dfrac{7}{9} - \dfrac{34}{75}}{\dfrac{41}{75} + \dfrac{7}{9} - \dfrac{2}{75}} = 5\dfrac{22}{73}$$

271. *Parmi les fractions* $\dfrac{5}{13}$, $\dfrac{11}{21}$, $\dfrac{9}{28}$, $\dfrac{16}{36}$, $\dfrac{80}{96}$, $\dfrac{5}{14}$, $\dfrac{11}{121}$, *quelles sont celles qui donnent naissance à une fraction périodique simple et celles qui donnent naissance à une frac-*

tion périodique mixte? Dire, pour ces dernières, le nombre
de chiffres de la partie non périodique.

Réduisant à leur plus simple expression les fractions qui ne
sont pas irréductibles, on a :

$$\frac{5}{13}, \quad \frac{11}{21}, \quad \frac{9}{28}, \quad \frac{4}{9}, \quad \frac{5}{6}, \quad \frac{5}{14}, \quad \frac{1}{11}$$

Les fractions $\frac{5}{13}$, $\frac{11}{21}$, $\frac{4}{9}$ et $\frac{1}{11}$ donnent naissance à une
fraction périodique simple (226).

Les fractions $\frac{9}{28}$, $\frac{5}{6}$ et $\frac{5}{14}$ donnent naissance à une fraction
périodique mixte (227); la partie non périodique de la première
a 2 chiffres, et celle des deux autres, un chiffre (225).

272. *Démontrer à priori les égalités suivantes :*

1°
$$\frac{35}{99} = \frac{3535}{9999}$$

2°
$$\frac{47591 - 47}{99900} = \frac{47591591 - 47}{99999900}$$

3°
$$\frac{47591 - 47}{99900} = \frac{47591591 - 47591}{99900000}$$

1° La fraction $\frac{35}{99}$ est la génératrice de $0,353535$; mais on
peut aussi supposer que la fraction périodique ait 4 chiffres à la
période, alors on aurait, pour la fraction génératrice, $\frac{3535}{9999}$;
par suite,

$$\frac{35}{99} = \frac{3535}{9999}$$

2° La fraction $\frac{47591 - 47}{99900}$ est la génératrice de $0,47591591591...$;
mais on peut aussi supposer que la période ait 6 chiffres, et la
fraction génératrice serait $\frac{47591591 - 47}{99999900}$; par suite,

$$\frac{47591 - 47}{99900} = \frac{47591591 - 47}{99999900}$$

3° On a aussi :

$$\frac{47591 - 47}{99900} = \frac{47591000 - 47000}{99900000}$$

en ajoutant et retranchant 591 au numérateur de la 2ᵉ fraction, on déduit

$$\frac{47591 - 47}{99900} = \frac{47591591 - 47591}{99900000}$$

Remarque. On peut encore procéder comme il suit :

1° $$\frac{3535}{9999} = \frac{3500 + 35}{9900 + 99} = \frac{35(10^2 - 1)}{99(10^2 - 1)} = \frac{35}{99}$$

2° On a $\dfrac{47591 - 47}{99900} = \dfrac{47591000 - 47000}{99900000}$; la somme des numérateurs et des dénominateurs donne leur valeur commune ; par suite :

$$\frac{47591 - 47}{99900} = \frac{47591000 - 47000 + 47591 - 47}{99900000 + 99900}$$

$$= \frac{47591\,000 - 47\,000 + 47\,000 + 591 - 47}{99999900} = \frac{47591591 - 47}{99999900}$$

273. *Une personne dépose à la poste la somme de 499 fr. 95; la poste retient le centième de la somme qu'elle transmet : quelle somme reçoit le destinataire* [1] *?*

La somme transmise, plus le $\dfrac{1}{100}$ de cette somme ou $\dfrac{101}{100}$, sont représentés par 499,95; par suite, cette somme est

$$\frac{499,95 \times 100}{101} \quad \text{ou} \quad 495 \text{ fr.}$$

274. *Une pièce de velours de soie a été achetée à raison de 229 fr. 40 les 12 m. 40; elle a été vendue à raison de 163 fr. 80 les 7 m. 80; on a gagné sur le tout 67 fr. 50; quelle est la longueur de cette pièce?*

Un mètre coûte $\dfrac{229,40}{12,40} = 18$ fr. 5, on le vend $\dfrac{163,80}{7,8} = 21$ fr.

Le bénéfice d'un mètre étant $21 - 18,5$ ou $2,5$, on en aura acheté $\dfrac{67,5}{2,5}$ ou 27 m.

275. *Un marchand achète pour 6 000 fr. 216 hectolitres 08 de blé; il en vend 160 hectolitres en gros pour 4 480 fr., et le reste au détail au prix moyen de 28 fr. 32 l'hectolitre. On demande le bénéfice dans la vente en gros et celui de la vente au détail.*

---

[1] Une loi de 1879 a aboli le droit de timbre de 0 fr. 25 dont étaient passibles les mandats d'une somme supérieure à 10 fr.

Le prix d'un hectolitre étant de $\dfrac{6\,000}{216{,}08}$, les 160 hectolitres ont coûté $\dfrac{6\,000 \times 160}{216{,}08}$ ou 4 450 fr. 13; le bénéfice, sur la vente en gros, sera 4 480 — 4 450,13 ou de 29 fr. 87; et celui de la vente au détail, de $\left(28{,}32 - \dfrac{6\,000}{216{,}08} \right) (216{,}08 - 160) = 30$ fr. 98.

276. *Quelle est la longueur de la lieue géographique (25 au degré), sachant que la distance du pôle à l'équateur est environ de* 10 000 000 *de mètres?*

La lieue géographique sera de

$$\frac{10\,000\,000}{25 \times 90} = 4\,444^{\mathrm{m}},444$$

277. *Les roues de devant d'une voiture ont 1 m. 80 de circonférence, et celles de derrière, 2 m. 90. On demande combien la première fera de tours de plus que la seconde pour parcourir une lieue géographique.*

La petite roue fait $\dfrac{4\,444{,}44}{1{,}8}$ ou 2 469 tours, par excès;

la grande $\dfrac{4\,444{,}4}{2{,}9}$ ou 1 532;

donc elle fera en plus 2 469 — 1 532 ou 937 tours.

278. *La ville de Paris a consommé, en 1873, 4 078 685 hectolitres de vin en cercle et 17 049 hectolitres de vin en bouteille. En supposant le prix moyen du vin en cercle 55 fr. 70 l'hectolitre, et celui en bouteille 135 fr. l'hectolitre, on demande la dépense journalière moyenne de chaque habitant, supposant la population de 1 884 000.*

La dépense totale a été de

$$4\,078\,685 \times 55{,}70 + 17\,049 \times 135 = 229\,484\,369{,}5;$$

la dépense journalière moyenne de chaque habitant sera

$$\frac{229\,484\,369{,}5}{1\,884\,000 \times 365} = 0{,}333\,7, \text{ soit } 0 \text{ fr. } 33$$

279. *Un officier, chargé de conduire 120 soldats à une destination, reçoit en partant 2 700 fr. pour les payer à raison de 0 fr. 15 par homme et par kilomètre. Un certain nombre d'hommes tombent malades; l'officier, arrivé à destination,* reçoit l'ordre de prélever d'abord la moitié de ce qui était destiné aux malades, et de partager le reste en parties égales aux autres, qui ont alors 24 fr. 75 chacun. On demande 1° le nombre de kilomètres parcourus; 2° le nombre de soldats tombés malades.

Le nombre de kilomètres parcourus est de $\dfrac{2700}{120 \times 0,15}$ ou 150. S'il n'y avait pas eu de malades, chaque soldat aurait reçu $\dfrac{2700}{120}$ ou 22 fr. 5; mais ayant reçu 24 fr. 75, chacun a en plus 24,75 — 22,5 ou 2 fr. 25, et si l'officier n'avait rien prélevé, 2,25$\times$2 ou 4,50, et, par suite, chaque homme valide aurait reçu 27 fr. Il y avait donc $\dfrac{2700}{27} = 100$ hommes valides; par suite, 20 malades.

280. *Pour rendre au sol les éléments que lui enlève une récolte de blé, il faut, en fumier, 6 fois le poids de la récolte (grain ou paille). Un hectare de terrain a produit 19 hectolitres de blé, pesant 80 kilogrammes l'hectolitre, et 2 fois $\frac{1}{3}$ autant de paille. On demande la valeur du fumier nécessaire pour fertiliser ce terrain, sachant qu'on le paye 1 fr. 15 les 100 kilogrammes.*

Le poids de la récolte étant de
$$80 \times 19 + \frac{80 \times 19 \times 7}{3} = \frac{15\,200}{3},$$

le poids du fumier sera $\dfrac{15\,200 \times 6}{3}$, et le prix

$$\frac{15\,200 \times 6 \times 1,15}{3 \times 100} = 349,5999, \text{ soit } 349 \text{ fr. } 60.$$

281. *On a accordé une ration de vin à tous les hommes qui se trouvaient à une grande manœuvre; 1 litre a fourni 2 rations $\frac{1}{2}$. Chaque tonneau, contenant 210 litres, a été payé 75 fr.; on a dépensé en tout 3900 fr. On demande le nombre d'hommes qui assistaient à cette manœuvre, et le prix d'une ration.*

Le nombre des tonneaux étant $\dfrac{3\,900}{75}$, le nombre de litres sera $\dfrac{3\,900 \times 210}{75}$; par suite, le nombre des rations ou de sol-

dats sera $\dfrac{3\,900 \times 210 \times 5}{75 \times 2}$ ou 27 300, et le prix d'une ration

$$\frac{3\,900}{27\,300} = 0 \text{ fr. } 142\,8$$

282. *Un train, qui part de Lyon à 8 heures du soir, arrive à Paris à 10 heures du matin. Un autre, qui part de Paris à 11 heures du soir, arrive à Lyon à 1 heure 20 minutes après midi du lendemain. On demande à quelle heure et quelle distance de Lyon ce dernier train croisera le premier, la distance des deux villes étant de 504 kilomètres.*

Le 1ᵉʳ met 14 heures pour parcourir le trajet, et le 2ᵉ 14 heures 20 minutes ou 14 heures $\dfrac{1}{3}$ ou $\dfrac{43}{3}$ d'heure; les vitesses seront

de $\dfrac{504}{14}$ ou 36 km. et $\dfrac{504 \times 3}{43}$ ou 35 km. $\dfrac{7}{43}$.

Le premier partant 3 heures avant le second, au moment du départ de ce dernier, la distance qui les sépare sera

$$504 - 3 \times 36 = 396$$

En une heure, ils parcourent $36 + 35\,\dfrac{7}{43}$ ou 71 km. $\dfrac{7}{43}$; pour

parcourir les 396 km. il faudra $\dfrac{396}{71\,\frac{7}{43}}$, ou $\dfrac{396 \times 43}{3\,060}$, c'est-

à-dire 5 heures $\dfrac{48}{85}$ d'heure. Le train de Lyon aura rencontré

l'autre 8 heures $\dfrac{48}{85}$ après son départ, c'est-à-dire à 4 heures 33ᵐ

du matin, et à une distance de $8\,\dfrac{48}{85} \times 36$ ou 308 km. 329 m.

283. *Un wagon de minerai de 3 m. 50 de long, 2 m. 20 de large et 0 m. 35 de profondeur, coûte 12 fr. 50, plus 8 fr. 40 de transport et 1 fr. 57 de menus frais. Le minerai pèse 3 kg. le décimètre cube; on en tire 4 % de cuivre que l'on vend 0 fr. 70 le kg.; les frais de préparation se montent à 40 fr. les 100 kg. de cuivre. On demande le bénéfice que l'on peut faire sur un train de ce minerai formé de 19 wagons.*

Le volume du minerai contenu dans un wagon est

$$3,5 \times 2,20 \times 0,35 = 2 \text{ m. c., } 695, \text{ ou } 2\,695 \text{ d. c.}$$

son poids est $2\,695 \times 3 = 8\,085$ kg.; ce poids fournit

$$\frac{8\,085 \times 4}{100} = 323 \text{ kg. } 40 \text{ de cuivre.}$$

Les frais de préparation, pour ce poids, sont de

$$\frac{323,40 \times 40}{100} = 129 \text{ fr. } 36$$

par suite, le cuivre retiré d'un wagon aura coûté :

$$129 \text{ fr. } 36 + 12 \text{ fr. } 50 + 8 \text{ fr. } 40 + 1 \text{ fr. } 57 = 151 \text{ fr. } 83$$

La vente est de $\qquad 323,40 \times 0,70 = 226$ fr. 38

Le bénéfice, sur un wagon, sera de

$$226,38 - 151,83 = 74,55$$

et, sur 19 wagons, il sera de

$$74,55 \times 19 \quad \text{ou} \quad 1\,416 \text{ fr. } 45$$

284. *Le siège d'une forteresse dura 24 jours. Après les 8 premiers jours on augmenta la défense de 12 canons, et pendant les 9 derniers jours, on augmenta encore de 8 autres. Les canons employés tiraient chacun, en moyenne, 25 coups par jour; la charge moyenne de chaque coup étant de 3 kg. 25 de poudre, et le prix 2 fr. 25 le kg.; sachant que l'on a dépensé 399 262 fr. 50 en poudre, on demande le nombre des canons employés pendant les 9 derniers jours du siège.*

La dépense journalière d'un canon étant de

$$25 \times 3,25 \times 2,25 = 182 \text{ fr. } 8125$$

les 8 canons, pendant les 9 derniers jours, dépensèrent

$$8 \times 9 \times 182,8125 = 13\,162,50;$$

les 12 canons, pendant 16 jours, dépensèrent

$$12 \times 16 \times 182,8125 = 35\,100$$

par suite, les canons restants et employés pendant les 24 jours, auront dépensé

$$399\,262,5 - (13\,162,50 + 35\,100) = 351\,000.$$

Le nombre de ces canons sera de

$$\frac{351\,000}{24 \times 182,8125} = 80.$$

Le nombre total des canons est donc

$$80 + 12 + 8 = 100$$

285. *Une usine convertit annuellement en fer 10 000 tonnes de fonte; les frais de conversion, y compris l'achat de la fonte, sont de 18 fr. 075 les 100 kg. de fer. On espère vendre le fer 210 fr. la tonne. Pour exploiter cette usine, on suppose qu'il faille un fonds de roulement de 450 000 fr., si l'on suppose l'intérêt de cet argent compté à 6,5 %. On demande à quel prix un capitaliste pourra payer l'usine s'il veut que son capital d'achat lui rapporte 10 %, et sachant qu'il faut 135 kg. de fonte pour produire 100 kg. de fer.*

Sur 1 000 kg. de fer on gagne 210 — 180,75 ou 29 fr. 25; alors, si sur 1 350 kg. de fonte on a un bénéfice de 29,25, sur 1 kg. on aura $\dfrac{29,25}{1\,350}$, et sur 10 000 000 on aura

$$\frac{29,25 \times 10\,000\,000}{1\,350} \quad \text{ou} \quad 216\,666,666.$$

Si l'on retranche de ce bénéfice l'intérêt de

$$450\,000 \quad \text{ou} \quad \frac{450\,000 \times 6,5}{100} = 29\,250$$

il reste 216 666,666 — 29 250 = 187 416,666; comme cette somme doit représenter l'intérêt annuel à 10 %, elle est le dixième du capital, qui, par suite, sera 1 874 166 fr. 66.

286. *Les propriétés foncières d'une commune sont partagées en deux catégories. Pour une superficie égale, la 1re catégorie paye une imposition qui n'est que les $\dfrac{5}{6}$ de la 2e. Un champ dont l'imposition est de 99 fr. 56, est formé de deux parties, dont l'une appartient à la 1re catégorie et l'autre à la 2e. La superficie totale de ce champ est 1 hectare 58 ares 84 centiares; la partie qui appartient à la 1re catégorie a la forme d'un rectangle dont la longueur est 90 m. 25 et la largeur 52 m. 80. On demande quelle est la part de l'imposition qui correspond à chacune des deux parties.*

La superficie de la 1re catégorie étant de 90,25 × 52,80 ou 4 765 mq. 20, celle de la 2e sera

$$15\,884 — 4\,765,2 \quad \text{ou} \quad 11\,118 \text{ mq. } 8$$

Or 4 765 mq. 20 de la 1re catégorie payent autant que

$$\frac{4\,765,20 \times 5}{6} \quad \text{ou} \quad 3\,971 \text{ mq. de la 2e}$$

Donc $3\,971 + 11\,118,8$ ou $16\,089,8$ payent $99,56$; les prix respectifs seront, par suite,

$$\frac{99,56 \times 11\,118,8}{15\,089,8} = 73\,\text{fr}.\,36 \qquad \frac{99,56 \times 3\,971}{15\,089,8} = 26\,\text{fr}.\,2.$$

287. *Le chemin de fer fait payer, pour chaque voyageur et pour chaque kilomètre en 1re classe, 0 fr. 11 ; en 2e, 0,08 ; en 3e, 0,06 ; plus 0,10 par fr. pour le gouvernement. Chaque voyageur a droit à 30 kg. de bagage ; il paye ensuite 0 fr. 36, plus 0,10 par fr. pour 1 000 kg. et pour chaque km. D'après cela, combien payera, dans chaque classe, une famille de 5 personnes, pour se rendre de Lyon à Paris, la distance étant de 504 km., et ayant 247 kg. de bagages ?*

$$\text{Voyage des 5 personnes}\begin{cases}\text{en 1re classe : } 504 \times 0,11 \times \dfrac{11}{10} \times 5 = 304,92 \\[2mm] \text{en 2e classe : } 504 \times 0,08 \times \dfrac{11}{10} \times 5 = 221,76 \\[2mm] \text{en 3e classe : } 504 \times 0,06 \times \dfrac{11}{10} \times 5 = 166,32\end{cases}$$

Transport de 97 kg. de bagages excédant :

$$\frac{0,36 \times 97 \times 504 \times 11}{1\,000 \times 10} \qquad \text{soit}\quad 19\,\text{fr}.\,36$$

par suite, la dépense totale sera en

$$1\text{re classe : } 304,92 + 19,36 = 324,28$$
$$2\text{e classe : } 221,76 + 19,36 = 241,12$$
$$3\text{e classe : } 166,32 + 19,36 = 185,68$$

288. *Un cheval peut traîner, sur un chemin déterminé, 1 100 kg. de déblais. Le temps perdu pour le chargement et le déchargement est de 10 minutes. Le prix de la voiture et du conducteur est de 7 fr. 50 par jour, et la journée de 10 heures. La vitesse moyenne du cheval, traînant la voiture vide ou pleine, est de 4 km. 8 à l'heure. On demande pour quelle distance le transport du mètre cube de déblais sera 0 fr. 35, sachant que le m. c. pèse 1 600 kg.*

Le prix de transport du m. c. de déblais, à la distance demandée, étant de 0,35, le nombre de m. c. transportés sera $\dfrac{7,5}{0,35}$.

Un m. c. de déblais pesant 1 600 kg., $\dfrac{7,5}{0,35}$ pèseront

$$\frac{7,5 \times 1\,600}{0,35}$$

La voiture employée contenant 1 100 kg., le nombre de voitures est

$$\frac{7,5 \times 1\,600}{0,35 \times 1\,100}$$

On perd 10 minutes ou $\frac{1}{6}$ d'heure pour charger et décharger chaque voiture; pour toutes les voitures, on perd un nombre d'heures représenté par

$$\frac{7,5 \times 1\,600}{0,35 \times 1\,100 \times 6}$$

Le temps employé exclusivement au transport, à la distance demandée de toutes les voitures, est :

$$10 - \frac{7,5 \times 1\,600}{0,35 \times 1\,100 \times 6} \quad \text{ou} \quad \frac{10 \times 0,35 \times 11 \times 6 - 7,5 \times 16}{0,35 \times 11 \times 6}$$

Ce temps, divisé par le nombre de voitures, donne la durée de chaque voyage :

$$\frac{10 \times 0,35 \times 11 \times 6 - 7,5 \times 16}{0,35 \times 11 \times 6} : \frac{7,5 \times 16}{0,35 \times 11}$$

ou

$$\frac{(10 \times 0,35 \times 11 \times 6 - 7,5 \times 16)(0,35 \times 11)}{0,35 \times 11 \times 6 \times 7,5 \times 16}$$

En une heure, en tenant compte du retour, le transport se fait à $\frac{4^{km},8}{2}$ ou $2^{km},4$. En un nombre d'heures représentées par

$$\frac{(10 \times 0,35 \times 11 \times 6 - 7,5 \times 16)(0,35 \times 11)}{0,35 \times 11 \times 6 \times 7,5 \times 16}$$

le transport se fera à

$$\frac{(10 \times 0,35 \times 11 \times 6 - 7,5 \times 16)(0,35 \times 11) \times 2,4}{0,35 \times 11 \times 6 \times 7,5 \times 16} = 370 \text{ m.}$$

Autre solution. Supposons qu'on ait à transporter 11 mètres cubes ou 17 600 kg. Le prix devra être $0,35 \times 11$ ou 3 fr. 85, et il y aura $\frac{17\,600}{1\,100}$ ou 16 voyages. Le temps du chargement et du déchargement sera alors de 10×16 ou 160 minutes, dont le salaire est

$$\frac{7,5 \times 160}{60 \times 10} = 2 \text{ fr.}$$

Il reste pour le salaire du temps employé à la course de ce transport 3,85 — 2 ou 1 fr. 85. Le nombre de minutes de travail que ce salaire représente est de $\frac{60 \times 10 \times 1,85}{7,5}$ ou 148 minutes.

L'espace parcouru pendant ce temps sera

$$\frac{4\,800 \times 148}{60} \quad \text{ou} \quad 11\,840 \text{ mètres}$$

L'espace parcouru par voyage, aller et retour, est

$$\frac{11\,840}{16} \quad \text{ou} \quad 740 \text{ mètres}$$

La distance demandée est $\frac{740}{2}$ ou 370 mètres.

289. *Lorsque l'ensemble de la partie entière et de la partie décimale d'une fraction périodique simple présente une période commençant avant la virgule, le numérateur de la fraction génératrice se trouve terminé par un zéro.*

Soit la fraction périodique 35,1351351....., dont la période commence avant la virgule; si l'on appelle F la fraction génératrice, on aura :

$$F = 35{,}1351351..... \quad \text{ou} \quad 10F = 351{,}351351351.....$$

ou bien $10F = 351 + \dfrac{351}{999} = \dfrac{351 \times 999 + 351}{999} = \dfrac{351\,000}{999}$

par suite, $F = \dfrac{35\,100}{999}$

290. *Si deux fractions irréductibles ont le même dénominateur, et si on les réduit l'une et l'autre en décimales, les périodes auront le même nombre de chiffres.*

Soient les deux fractions irréductibles $\dfrac{a}{b}$ et $\dfrac{1}{b}$; nous allons démontrer qu'elles donnent naissance à des périodes d'un égal nombre de chiffres.

1° Supposons d'abord b premier avec 10; $\dfrac{1}{b}$ donnera naissance à une fraction périodique simple, dont la période P aura, par exemple, n chiffres; on aura :

$$\frac{1}{b} = \frac{P}{10^n - 1}$$

en multipliant par a, qui est moindre que b, on a :

$$\frac{a}{b} = \frac{aP}{10^n - 1}$$

D'où l'on voit que la période $\frac{a}{b}$ aura au plus n chiffres, puisque avec n9 au dénominateur, et au plus un nombre de n chiffres au numérateur, on forme une fraction ordinaire; je dis que cette période ne peut avoir moins de n chiffres, c'est-à-dire que l'on ne peut avoir $\frac{a}{b} = \frac{P'}{10^{n'} - 1}$, n' étant plus petit que n, car alors on aurait aussi :

$$\frac{1}{b} = \frac{\frac{P'}{a}}{10^{n'} - 1} = \frac{P''}{10^{n'} - 1}$$

ce qui indiquerait que $\frac{1}{b}$ donnerait lieu à une période de n' chiffres seulement, ce qui est contre l'hypothèse.

2° Supposons b non premier avec 10. On peut séparer les facteurs 2 et 5 et écrire $b = 2^\alpha 5^\beta \times d$; d étant premier avec 10, on aura :

$$\frac{a}{b} = \frac{a}{2^\alpha 5^\beta . d} = \frac{1}{10^\alpha} \times \frac{5^{\alpha - \beta} \times a}{d}$$

en supposant $\qquad\qquad \alpha > \beta$

Or, dans la fraction $\frac{5^{\alpha - \beta} \times a}{d}$, la période ne dépendra que de d et sera la même, quel que soit a, à la condition que la fraction soit irréductible, c'est-à-dire que a soit premier avec d, condition remplie, puisque la fraction $\frac{a}{b}$ devant être irréductible, a est premier avec b, par suite avec son diviseur d.

291. *Si l'on réduit en décimales une fraction ordinaire* $\frac{a}{b}$, *et que la période ait* (b — 1) *chiffres; que l'on range ces chiffres en cercle de manière qu'il n'y ait plus ni premier ni dernier chiffre, le cercle ainsi obtenu sera indépendant du numérateur* a.

Considérons la fraction $\frac{a}{b}$ dont la période a $b - 1$ chiffres et soient Q_1, Q_2, Q_3..... Q_{b-1}, R_1, R_2, R_3..... R_{b-2} les quotients et les restes successifs, que l'on obtient en réduisant la fraction en décimales; on a :

$$10a = bQ_1 + R_1$$
$$10R_1 = bQ_2 + R_2$$
$$10R_2 = bQ_3 + R_3$$
$$\cdots\cdots\cdots\cdots$$
$$10R_m = bQ_{m+1} + R_{m+1}$$
$$10R_{m+1} = bQ_{m+2} + R_{m+2}$$
$$\cdots\cdots\cdots\cdots$$
$$10R_{b-2} = bQ_{b-1} + a$$
$$10a = bQ_1 + R_1 \ldots\ldots$$
$$\cdots\cdots\cdots\cdots\cdots$$

Puisque la période a $b-1$ chiffres, les restes R_1, R_2... R_m.... seront donc les $b-1$ premiers nombres entiers ; donc en prenant ces restes pour numérateur, et b pour dénominateur, on forme toutes les fractions à considérer.

Prenons-en une, par exemple, $\dfrac{R_m}{b}$; si on la convertit en décimales, les quotients seront

$$Q_{m+1}, \ Q_{m+2}, \ldots \ Q_{b-1}, \ Q_1, \ Q_2, \ldots\ldots \ Q_m$$

et les restes correspondants,

$$R_{m+1}, \ R_{m+2}, \ldots\ldots R_{b-1}, \ R_1, \ R_2. \ R_m$$

par suite, on aurait :

$$\frac{R_m}{b} = 0, \ Q_{m+1} \ Q_{m+2} \ldots \ Q_{b-1} \ Q_1, \ldots\ldots \ Q_m \ Q_{m+1} \ Q_{m+2} \ldots\ldots$$

On pourra donc obtenir la nouvelle période en écrivant en cercle les chiffres de la première, et prenant tous ces chiffres à partir de Q_{m+1}.

Exemple. Soient $\dfrac{1}{7}$ et $\dfrac{5}{7}$ les fractions considérées, on a :

$$\frac{1}{7} = 0{,}142\,857\,142\,857$$

$$\frac{5}{7} = 0{,}714\,285\,714\,285$$

rangées en cercles, elles donnent, l'une et l'autre :

$$\begin{array}{ccc} & 1 & \\ 7 & & 4 \\ 5 & & 2 \\ & 8 & \end{array}$$

Pour lire la première, il faut lire les chiffres à partir de 1, et pour la seconde, à partir de 7.

292. *Si l'on réduit en décimales toutes les fractions irréductibles, dont le dénominateur est un nombre premier p; si* *l'on range en cercle les restes obtenus dans l'opération, le nombre des cercles distincts que l'on pourra faire est un diviseur de p — 1. En conclure que le nombre des restes qui forment un de ces cercles, et par suite, le nombre des chiffres d'une période, est aussi un diviseur de p — 1.*

Les dénominateurs premiers 2 et 5 doivent être écartés, car les fractions seraient terminées.

Les diverses fractions à considérer donnent lieu à des fractions périodiques simples, qui, au plus, peuvent avoir $p - 1$ chiffres.

Si l'une d'elles donne lieu à une période de $p - 1$ chiffres, d'après l'exercice 290, il en sera de même pour les autres; le nombre de restes distincts sera $p - 1$, et ils ne formeront qu'un cercle.

Si $\dfrac{1}{p}$ ne donne pas lieu à une période de $p - 1$ chiffres, il en sera de même des fractions $\dfrac{2}{p}$, $\dfrac{3}{p}$ ..... $\dfrac{p-1}{p}$, et elles en auront un égal nombre que $\dfrac{1}{p}$. Il s'agit de prouver qu'avec les restes des transformations de ces diverses fractions, on formera un nombre de cercles distincts, multiple de p.

Exemple. $\qquad\qquad p = 13$

$$\frac{1}{13} = 0{,}076\,923\,07\ldots\ldots$$

Restes $\qquad$ 10, 9, 12, 3, 4, 1 | 10, 9.....

$$9 \quad 12$$
$$10 \quad (1) \quad 3$$
$$1 \quad 4$$

$$\frac{2}{13} = 0{,}153\,846$$

Restes $\qquad$ 7, 5, 11, 6, 8, 2 | 7.....

$$5 \quad 11$$
$$7 \quad (2) \quad 6$$
$$2 \quad 8$$

$$\frac{3}{13} = 0{,}230769\ldots$$

Restes $\qquad$ 4, 1, 10, 9, 12, 3 | 4.....

On a de nouveau le cercle (1)

. . . .

Dans cet exemple, on ne peut former que 2 cercles distincts (1) et (2); or 2 est sous-multiple de $13 - 1$ ou 12.

Si donc $\dfrac{1}{p}$ ne donne pas $p - 1$ chiffres à la période, il n'y a pas $p - 1$ restes différents, et ceux-ci, dès lors, ne comprennent pas tous les nombres de 1 à $p - 1$.

Soit a un des nombres inférieurs à p, qui ne soit pas un de ces restes. Si on réduit $\dfrac{a}{p}$ en décimales, les restes devront tous différer de ceux de $\dfrac{1}{p}$; car, si on en rencontrait un, R, par exemple, les suivants seraient ceux de la transformation en décimales de $\dfrac{1}{p}$, et on tomberait sur le reste 1 qui s'y reproduit périodiquement, et dès lors on ne pourrait trouver le reste a, puisqu'il ne figure pas dans cette première opération, et cependant il doit se reproduire à la fin de chaque période dans la transformation de $\dfrac{a}{p}$ pour que cette fraction soit périodique.

Donc les restes des deux opérations $\dfrac{1}{p}$ et $\dfrac{a}{p}$ sont tous différents.

Que l'on remarque que les restes de ces diverses transformations sont les $p - 1$ premiers nombres ni plus, ni moins. Ni plus, c'est évident; ni moins, car chacune des fractions

$$\frac{1}{p}, \ \frac{2}{p} \ldots \ \frac{p-1}{p}$$

donne respectivement pour restes 1, 2, 3..... $p - 1$.

Si donc C_1, C_2,...... C_n sont les cercles distincts, on voit, en résumant ce qui vient d'être exposé :

1° Que deux restes de chacun des cercles sont différents;

2° Que deux restes de cercles distincts sont aussi différents;

3° Que le nombre des restes distincts est $p - 1$.

Le nombre des restes d'un des cercles étant K, ce sera aussi celui des autres cercles; car les diverses fractions étant irréductibles et ayant même dénominateur, elles ont, par suite, le même nombre de chiffres à leur période, soit un égal nombre de restes.

Si n est le nombre de cercles, on aura :

$$Kn = p - 1$$

Donc, le nombre des cercles distincts est diviseur de $p - 1$, et K, nombre des restes d'un cercle, par suite aussi, nombre des chiffres d'une période, est aussi diviseur de $p - 1$.

LIVRE IV

DES RACINES

Préliminaires. — Notions sur les nombres incommensurables.
— Nous avons dit, dans les préliminaires du livre III, qu'il y a
des grandeurs concrètes dont la mesure ne peut être exprimée,
ni par un nombre entier, ni par un nombre fractionnaire; ces
grandeurs sont celles qui n'ont pas de commune mesure avec
l'unité choisie pour les mesurer. Il est vrai que, dans la pratique, les choses se passent toujours comme s'il y avait une
commune mesure, parce que les subdivisions de l'unité peuvent
devenir assez petites pour que le reste de la grandeur à évaluer
soit inappréciable. Mais quand il s'agit de grandeurs liées par
des relations purement théoriques, on peut démontrer rigoureusement qu'il n'existe pas de commune mesure entre elles; c'est
ce qui se produit entre la diagonale et le côté du carré, entre le
côté du triangle équilatéral et le rayon du cercle circonscrit, etc.,
de sorte que l'évaluation de l'une de ces grandeurs est impossible au moyen des subdivisions de l'autre en parties égales.
Voici comment on se rend alors compte de la possibilité de représenter, par des valeurs de plus en plus approchées, les
nombres incommensurables qui sont la mesure de ces sortes de
grandeurs. Désignons par n un nombre entier quelconque, et
considérons la suite indéfinie :

$$0 \quad \frac{1}{n} \quad \frac{2}{n} \quad \frac{3}{n} \quad \frac{4}{n} \ldots \ldots \frac{m}{n} \quad \frac{m+1}{n} \quad \frac{m+2}{n} \ldots \ldots$$

on voit que ces termes augmentent sans limite; comme ils com-
mencent à 0, un nombre, quel qu'il soit, est toujours compris
entre deux termes de cette suite, $\frac{m}{n}$ et $\frac{m+1}{n}$, et comme on

peut prendre n assez grand pour que leur différence qui est $\frac{1}{n}$ soit

plus petite que toute quantité donnée, il en résulte qu'un
nombre incommensurable, qui est la mesure d'une grandeur

incommensurable avec son unité, pourra se représenter par un nombre entier ou fractionnaire avec une approximation aussi grande que l'on voudra. L'extraction des racines nous permet aussi d'arriver, indépendamment de la mesure de toute grandeur, à la notion des nombres incommensurables.

En effet, considérons par exemple les nombres 8 et 9; leurs carrés sont 64 et 81; par suite, les nombres entiers compris entre 64 et 81 n'ont pas une racine entière, puisque cette racine doit être plus grande que 8, mais moindre que 9; d'ailleurs on sait que le carré d'une expression fractionnaire n'est jamais un nombre entier (264); donc la racine carrée des nombres 65, 66..... 80 ne peut s'exprimer, ni par un nombre entier, ni par un nombre fractionnaire; le nombre qui représente cette racine est dit irrationnel ou incommensurable, et, par suite, la racine carrée de 70, par exemple, est la limite des nombres commensurables plus grands et plus petits dont les carrés ont pour limite 70, ce qui, du reste, a déjà été dit au n° 267. Remarquons, d'ailleurs, que ces deux manières de considérer les nombres incommensurables peuvent se ramener l'une à l'autre; en effet, on trouve ordinairement, quand on cherche la mesure d'une grandeur incommensurable avec l'unité adoptée, que le nombre qui l'exprime est irrationnel; ainsi, par exemple, on sait que le rapport de la diagonale au côté du carré est $\sqrt{2}$; par suite, si on prend le côté pour unité, le nombre qui exprime la mesure de la diagonale sera $\sqrt{2}$, nombre irrationnel et incommensurable.

Les nombres entiers et les nombres fractionnaires sont, par opposition, appelés nombres rationnels ou commensurables.

On pourrait se demander si les nombres incommensurables peuvent être soumis aux mêmes règles de calcul que les autres nombres. Pour répondre à cette question nous ferons remarquer que, d'après les considérations précédentes, tout nombre incommensurable pouvant être considéré comme ayant pour limite un nombre commensurable plus grand ou plus petit que lui, pourra toujours être remplacé dans les calculs par un nombre entier ou fractionnaire, qui en diffère d'une quantité moindre que toute quantité donnée; par suite, on peut conclure que toutes les règles établies pour les nombres commensurables sont vraies aussi pour les nombres incommensurables.

Nous ferons remarquer, en finissant ces préliminaires, qu'il est très important de se rendre compte de la marche suivie dans l'exposition de la théorie de la racine carrée et de la racine cubique, *car elle est identique* dans les deux cas. Après la définition, on expose un certain nombre de théorèmes préliminaires qui sont, pour ainsi dire, la base de cette théorie; ensuite on passe à l'extraction de la racine carrée des nombres entiers, à une unité près. Pour simplifier, on distingue trois cas, qui s'en-chaînent et qui facilitent le calcul pratique et le raisonnement; on arrive ainsi, par une marche progressive et en s'aidant de la multiplication et de la division, à extraire la racine carrée d'un nombre entier quelconque, à une unité près. On passe ensuite à l'extraction de la racine des nombres décimaux et des nombres fractionnaires. Nous avons pris les nombres décimaux d'abord, parce qu'on leur applique immédiatement les règles établies pour les nombres entiers (256). Nous avons considéré les nombres fractionnaires et les fractions ensuite, parce qu'on les ramène, selon le cas, aux procédés suivis pour l'extraction des racines, soit des nombres entiers, soit des nombres décimaux.

CHAPITRE I

Carrés et racines carrées.

EXERCICES SUR LES CARRÉS ET RACINES CARRÉES

293. *Extraire la racine carrée des nombres*

$$169, \ 5\,329, \ 61\,009, \ 454\,276, \ 737\,881 \ \textit{et} \ 927\,369$$

On a :

$$\sqrt{169} = 13, \quad \sqrt{5\,329} = 73, \quad \sqrt{61\,009} = 247, \quad \sqrt{454\,276} = 674$$
$$\sqrt{737\,881} = 859, \quad \sqrt{927\,369} = 963$$

294. *Extraire, à moins de 0,1, la racine carrée des nombres*

$$913\,894, \ 1\,234\,589, \ 31\,488\,945, \ 5\,800\,945\,589 \ \textit{et} \ 3\,100\,034\,575$$

On a :

$$\sqrt{913\,894} = 955,9\ldots\ldots, \quad \sqrt{1\,234\,589} = 1\,111,1\ldots\ldots$$
$$\sqrt{31\,488\,945} = 5611,5\ldots\ldots, \quad \sqrt{5\,800\,945\,589} = 76\,163,9\ldots\ldots$$
$$\sqrt{3\,100\,034\,575} = 55\,677,9\ldots\ldots$$

295. *Calculer, à moins de 0,01, la racine carrée des nombres*

$$36,04, \ 581,2794, \ 167,036$$

On a :

$$\sqrt{36,04} = 6,001\ldots, \quad \sqrt{581,2774} = 24,10\ldots, \quad \sqrt{167,036} = 12,92\ldots$$

296. *Calculer, à moins de 0,00001, la racine carrée des nombres* **2, 3 *et* 5,** *et démontrer que la partie décimale ne saurait être périodique.*

On a $\sqrt{2} = 1,4142\mathfrak{1}\ldots\ldots$, $\sqrt{3} = 1,73205\ldots\ldots$, $\sqrt{5} = 2,23606\ldots\ldots$

Si la partie décimale de $\sqrt{5}$, par exemple, pouvait être périodique, on pourrait remplacer cette partie par la fraction génénératrice $\frac{a}{b}$; or, si on ajoute à cette fraction 2 unités, on aura

une expression de la forme $\frac{m}{n}$, que l'on peut toujours supposer

irréductible, et, par suite, $5 = \frac{m^2}{n^2}$, ce qui est impossible ;

donc, etc.

297. *Extraire la racine carrée, à moins de 0,000 01, des fractions décimales*

$$0,837\,54, \quad 0,000\,878\,3, \quad 0,000\,075\,328, \quad 0,000\,237$$

On a $\sqrt{0,837\,54} = 0,915\,17\ldots\ldots, \qquad \sqrt{0,000\,878\,3} = 0,029\,63\ldots\ldots$

$$\sqrt{0,000\,753\,28} = 0,008\,67\ldots\ldots, \quad \sqrt{0,000\,237} = 0,015\,39\ldots\ldots$$

298. *Extraire la racine carrée des fractions*

$$\frac{256}{1\,156}, \quad \frac{5\,776}{19\,881}, \quad \frac{9\,409}{1\,369}$$

On a :

$$\sqrt{\frac{256}{1\,156}} = \frac{16}{34} = \frac{8}{17}, \quad \sqrt{\frac{5\,776}{19\,881}} = \frac{76}{141}, \quad \sqrt{\frac{9\,409}{1\,369}} = \frac{97}{37} = 2\frac{23}{37}$$

299. *Extraire la racine carrée des fractions*

$$\frac{529}{1\,012}, \quad \frac{567}{3\,040}, \quad \frac{2\,754}{8\,904}$$

en rendant préalablement le dénominateur carré parfait.

$1°$
$$\frac{529}{1\,012} = \frac{23^2}{2^2 \times 11 \times 23} = \frac{23}{2^2 \times 11} = \frac{23 \times 11}{(2 \times 11)^2}$$

donc on aura :

$$\sqrt{\frac{529}{1\,012}} = \frac{\sqrt{23 \times 11}}{2 \times 11} = \frac{15,\ldots}{22} \quad \text{à } \frac{1}{22} \text{ près}$$

$2°$
$$\frac{567}{3\,040} = \frac{567}{2^5 \times 5 \times 19} = \frac{567 \times 2 \times 5 \times 19}{(2^3 \times 5 \times 19)^2} = \frac{107\,730}{(2^3 \times 5 \times 19)^2}$$

donc

$$\sqrt{\frac{567}{3\,040}} = \sqrt{\frac{107\,730}{(2^3 \times 5 \times 19)^2}} = \frac{\sqrt{107\,730}}{2^3 \times 5 \times 19} = \frac{328}{760} = \frac{41}{95}$$

$$\text{à } \frac{1}{760} \text{ près}$$

$3°$
$$\frac{2\,754}{8\,904} = \frac{2 \times 3^4 \times 17}{2^3 \times 3 \times 7 \times 53} = \frac{3^3 \times 17}{2^2 \times 7 \times 53} =$$
$$= \frac{3^3 \times 17 \times 7 \times 53}{(2 \times 7 \times 53)^2} = \frac{170\,289}{(2 \times 7 \times 53)^2}$$

donc

$$\sqrt{\frac{2\,754}{8\,904}} = \frac{\sqrt{170\,289}}{(2 \times 7 \times 53)} = \frac{412}{742} = \frac{206}{371} \text{ à } \frac{1}{742} \text{ près}$$

300. *Calculer la racine carrée, à 0,001 des fractions :*

$$\frac{3}{7}, \quad \frac{72}{83}, \quad \frac{124}{639}, \quad \frac{82}{946\,884}$$

On a :

$$\sqrt{\frac{3}{7}} = \sqrt{0,428\,571} = 0,654..., \quad \sqrt{\frac{72}{83}} = \sqrt{0,867\,469} = 0,931...$$

$$\sqrt{\frac{124}{639}} = \sqrt{0,194\,053} = 0,440..., \quad \sqrt{\frac{82}{946\,884}} = \sqrt{0,000\,086} = 0,009...$$

Remarque. Il n'est pas nécessaire, dans les trois premières fractions, de trouver 6 décimales au quotient ; les quatre premières suffisent pour avoir le résultat à 0,001 près ; nous justifierons cela dans la théorie des approximations.

301. *Extraire la racine de 59 :* 1° *à moins de* $\frac{1}{9}$; 2° *à moins de* $\frac{11}{17}$.

1° On a (250), $\sqrt{59 \times 9^2} = 69...$; par suite, $\frac{69}{9}$ sera la racine à $\frac{1}{9}$ près.

2° On a (254), $\sqrt{\frac{59 \times 17^2}{11^2}} = 12$ par excès ; par suite, $\frac{12 \times 11}{17}$ ou $\frac{132}{17}$ sera la racine à $\frac{11}{17}$ près, par excès, ou bien $\frac{121}{17}$, sera la racine par défaut.

302. *Extraire la racine de* $29\,\frac{37}{43}$ *à moins de* $\frac{1}{12}$.

On aura $\frac{29 \times 43 + 37}{43} = \frac{1\,284}{43}$; par suite, $\sqrt{\frac{1\,284 \times 12^2}{43}} = 65$, à une unité près ; donc $\frac{65}{12}$ sera la racine à $\frac{1}{12}$ près.

303. *Calculer les expressions*

$$\sqrt{2 + \sqrt{2}}, \quad \sqrt{2 - \sqrt{2}}, \quad \sqrt{10 - 2\sqrt{5}}$$

à 0,001 près.

On a $\sqrt{2} = 1,414\,213\ldots$; par suite,

$$\sqrt{2 + \sqrt{2}} = \sqrt{3,414\,213\ldots} = 1,847\ldots$$
$$\sqrt{2 - \sqrt{2}} = \sqrt{0,585\,787\ldots} = 0,765\ldots$$
$$\sqrt{10 - 2\sqrt{5}} = \sqrt{5,527\,864\ldots} = 2,351\ldots$$

304. *La différence des carrés de deux nombres consécutifs est 729 457; quels sont ces nombres?*

On aura (232) $2A + 1 = 729\,457$; d'où l'on déduit, pour les deux nombres, 364 728 et 364 729.

305. *Un jardinier veut faire un carré de dahlias; à cet effet, il plante ses tubercules à égale distance les uns des autres, tant en longueur qu'en largeur; la 1ʳᵉ fois, il lui en manque 15; la 2ᵉ fois, il en met un de moins en tous sens, et il lui en reste 34. Combien avait-il de tubercules?*

$15 + 34$ sera égale à la différence de deux carrés consécutifs, c'est-à-dire $\quad 2A + 1 = 49$; d'où $A = 24$

Le nombre essayé la 1ʳᵉ fois était 25 de chaque côté; donc le nombre de tubercules était de $25 \times 25 - 15$ ou 610.

306. *Un général veut former, avec 1 152 hommes, un carré à centre vide qui puisse contenir 42 hommes par côté; combien y a-t-il d'hommes sur la colonne extérieure, et quel est le nombre de colonnes?*

Puisqu'il doit y avoir un carré vide qui contienne 42 hommes par côté, la somme $1\,152 + 42^2$ ou $2\,916$ sera le nombre d'hommes nécessaires pour former un carré plein; la racine de $2\,916$ est 54; par suite, le côté extérieur contiendra 54 hommes; $\dfrac{54 - 42}{2}$ ou 6 sera le nombre des rangées; car d'une rangée à l'autre, il y a nécessairement deux hommes de moins.

307. *Combien y a-t-il de nombres entiers entre $79\,479^2$ et $79\,480^2$ qui ne soient pas des carrés parfaits?*

Il y en a $79\,479 \times 2$ ou $158\,958$; car la différence de deux carrés consécutifs est égale à 2 fois le petit nombre plus un.

308. *De deux frères, le plus jeune a 15 ans; l'âge de l'aîné, plus celui du plus jeune, multiplié par l'âge de l'aîné, moins* *celui du plus jeune, donne un produit égal à 175 ; quel est l'âge de l'aîné ?*

Si a et b sont les deux âges, on aura :

$$(a+b)(a-b) = a^2 - b^2 = 175$$

donc, si à 175 on ajoute le carré de 15 ou 225, on aura 400, qui sera le carré de l'âge de l'aîné, lequel a, par conséquent, 20 ans.

309. *Un certain nombre d'ouvriers se sont partagé également 648 fr. Leur nombre est égal au huitième de la somme que chacun a reçue : combien y avait-il d'ouvriers, et combien chacun a-t-il reçu ?*

Si la somme que les ouvriers ont reçue est a, le nombre d'ouvriers sera $\dfrac{a}{8}$; par suite, $\dfrac{a^2}{8}$ représentera 648 fr., et a^2 sera représenté par 648×8 ou 5184 ; donc $a = \sqrt{5184} = 72$, somme que chacun a reçue ; le nombre d'ouvriers sera 9.

310. *La somme des carrés de deux nombres est 53 689 ; la différence de leurs carrés est 26 311 : trouver les deux nombres.*

Soient a et b les deux nombres, on aura :

$$a^2 + b^2 = 53\,689 \quad \text{et} \quad a^2 - b^2 = 26\,311 ; \quad \text{par suite,}$$

$$a^2 = \frac{53\,689 + 26\,311}{2} = 40\,000, \quad b^2 = \frac{53\,689 - 26\,311}{2} = 13\,689$$

$$a = 200 \quad \text{et} \quad b = 117$$

311. *La différence de deux nombres est 17 ; celle de leurs carrés est 731 ; trouver les deux nombres.*

Si a et b sont les deux nombres, on aura :

$$a^2 - b^2 = 731 \quad \text{est} \quad a - b = 17$$

mais on a $\qquad a^2 - b^2 = (a+b)(a-b)$

par suite, si l'on divise 731 par 17, le quotient, qui est 43, représentera la somme $a+b$; donc $a+b = 43$ et $a-b = 17$; par suite, $\qquad a = 30 \quad \text{et} \quad b = 13$

312. *La somme de deux nombres est 75 ; la différence de leurs carrés 1 125 ; trouver les deux nombres.*

Le quotient de 1 125 par 75, qui est 15, représentera la différence ; donc $a+b = 75$, $a-b = 15$; par suite,

$$a = 45 \quad \text{et} \quad b = 30$$

313. *Trouver deux nombres entiers consécutifs, connaissant leur produit. Application à 4970.*

Si p représente le produit de deux entiers consécutifs, a et $a+1$, on aura $a(a+1)=p$; par suite, $a^2 < p < (a+1)^2$.

Pour trouver a il suffira de prendre la racine carrée, à une unité près, du produit p. En appliquant cette règle au nombre 4970, on trouve, pour les nombres cherchés, 70 et 71.

314. *Trouver un nombre entier tel que son carré le surpasse de 930.*

On a donc $a^2 - a = 930$ ou $a(a-1) = 930$; par suite,

$$a^2 > 930 > (a-1)^2$$

Pour avoir a, il suffira de prendre la racine, par excès, à une unité près, de 930; cette racine est 31.

315. *La somme d'un nombre et de sa racine carrée est 1722; quel est ce nombre?*

On a $a^2 + a = 1722$, ou bien $a(a+1) = 1722$; par suite,

$$a^2 < 1722 < (a+1)^2$$

d'où $a = 41$, et le nombre a^2 sera 1681.

316. *Entre quels nombres consécutifs de mille n'y a-t-il plus qu'un carré parfait?*

Il faut que la différence de deux carrés consécutifs soit supérieure à 1000.

Si a représente le plus petit des deux nombres dont la différence des carrés est supérieure à 1000, on aura

$$2a + 1 > 1000 \quad \text{d'où} \quad a > \frac{999}{2}$$

par suite, la plus petite valeur de a est 500; donc entre 250000 et 249000 il n'y a plus qu'un carré parfait.

317. *Combien y a-t-il de nombres inférieurs à 1 million, qui ne soient pas des carrés parfaits?*

On en compte $1000000 - 1000$ ou 999000; car tous les nombres de 1 à 1000 ont leurs carrés compris entre 1 et 1000000.

318. *La surface d'un cercle est 282743,3386, calculer le rayon de ce cercle.*

La géométrie fournit la relation :

$$\pi R^2 = 282\,743{,}338\,6$$

d'où l'on tire $\qquad R = \sqrt{\dfrac{282\,743{,}338\,6}{\pi}}$

Si l'on prend pour π 3,141 5, on trouve $R = 300$ m.; si l'on prend 3,141 6, on trouve $R = 299{,}999$.

319. *Trouver l'expression du carré de la différence de deux nombres.*

Soient les deux nombres a et b; on aura

$$(a - b)^2 = (a - b)(a - b)$$

Pour effectuer ce carré, il suffira de multiplier $(a - b)$ par a, ce qui donne $a^2 - ab$, et de ce résultat, retrancher le produit de $a - b$ par b; or ce produit est $ab - b^2$; en le retranchant, on aura $a^2 - ab - ab + b^2$ ou bien $a^2 - 2ab + b^2$, tel est le carré de $a - b$.

320. *La somme des carrés de deux nombres est plus grande que le double de leur produit.*

En effet, d'après l'exercice précédent, on a :

$$(a - b)^2 = a^2 - 2ab + b^2$$

par suite, $\qquad a^2 - 2ab + b^2 > 0$

ou bien, en ajoutant $2ab$ aux deux membres,

$$a^2 + b^2 > 2ab \qquad\qquad \text{C. Q. F. D.}$$

321. *Tout nombre impair, carré parfait, est de la forme*

$$4n + 1$$

Un nombre impair, carré parfait, ne peut être que le carré d'un nombre impair; or tout nombre impair N est de la forme $2n + 1$; par suite, $\quad N^2 = 4n^2 + 4n + 1$

c'est-à-dire de la forme $\qquad 4n + 1$

322. *Un nombre entier, qui admet un diviseur premier p sans être divisible par p², n'est pas un carré parfait.*

En effet, la condition nécessaire et suffisante pour qu'un nombre soit un carré parfait, est que les exposants de ses facteurs premiers soient pairs; or cette condition n'est pas remplie si un nombre admet un facteur premier à la première puissance.

4*

323. *Démontrer que si la somme des chiffres des unités de deux nombres est 10, les carrés de ces deux nombres seront terminés par le même chiffre.*

Soient N et N' les deux nombres; on aura :

$$N = 10d + u \quad \text{et} \quad N' = 10d' + u'$$

d et d' représentant les dizaines, u et u' le chiffre des unités; mais on a $u + u' = 10$; par suite, $u' = 10 - u$; par conséquent,

$$N^2 = 100d + 20du + u^2$$
$$N'^2 = 100d'^2 + 20d'u' + u'^2$$

d'où, remplaçant u' par sa valeur $10 - u$, on a :

$$N'^2 = 100d'^2 + 20d'(10 - u) + 10^2 - 20u + u^2$$

La première et la troisième relation peuvent s'écrire :

$$N = \text{m. de } 10 + u^2 \quad \text{et} \quad N' = \text{m. de } 10 + u^2$$

Sous cette forme elles montrent que les deux carrés sont terminés par le même chiffre que le carré de u.

324. *Un nombre terminé par 5 ne peut être un carré parfait qu'autant que le chiffre des dizaines est 2.*

Pour qu'un carré soit terminé par 5 il faut que le nombre le soit aussi; par suite, on aura :

$$N = 10d + 5$$

et
$$N^2 = 100d^2 + 100d + 25$$

Or la somme des deux premiers termes est terminée par deux zéros; donc le nombre sera terminé par 25, et le chiffre des dizaines sera 2.

325. *Lorsqu'un nombre entier est un carré parfait, si le chiffre des unités est 6, le chiffre des dizaines est impair; et si le chiffre des unités est 4, le chiffre des dizaines est pair.*

Si un carré parfait est terminé par 6, le nombre sera terminé par 4 ou 6; donc

$$N = 10d + 4 \text{ ou } 6$$

par suite,
$$N^2 = 100d^2 + 2.10d \times 4 + 16$$

ou bien
$$N^2 = 100d^2 + 2 \times 10d \times 6 + 36$$

Dans l'un et l'autre cas, la somme des deux premiers termes est nécessairement terminée par un zéro; de plus, le second chiffre de cette même somme est pair; par suite, en ajoutant 1 ou 3, on aura un nombre impair.

De même, si le carré est terminé par 4, le nombre sera terminé par 2 ou 8; donc

$$N = 10d + 2 \text{ ou } 8$$

par suite,

$$N^2 = 100d^2 + 2.10d \times 2 + 4; \quad N^2 = 100d^2 + 2 \times 10d \times 8 + 64$$

On voit, comme précédemment, que le chiffre des dizaines est pair.

326. *Si un nombre est la somme de deux carrés entiers, son carré est aussi la somme de deux carrés entiers.*

On a $N = a^2 + b^2$; par suite, $N^2 = a^4 + 2a^2b^2 + b^4$; ajoutant et retranchant $4a^2b^2$, on aura :

$$N^2 = a^4 + 2a^2b^2 + b^4 - 4a^2b^2 + 4a^2b^2 = a^4 - 2a^2b^2 + b^4 + 4a^2b^2$$

par suite, $\qquad\qquad N^2 = (a^2 - b^2)^2 + (2ab)^2 \qquad$ C. Q. F. D.

327. *Si un nombre est la somme de deux carrés entiers, son double est aussi la somme de deux carrés entiers.*

On a $\qquad\qquad N = a^2 + b^2$

par suite, $\qquad\qquad 2N = 2a^2 + 2b^2$

ou bien, en ajoutant et retranchant $2ab$,

$$2N = a^2 + 2ab + b^2 + a^2 - 2ab + b^2 = (a + b)^2 + (a - b)^2$$
$$\text{C. Q. F. D.}$$

328. *Si un nombre pair est la somme de deux carrés entiers, sa moitié sera pareillement la somme de deux carrés entiers.*

Soit $2N$ un nombre pair ; on a :

$$2N = a^2 + b^2 \qquad\qquad \text{par suite,}$$

$N = \dfrac{a^2}{2} + \dfrac{b^2}{2}$, ou bien égale encore $\dfrac{a^2}{4} + \dfrac{b^2}{4} + \dfrac{a^2}{4} + \dfrac{b^2}{4}$

ajoutant et retranchant $\dfrac{ab}{2}$, on aura :

$$N = \frac{a^2}{4} + \frac{ab}{2} + \frac{b^2}{4} + \frac{a^2}{4} - \frac{ab}{2} + \frac{b^2}{4} = \left(\frac{a + b}{2}\right)^2 + \left(\frac{a - b}{2}\right)^2$$

Or la première relation prouve que a et b sont pairs ou impairs à la fois ; par suite, $\dfrac{a + b}{2}$ et $\dfrac{a - b}{2}$ seront des nombres entiers.

329. *Tout multiple de 4 est la différence de deux carrés entiers.*

En effet, on a successivement, en représentant par $4m$ le multiple de 4 :

$$4m = 2m + 2m = m^2 + 2m + 1 - m^2 + 2m - 1$$
$$= (m^2 + 2m + 1) - (m^2 - 2m + 1)$$
$$= (m + 1)^2 - (m - 1)^2 \quad \text{C. Q. F. D.}$$

330. *Démontrer qu'un nombre pair qui n'est pas divisible par 4 ne saurait être la différence de deux carrés parfaits.*

Tout nombre pair, non divisible par 4, est de la forme $2k$, k étant un nombre impair; si $2k$ était la différence de deux carrés, on aurait :

$$2k = a^2 - b^2 = (a + b)(a - b)$$

a et b étant entiers. Or a et b peuvent être tous deux pairs ou tous deux impairs, ou l'un pair et l'autre impair; dans les deux premiers cas, $a + b$ et $a - b$ seraient deux nombres pairs, et leur produit serait divisible par 4; dans le 3ᵉ cas, $a + b$ et $a - b$ seraient deux nombres impairs; par suite, leur produit ne serait pas divisible par 2; donc un nombre impair, non divisible par 4, ne peut être la différence de deux carrés.

331. *Le produit de deux nombres inégaux est toujours plus petit que le carré de leur demi-somme.*

Soient les deux nombres inégaux a et b, $a > b$; on aura :
$a - b > 0$; par suite, $a^2 - 2ab + b^2 > 0$ ou $a^2 + b^2 > 2ab$

ou bien $a^2 + 2ab + b^2 > 4ab$ $\quad \dfrac{a^2 + 2ab + b^2}{4} > ab$

et enfin $\qquad \left(\dfrac{a + b}{2}\right)^2 > ab \qquad \text{C. Q. F. D.}$

332. *Tout nombre impair est la différence de deux carrés entiers.*

Tout nombre impair N est de la forme $2n + 1$; par suite,
$$N = 2n + 1$$
ajoutant et retranchant n^2, on a :
$$N = n^2 + 2n + 1 - n^2 = (n + 1)^2 - n^2 \quad \text{C. Q. F. D.}$$

333. *Le produit de trois nombres entiers consécutifs ne peut être un carré parfait.*

Considérons les trois nombres consécutifs $n-1$, n et $n+1$; on a $\qquad (n-1)n(n+1) = n(n^2 - 1)$

Or, les facteurs n et $n^2 - 1$ sont nécessairement premiers entre eux ; car s'ils admettaient un facteur commun, ce facteur, divisant n, diviserait aussi n^2, et, par suite, l'unité, ce qui est impossible. Ces facteurs étant premiers entre eux, leur produit ne peut être un carré qu'autant que les deux nombres sont eux-mêmes des carrés ; or, si n est un carré parfait, il en est de même de n^2 ; par suite, $n^2 - 1$ ne peut l'être ; car deux carrés consécutifs diffèrent au moins de trois unités ; donc le produit de trois nombres entiers consécutifs n'est jamais un carré parfait.

334. *Si* a *et* b *sont premiers entre eux, l'un pair et l'autre impair, la différence de leurs carrés ne peut être un carré qu'autant que* (a + b) *et* (a — b) *sont eux-mêmes des carrés.*

En effet, si a et b sont deux nombres premiers entre eux, l'un pair et l'autre impair, les deux nombres $a + b$ et $a - b$ seront aussi premiers entre eux ; car si ces deux derniers nombres admettaient un diviseur commun, ce diviseur diviserait aussi leur somme $2a$ et leur différence $2b$; mais ce ne pourrait être que 2, ce qui n'est pas possible, puisque $a + b$ et $a - b$ sont deux nombres impairs. Ceci établi, on a :

$$a^2 - b^2 = (a + b)(a - b)$$

les deux facteurs étant premiers entre eux, pour que le produit soit un carré, il faut que chacun des facteurs soit lui-même un carré.

335. *Trouver deux nombres entiers qui diffèrent de deux unités, connaissant leur produit. Application à* 1 599.

Si p est le produit des deux nombres n et $n - 2$, on aura :

$$p = n(n - 2) = n^2 - 2n < n^2 - 2n + 1$$

par suite, $$(n - 2)^2 < p < (n - 1)^2$$

alors $n - 1$ sera la racine de p, par excès, à une unité près. Faisant l'application au nombre 1 599, on trouve $n - 1 = 40$; les deux nombres seront 39 et 41.

336. *Trouver deux nombres entiers qui diffèrent de trois unités, connaissant leur produit. Application : Trouver le nombre de côtés du polygone qui a* 170 *diagonales.*

On a :

$$p = n(n - 3) = n^2 - 3n = n^2 - 4n + n < n^2 - 4n + 4 + n$$

d'où $$p < (n - 2)^2 + n$$

Or la plus petite valeur que l'on puisse donner à n est 4; on aura donc

$$n^2 - 3n \geq n^2 - 4n + 4$$

et

$$(n-2)^2 \leq p < (n-2)^2 + n$$

par suite, $n - 2$ sera la racine de p, à une unité près; connaissant $n - 2$, on aura les deux nombres n et $n - 3$.

Application. Si n est le nombre des côtés du polygone qui a 170 diagonales, la géométrie fournit la relation

$$\frac{n(n-3)}{2} = 170 \quad \text{d'où} \quad n(n-3) = 340$$

La racine carrée, à une unité près, de 340 est 18; le nombre de côtés sera 20.

Remarque. En algèbre, on n'aurait qu'à résoudre une équation du 2e degré.

337. *Le prix d'un diamant est proportionnel au carré de son poids; démontrer qu'en le brisant en deux parties il y a dépréciation, et que cette dépréciation est maximum quand les deux parties sont égales.*

Soit x le poids du diamant que l'on divise en deux parties, dont les poids sont m et n, et les valeurs v et v'. Si V est le prix du diamant entier, on aura :

$$\frac{V}{x^2} = \frac{v}{m^2} = \frac{v'}{n^2} \quad \text{ou} \quad \frac{V}{x^2} = \frac{v+v'}{m^2+n^2}$$

ou encore

$$\frac{V}{v+v'} = \frac{x^2}{m^2+n^2}; \quad \text{on en déduit (397):}$$

$$\frac{V-(v+v')}{V} = \frac{x^2-(m^2+n^2)}{x^2}$$

mais $x = m + n$; par suite, $x^2 = m^2 + 2mn + n$; en substituant

$$\frac{V-(v+v')}{V} = \frac{2mn}{x^2}$$

la différence $V - (v + v')$, c'est-à-dire la *dépréciation*, sera la plus grande possible quand $2mn$ aura la plus grande valeur; or on sait (voir *Algèbre*) que mn est maximum quand $m = n$, puisque la somme de ces facteurs est constante; ainsi la *dépréciation* est maximum quand les parties sont égales.

Autre solution. Si nous supposons x le poids du diamant, V son prix, et d le prix de l'unité de poids, on aura :

$$V = x^2 d$$

Si l'on partage le poids x en deux parties m et n, dont les valeurs sont v et v', on a :

$$v = m^2 d \quad \text{et} \quad v' = n^2 d$$

d'ailleurs $x = m + n$; par suite,

$$V = x^2 d = (m + n)^2 d = m^2 d + n^2 d + 2mnd = v + v' + 2mnd$$

donc il y a dépréciation, et cette dépréciation est marquée par $2mnd$; cette quantité sera maximum en même temps que le produit mn, dont la somme des facteurs est constante et égale à x; donc la dépréciation sera maximum quand on aura $m = n$, c'est-à-dire quand les parties seront égales.

338. *Étendre la proposition au cas où le diamant serait partagé en un nombre quelconque de parties.*

Si x est le poids du diamant que l'on partage en n morceaux, dont les poids sont m_1, m_2, $m_3 \ldots\ldots m_n$; je dis que la *dépréciation* est maximum quand tous ces poids sont égaux. En effet, si le morceau de poids m_1, par exemple, n'était pas égal à m_2, on aurait les deux morceaux $\dfrac{m_1 + m_2}{2}$ et $\dfrac{m_1 + m_2}{2}$, qui auraient le même poids que les deux premiers m_1 et m_2, et dont la valeur serait moindre; ainsi, tant que les morceaux ne sont pas égaux, on peut, sans changer le poids total, en diminuer la valeur; donc la *dépréciation* sera maximum quand les parties seront égales.

CHAPITRE II

Cubes et racines cubiques.

EXERCICES SUR LES CUBES ET LES RACINES CUBIQUES

339. *Extraire la racine cubique des nombres*

$$132\,651, \quad 592\,704, \quad 1\,124\,864, \quad 5\,725\,732\,069$$

On a
$$\sqrt[3]{132\,651} = 51 \qquad \sqrt[3]{592\,704} = 84$$
$$\sqrt[3]{1\,124\,864} = 104 \qquad \sqrt[3]{5\,725\,732\,069} = 1\,789$$

340. *Extraire, à moins de 0,1, la racine cubique des nombres*

$$375\,524, \quad 2\,545\,314, \quad 32\,545\,317, \quad 545\,347\,392$$

On a
$$\sqrt[3]{375\,524} = 72,1 \qquad \sqrt[3]{2\,545\,314} = 136,5$$
$$\sqrt[3]{32\,545\,317} = 319,2 \qquad \sqrt[3]{545\,347\,392} = 817,0 \text{ ou } 817$$

341. *Calculer, à moins de 0,01, la racine cubique des nombres*

$$1\,747, \quad 582\,309, \quad 12\,573\,457, \quad 3\,254\,700\,341$$

On a
$$\sqrt[3]{1\,747} = 12,04 \qquad \sqrt[3]{582\,309} = 83,50$$
$$\sqrt[3]{12\,573\,457} = 232,53 \qquad \sqrt[3]{3\,254\,700\,341} = 1\,481,93$$

342 *Extraire, à moins de 0,01, la racine cubique des nombres*

$$0,004\,6, \quad 0,109\,04, \quad 0,002, \quad 0,304\,376$$

On a
$$\sqrt[3]{0,004\,6} = 0,16 \qquad \sqrt[3]{0,109\,04} = 0,47$$
$$\sqrt[3]{0,002} = 0,12 \qquad \sqrt[3]{0,304\,376} = 0,67$$

343. *Extraire la racine cubique des fractions ordinaires*

$$\frac{1\,331}{357\,911} \qquad \frac{17\,576}{373\,248} \qquad \frac{103\,823}{23\,149\,125}$$

On a

$$\sqrt[3]{\frac{1\,331}{357\,911}} = \frac{\sqrt[3]{1\,331}}{\sqrt[3]{357\,911}} = \frac{11}{71} \qquad \sqrt[3]{\frac{17\,576}{373\,248}} = \frac{\sqrt[3]{17\,576}}{\sqrt[3]{373\,248}} = \frac{26}{72}$$

$$\sqrt[3]{\frac{103\,823}{23\,149\,125}} = \frac{\sqrt[3]{103\,823}}{\sqrt[3]{23\,149\,125}} = \frac{47}{285}$$

344. *Extraire la racine cubique des fractions suivantes :*

$$\frac{17}{21} \qquad \frac{1\,248}{2\,800} \qquad \frac{84}{12\,648}$$

en rendant préalablement le dénominateur cube parfait.

$$1° \qquad \frac{17}{21} = \frac{17}{3\times 7} = \frac{17\times 3^2\times 7^2}{3^3\times 7^3}$$

donc on aura :

$$\sqrt[3]{\frac{17}{21}} = \sqrt[3]{\frac{17\times 3^2\times 7^2}{3^3\times 7^3}} = \frac{\sqrt[3]{17\times 3^2\times 7^2}}{3\times 7} = \frac{19}{21} \text{ à } \frac{1}{21} \text{ près}$$

$$2° \qquad \frac{1\,248}{2\,800} = \frac{1\,248}{2^4\times 5^2\times 7} = \frac{1\,248\times 2^2\times 5\times 7^2}{2^6\times 5^3\times 7^3} \qquad \text{donc}$$

$$\sqrt[3]{\frac{1\,248}{2\,800}} = \sqrt[3]{\frac{1\,248\times 2^2\times 5\times 7^2}{2^6\times 5^3\times 7^3}} = \frac{\sqrt[3]{1\,248\times 2^2\times 5\times 7^2}}{2^2\times 5\times 7} =$$

$$= \frac{106}{140} = \frac{53}{70} \text{ à } \frac{4}{70} \text{ près}$$

$$3° \qquad \frac{84}{12\,648} = \frac{84}{2^3\times 3\times 17\times 31} = \frac{84\times 3^2\times 17^2\times 31^2}{2^3\times 3^3\times 17^3\times 31^3} \qquad \text{donc}$$

$$\sqrt[3]{\frac{84}{12\,648}} = \sqrt[3]{\frac{84\times 3^2\times 17^2\times 31^2}{2^3\times 3^3\times 17^3\times 31^3}} = \frac{\sqrt[3]{84\times 3^2\times 17^2\times 31^2}}{2\times 3\times 17\times 31} =$$

$$= \frac{594}{3\,162} = \frac{99}{527} \text{ à } \frac{1}{527} \text{ près}$$

345. *Calculer, à 0,001 près, la racine cubique des fractions*

$$\frac{517}{4\,913} \qquad \frac{1}{17} \qquad \frac{729}{1\,331} \qquad \frac{8\,872}{24\,380}$$

On a $\qquad \sqrt[3]{\dfrac{517}{4\,913}} = \sqrt[3]{0,105\,231\,019\ldots\ldots} = 0,472\ldots\ldots$

$$\sqrt[3]{\dfrac{1}{17}} = \sqrt[3]{0,058\,823\,529\ldots\ldots} = 0,388\ldots\ldots$$

$$\sqrt[3]{\dfrac{729}{1\,331}} = \dfrac{9}{11} = 0,818\ldots\ldots$$

$$\sqrt[3]{\dfrac{8\,872}{24\,380}} = \sqrt[3]{0,363\,904\,840\ldots\ldots} = 0,713\ldots\ldots$$

346. *Extraire la racine cubique de 47 : 1° à moins de $\dfrac{1}{20}$;*
2° à moins de $\dfrac{3}{11}$.

On aura (290) :

1° $\sqrt[3]{47}$ à moins de $\dfrac{1}{20} = \dfrac{\sqrt[3]{47 \times 20^3}}{20} = \dfrac{72}{20} = 3\,\dfrac{12}{20} = 3\,\dfrac{3}{5}$

2° $\qquad \dfrac{47 \times 11^3}{3^3} = \dfrac{62\,557}{27} = 2\,316\,\dfrac{25}{27}$; $\qquad$ par suite,

$\sqrt[3]{47}$, à moins de $\dfrac{3}{11} = \sqrt[3]{2\,316} \times \dfrac{3}{11} = 13 \times \dfrac{3}{11} = \dfrac{39}{11} = 3\,\dfrac{6}{11}$

347. *Extraire la racine cubique de $23\,\dfrac{7}{8}$ à moins de $\dfrac{1}{13}$.*

On a $\qquad 23\,\dfrac{7}{8} \times 13^3 = \dfrac{419\,627}{8} = 52\,453\,\dfrac{3}{8}$; $\qquad$ par suite,

$$\sqrt[3]{23\,\dfrac{7}{8}} \text{ à moins de } \dfrac{1}{13} = \dfrac{\sqrt[3]{52\,453}}{13} = \dfrac{37}{13} = 2\,\dfrac{11}{13}$$

348. *Sans faire de calcul, dire immédiatement la racine cubique de 474 552, sachant que ce nombre est un cube parfait.*

Le plus grand cube contenu dans 474 est 343, dont la racine est 7; le dernier chiffre 2 du cube indique que le dernier chiffre de la racine est 8; donc 78 est la racine cherchée.

349. *Le cube d'un nombre est 582 182 875; le chiffre des dizaines de ce nombre est 3 : quel est ce nombre?*

D'après le problème précédent, on trouve 835 pour le nombre cherché.

350. *Le cube d'un nombre est* 729 729 243 027 ; *les chiffres des dizaines et des centaines sont des zéros. Quel est ce nombre ?*

On trouve de même, pour résultat, 9 003.

351. *Un nombre est composé de trois chiffres dont la somme est 10 ; en multipliant ce nombre par son carré, on obtient 43 614 208. Dire immédiatement le chiffre des dizaines.*

Le cube du nombre cherché est 43 614 208 ; le premier chiffre de ce nombre est 3, et le dernier 2 ; donc le chiffre des dizaines sera 5.

352. *Un nombre est tel qu'en le multipliant par 2, par 3 et par 7, on a trois nouveaux nombres dont le produit est 55 902 ; quel est ce nombre ?*

Si le premier nombre est x, les nouveaux nombres seront $2x$, $3x$ et $7x$; leur produit sera $2x \times 3x \times 7x = 42x^3 = 55 902$, en divisant 55 902 par 42 on a $x^3 = 1331$, d'où $x = 11$.

353. *De trois nombres, dont le produit est* 9 600, *le 1ᵉʳ est en même temps les $\frac{2}{3}$ du 2ᵉ et les $\frac{5}{4}$ du 3ᵉ : quels sont ces nombres ?*

Soit x le 1ᵉʳ nombre ; si le 1ᵉʳ est les $\frac{2}{3}$ du 2ᵉ, le 2ᵉ sera les $\frac{3}{2}$ du 1ᵉʳ, c'est-à-dire $\frac{3x}{2}$; de même le 3ᵉ sera les $\frac{4}{5}$ du 1ᵉʳ, c'est-à-dire $\frac{4x}{5}$; le produit de ces trois nombres sera

$$x \times \frac{3x}{2} \times \frac{4x}{5} = x^3 \times \frac{3 \times 4}{2 \times 5} = \frac{6}{5} x^3$$

donc $x^3 = \frac{9 600 \times 5}{6} = 1 600 \times 5 = 8 000$; par suite, $x = 20$, et les trois nombres seront 20, 30 et 16.

354. *A l'inspection du dernier chiffre à droite d'un nombre, peut-on reconnaître s'il est ou s'il n'est pas un cube parfait ?*

Non, parce qu'un cube parfait peut être terminé par un chiffre quelconque, puisque les cubes des neuf premiers chiffres sont terminés aussi par les neuf premiers chiffres.

355. *Un nombre entier qui admet un diviseur premier* p *sans être divisible par* p³ *n'est pas un cube parfait.*

En effet, la condition nécessaire et suffisante pour qu'un nombre soit un cube parfait est que les exposants de ses facteurs premiers soient divisibles par 3; or cette condition ne sera pas remplie si un nombre admet un facteur premier p à la première puissance.

356. *Un nombre ne peut être à la fois un carré et un cube parfait, sans être une sixième puissance exacte.*

En effet, pour qu'un nombre soit carré parfait il faut que les exposants de ses facteurs premiers soient divisibles par 2; pour qu'il soit un cube il faut que les exposants soient aussi divisibles par 3, ce qui ne peut avoir lieu qu'autant que ces exposants seront divisibles par 6, c'est-à-dire que le nombre sera une sixième puissance exacte.

357. *Comment reconnaît-on qu'un nombre donné est la différence des cubes de deux nombres entiers consécutifs? Trouver ces nombres. Application à 751 501.*

Si A et A$+1$ sont les deux nombres et p la différence de leurs cubes, on aura (**273**) :

$$3A^2 + 3A + 1 = p$$

par suite, $A^2 + A = \dfrac{p-1}{3}$ ou bien $A(A+1) = \dfrac{p-1}{3}$

par conséquent, $A^2 < \dfrac{p-1}{3} < (A+1)^2$

A sera donc la racine carrée, à une unité près, par défaut, de

$$\frac{p-1}{3}$$

En appliquant cette règle au nombre donné, on a

$$\frac{751\,501 - 1}{3} = 250\,500$$

dont la racine, à une unité près, est 500; les nombres sont 500 et 501.

358. *Entre quels nombres consécutifs de millions n'y a-t-il plus qu'un cube parfait?*

Pour que la condition soit remplie, il faut que la différence de deux cubes consécutifs soit égale ou supérieure à un million; donc on doit avoir :

$$3A^2 + 3A + 1 \geqq 1\,000\,000$$

on en tire $\qquad A(A+1) \geqq 333\,333$

or, pour que cette inégalité soit vérifiée, il faut prendre pour A la racine carrée, par excès, de 333 333; on trouve 578; le cube de ce nombre est 191 100 552. C'est le seul cube parfait qui soit compris entre 193 et 194 millions.

359. *Trouver trois nombres entiers consécutifs, connaissant leur produit. Application à 29 760.*

Soient n, $n+1$ et $n+2$ les nombres entiers consécutifs dont on connaît le produit p; on a :

$$n(n+1)(n+2) = n^3 + 3n^2 + 2n$$

qui est moindre que $(n+1)^3$; par suite, on aura :

$$n^3 < p < (n+1)^3$$

donc n sera la racine cubique de p, à une unité près; en appliquant cette règle au nombre 29 760, on trouve 30 pour $\sqrt[3]{29760}$, à une unité près; par suite, les nombres sont 30, 31 et 32.

360. *Trouver un nombre, connaissant la différence entre son cube et son carré. Application à 628 660.*

Si n est le nombre, p la différence donnée, on aura :

$$n^3 - n^2 = p$$

or
$$n^3 - n^2 = n^2(n-1) > (n-1)^3$$

par suite
$$n^3 > p > (n-1)^3$$

La racine cubique de p, à une unité près, par excès, fournira n.

La racine cubique, par excès, de 628 660 est 86.

361. *Le volume d'une sphère est 185 m. c. 382 836 c. c.; calculer son rayon à un centimètre près.*

La géométrie donne

$$\frac{4}{3}\pi R^3 = V; \quad \text{d'où } R = \sqrt[3]{\frac{3V}{4\pi}} = \sqrt[3]{\frac{3}{4}V \times \frac{1}{\pi}}$$

En substituant on aura :

$$R = \sqrt[3]{\frac{3}{4} \times 185{,}382836 \times 0{,}31831} = \sqrt[3]{44{,}256\,907\,8\ldots} = 3^m{,}53\ldots$$

362. *Faire voir qu'un nombre et son cube sont terminés par le même chiffre ou par deux chiffres ayant une somme égale à 10.*

M.   5

Le cube d'un nombre est terminé par le même chiffre que le cube du chiffre de ses unités; par suite, tout nombre terminé par

$$1 \quad 2 \quad 3 \quad 4 \quad 5 \quad 6 \quad 7 \quad 8 \quad 9 \quad 0$$

aura un cube terminé par

$$1 \quad 8 \quad 7 \quad 4 \quad 5 \quad 6 \quad 3 \quad 2 \quad 9 \quad 0$$

d'où l'on voit que le cube est terminé par le chiffre des unités du nombre, ou bien la somme des deux chiffres est égale à 10.

363. *Démontrer que si la somme des chiffres des unités de deux nombres est 10, il en sera de même de la somme des chiffres des unités de leurs cubes.*

Soient les nombres $\quad N = 10d + u \quad$ et $\quad N' = 10d' + u'$

ou bien $\quad N = $ m. de $10 + u \quad$ et $\quad N' = $ m. de $10 + u'$;

mais on a $\quad u + u' = 10$; par suite, $\quad u' = 10 - u$; en substituant, on a :

$$N' = \text{m. de } 10 + 10 - u = \text{m. de } 10 - u$$

en faisant les cubes, on aura :

$$N^3 = \text{m. de } 10 + u^3 \quad \text{et} \quad N'^3 = \text{m. de } 10 - u^3$$

par suite, $\qquad N^3 + N'^3 = \text{m. de } 10 \qquad$ C. Q. F. D.

364. *Démontrer que si un nombre entier terminé par 2 ou par 6 est un cube parfait, le chiffre des dizaines est impair.*

Pour que le cube soit terminé par 2, il faut que le nombre soit terminé par 8, et pour que le cube soit terminé par 6, il faut aussi que le nombre le soit par 6; par suite, on aura :

$$N = 10d + 8 \quad \text{ou bien} \quad N = 10d + 6$$

élevant à la troisième puissance, on a :

$$N^3 = 1\,000d^3 + 300d^2 \times 8 + 30d \times 64 + 512$$

ou $\qquad N^3 = 1\,000d^3 + 300d^2 \times 6 + 30d \times 36 + 216$

Les deux premières parties de ces cubes sont terminées par deux zéros; la troisième est terminée par un zéro, et le chiffre des dizaines est pair; par suite, si, à ce chiffre, on ajoute le chiffre des dizaines de 512 ou de 216, qui est 1, la somme sera impaire. $\qquad$ C. Q. F. D.

365. *Démontrer que si un nombre entier, terminé par 5, est un cube parfait, le chiffre des dizaines est 2 ou 7.*

Pour que le cube soit terminé par 5, il faut que le nombre soit lui-même terminé par 5 ; donc

$$N = 10d + 5$$

par suite, $N^3 = 1000d^3 + 300d^2 \times 5 + 30d \times 25 + 125$

Les deux premières parties sont nécessairement terminées par deux zéros ; la troisième sera terminée par un zéro, et, suivant que le dernier chiffre de d sera pair ou impair, le chiffre des dizaines sera zéro ou 5. Si ce chiffre est zéro, le chiffre des dizaines du cube sera 2 ; si ce chiffre est 5, le chiffre des dizaines du cube sera 7.   C. Q. F. D.

366. *Le cube de tout nombre appartient à l'une des formes* $9n$, $9n + 1$ *ou* $9n - 1$, n *étant un nombre entier quelconque.*

En effet, un nombre quelconque

$$N = \text{m. de } 9 + 0 \text{ ou } 1, 2, 3, 4, 5, 6, 7, 8$$

les cubes $N^3 = \text{m. de } 9 + 0$ ou $1, 8, 27, 64, 125, 216, 343, 512$

ou bien $N^3 = \text{m. de } 9 + 0$ ou $1, 8, 0, 1, 8, 0, 1, 8$

et enfin $N^3 = \text{m. de } 9$ ou $N^3 = \text{m. de } 9 + 1$

ou $N^3 = \text{m. de } 9 + 8 = \text{m. de } 9 + 9 - 1 = \text{m. de } 9 - 1$

ce qui représente bien les trois formes énoncées :

$$9n, \quad 9n + 1 \quad \text{et} \quad 9n - 1$$

On arrive à ce résultat d'une manière plus expéditive en remarquant que, n étant un nombre entier quelconque, tous les nombres sont de l'une des formes :

$$3n, \quad 3n + 1, \quad 3n - 1$$

dont les cubes sont de la forme :

$$9n, \quad 9n + 1 \quad \text{et} \quad 9n - 1$$

367. *La somme des cubes des* n *premiers nombres entiers est égale au carré de la somme de ces nombres.*

Remarquons d'abord que l'on a

$$1^3 + 2^3 = (1 + 2)^2 \qquad 1^3 + 2^3 + 3^3 = (1 + 2 + 3)^2$$

et ainsi de suite.

Je dis maintenant que si le théorème est vrai pour $n - 1$ nombres, il le sera pour n, c'est-à-dire que si l'on a :

$$1^3 + 2^3 + 3^3 + 4^3 \ldots + (n - 1)^3 = \left[1 + 2 + 3 + 4 \ldots + (n - 1)\right]^2$$

on aura aussi :

$$1^3 + 2^3 + 3^3 + 4^3 \ldots + n^3 = (1 + 2 + 3 + 4 \ldots + n)^2$$

En effet, on a successivement :

$$\left[1+2+3+4\ldots+(n-1)+n\right]^2=$$
$$=\left[1+2+3+4\ldots+(n-1)\right]^2+2n\left[1+2+3\ldots+(n-1)\right]+n^2$$
$$=1^3+2^3+3^3+4^3\ldots+(n-1)^3+2n\left[1+2+3+\ldots+(n-1)\right]+n^2$$

Or la quantité entre crochets est égale à $\dfrac{n(n-1)}{2}$ (Ex. 172), ou bien (voir *Algèbre*, progressions); par suite,

$$(1+2+3+4+\ldots n)^2=1^3+2^3+3^3+4^3+\ldots+(n-1)^3+n^2(n-1)+n^2$$
$$=1^3+2^3+3^3+4^3+\ldots+(n-1)^3+n^3$$

Or, le théorème ayant été vérifié pour trois nombres, il en résulte qu'il est vrai pour 4; étant vrai pour 4, il l'est pour 5, etc.; par suite, il est général.

Remarque. On peut voir une autre solution de cet exercice dans le solutionnaire de l'*Algèbre* de F. I. C., page 215.

LIVRE V

CHAPITRE I

Système métrique.

EXERCICES SUR LE SYSTÈME MÉTRIQUE

368. *En novembre 1876, l'Espagne possédait 5 340 km. de chemins de fer et 17 000 000 d'habitants; l'Italie, 7 520 km. avec 27 000 000 d'habitants. Lequel des deux États possédait le plus de chemins de fer relativement à sa population?*

Par habitant, l'Espagne a $\dfrac{5\,340\,000}{17\,000\,000} = 0^{m},314$ de chemin de fer;

l'Italie $\dfrac{7\,520\,000}{27\,000\,000} = 0^{m},278$

L'Espagne a donc de plus, par habitant, $0^{m},314 - 0^{m},278$ ou $0^{m},036$ de chemin de fer.

369. *En 1876, les chemins de fer exploités en France étaient d'environ 21 000 km. En admettant que la recette brute d'une semaine soit d'environ 22 134 000 fr., on demande la recette moyenne par kilomètre et par jour.*

La recette moyenne par km. et par jour sera

$$\frac{22\,134\,000}{21\,000 \times 7} = 150 \text{ fr. } 57, \text{ par défaut.}$$

370. *Le diamètre du soleil est 112 fois 06 celui de la terre, qui est d'environ 12 733 km.; exprimer, en myriamètres, le diamètre du soleil.*

Le diamètre du soleil a

$$1\,273 \text{ Mm. } 3 \times 112,06 = 142\,685 \text{ Mm. } 998$$

Remarque. Des observations plus récentes ont fait adopter le nombre 108,7 au lieu de 112,06.

371. *Combien de jours faudrait-il à un piéton pour parcourir 210 km., en marchant 10 heures par jour, avec une vitesse de 1 m. 50 par seconde.*

En un jour, le piéton fait $1^m,50 \times 60 \times 60 \times 10$; pour faire 210 km. il mettra

$$\frac{210\,000}{1^m,50 \times 60 \times 60 \times 10} = 3 \text{ j. } \frac{8}{9}, \text{ ou } 3 \text{ j. } 9 \text{ h., par excès.}$$

372. *Une longueur, mesurée avec un décamètre trop long de 0 m. 07, a été trouvée égale à 2749,70; rectifier ce résultat.*

Pour chaque *décamètre erroné* trouvé, il y a une erreur de 0 m. 07; pour les 2749 m. 70 ou 274 *décamètres* erronés, 97; l'erreur sera de $0^m,07 \times 274,97$, et la vraie longueur sera :

$$274 \text{ Dm. } 97 + 0,07 \times 274,97 = 274 \text{ Dm. } 97(1,07) = 2768^m,9479$$

Autre raisonnement. Un décamètre erroné vaut 10 m. 07, les 274 Dm. erronés 97 vaudront $10^m,07 \times 274,97$, ou $2768^d,9479$.

373. *Le parcours de la Loire est de 1126 km.; en la supposant navigable à 200 km. de sa source, on demande le temps nécessaire pour la parcourir en bateau jusqu'à son embouchure, en supposant que l'on fait en moyenne 3450 m. à l'heure, et que l'on marche 11 heures par jour.*

On a à parcourir $1\,126^{km} - 200^{km} = 926^{km}$

Par jour, on fait $3\,450^m \times 11$

Pour parcourir 926 km., on mettra :

$$\frac{926\,000}{3\,450 \times 11} = 24 \text{ j. } 4 \text{ h. } \frac{28}{69}.$$

374. *L'Angleterre possédait, en 1876, 25300 km. de chemin de fer; en admettant qu'un boulet de canon marche avec une vitesse moyenne de 450 lieues de 25 au degré par heure, on demande le temps qu'il lui faudrait pour parcourir une semblable longueur.*

La longueur d'une lieue de 25 au degré est égale à

$$\frac{40\,000\,000^m}{360 \times 25}$$

La longueur de 450 lieues sera de

$$\frac{40\,000\,000^m \times 450}{360 \times 25}$$

Pour parcourir 25 300 000^m, le boulet mettra

$$\frac{25\,300\,000 \times 360 \times 25}{40\,000\,000 \times 450} = 12^h\,39^m$$

Remarque. L'expression *lieue de 25 au degré* indique que dans l'arc de méridien terrestre de un degré, il y a 25 fois la longueur d'une lieue.

Le méridien valant 40 000 000 de m., l'arc de 1° vaudra 360 fois moins, soit $\dfrac{40\,000\,000}{360}$ ou 111^{km},111 11..., et la lieue, qui y est contenue 25 fois, vaudra

$$\frac{111^{km},111\,11}{25} = 4^{km}444^m44...$$

375. *En admettant que la vitesse d'un bateau à vapeur soit 12 mètres par seconde, trouver le temps qu'il mettra à parcourir une distance de 290 lieues marines de 20 au degré.*

290 lieues de 20 au degré ont, en mètres, une longueur de

$$\frac{40\,000\,000^m \times 290}{360 \times 20}$$

Le bateau, parcourant 12 m. en une seconde, mettra

$$\frac{40\,000\,000 \times 290}{360 \times 20 \times 12} \text{ secondes}$$

soit 37 heures 17 minutes 39 secondes $\dfrac{7}{27}$.

376. *Un ouvrier doit transporter du déblai à 49 m. de distance; combien de kilomètres parcourrait-il par jour et combien de myriamètres par semaine, supposant qu'il fît 215 voyages par jour, et qu'il travaillât 6 jours par semaine?*

A chaque voyage, l'ouvrier fait 49^m × 2 = 98^m.

En un jour, il fera 98^m × 215 = 21 070^m, ou 21 km. 070.

En une semaine, il fera

$$21\,070^m \times 6 = 126\,420^m \text{ ou 12 Mm. 642 Dm.}$$

377. *Le diamètre de la grande roue d'une locomotive est 1 m. 70, celui de la petite 1 m. 05; on demande le nombre de tours faits par chacune dans le parcours de Lyon à Marseille, dont la distance est 329 km.*

Le nombre de tours faits par la grande roue égale

$$\frac{329\,000}{\pi \times 1,70} = 61\,603, \text{ par excès.}$$

Le nombre de tours faits par la petite roue égalera

$$\frac{329\,000}{\pi \times 1,05} = 99\,738, \text{ par excès.}$$

378. *La population de la France est de 36 000 000 d'habitants, et son étendue est de 530 000 km. q.; la population de l'Angleterre, de 32 000 000, sur une étendue de 310 000 km. q.: combien d'habitants a de plus, par km. q., l'État le plus peuplé?*

Par km. q., la France a $\dfrac{360\,000\,000}{530\,000} = 68$ habitants, par excès.

L'Angleterre en a $\dfrac{32\,000\,000}{310\,000} = 103$, par défaut.

Par km. q., l'Angleterre a 103 — 68 ou 35 habitants de plus que la France.

379. *Une surface a été trouvée de 4 hectares 18 ares 16 centiares; mais la chaîne dont on s'était servi avait 0 m. 07 de trop; rectifier le résultat.*

Chaque ligne de la surface mesurée avec la chaîne erronée donne un résultat trop faible, dans le rapport de 1 000 à 1 007. Or, comme les surfaces semblables sont proportionnelles aux carrés des dimensions, la surface erronée est à la surface vraie dans le rapport de 1 000² à (1 007)²; c'est-à-dire que la vraie valeur sera :

$$4^{\text{h}}\,18^{\text{a}}\,16^{\text{c}} \times \frac{(1\,007)^2}{1\,000^2}$$

$$41\,816^{\text{c}} \times (1,007)^2 = 4^{\text{h}}\,24^{\text{a}}\,52^{\text{c}}\,14$$

380 *Combien coûtera la tapisserie d'un salon à raison de 3 fr. 50 le m. q., sachant que ce salon a 12 m. de long, 9 m. 40 de large et 5 m. 20 de haut, et qu'il a 6 croisées de 2 m. 60 de hauteur sur 1 m. 30 de largeur, et 2 portes de 3 m. de hauteur sur 1 m. 50 de largeur.*

Surface des murs :

$$12 \times 5,20 \times 2 + 9,40 \times 5,20 \times 2 = 222 \text{ mq. } 56$$

Surface des ouvertures :

$$2,60 \times 1,30 \times 6 + 3 \times 1,50 \times 2 = 29 \text{ mq. } 28$$

Surface tapissée : 193 mq. 28

Prix de la tapisserie : 3 fr. 50 $\times$ 193,28 = 676 fr. 48.

381. *Les bûches placées dans un demi-décastère ont 2 m. de longueur : à quelle hauteur doivent-elles s'élever ?*

La distance entre les montants est 3 m. ; on a donc :

$$x \times 3 \times 2 = 5^{mc} \quad \text{d'où} \quad x = \frac{5^{mc}}{6} = 0^{m},833$$

Les bûches devront s'élever à $0^{m},833$.

382. *On a mesuré du bois dont les bûches ont 1 m. 20, tandis que l'on a calculé la hauteur des montants du stère en supposant les bûches de 1 m. 14 ; suffit-il, pour avoir un stère exact, de diminuer de 0,06 la hauteur des montants ?*

Dans le premier cas, la hauteur des montants égale

$$\frac{1^{mc}}{1 \times 1,20} = 0,833$$

Dans le second, elle est

$$\frac{1^{mc}}{1 \times 1,14} = 0,877$$

Or $$0,877 - 0,833 = 0,044$$

donc il ne faut pas, pour avoir un stère, diminuer de 0,06 la hauteur des montants, mais de 0,044 seulement.

383. *Une meule de moulin qui a 0 m. 35 d'épaisseur et 0 m. 90 de rayon, a été payée à raison de 0 fr. 75 le décimètre cube : combien a-t-elle coûté ?*

La formule qui donne le volume de la meule est $\pi R^2 H$, soit

$$\pi \times 90^2 \times 35 = 890\,643 \text{ c. c.} \quad \text{ou} \quad 890 \text{ d. c. } 643 \text{ c. c.}$$

Le prix sera $0 \text{ fr. } 75 \times 890\,643 = 667 \text{ fr. } 98$.

384. *On a mesuré un solide avec un mètre trop court de 0,004. Les dimensions de ce solide ont été trouvées respectivement de 6 m. 25, 8 m. 75 et 3 m. 20. Quelle est la différence entre le volume réel et le volume trouvé ?*

Le volume accusé par les mesures est

$$6,25 \times 8,75 \times 3,20$$

Une des dimensions, 6,25, par exemple, a pour mesure exacte $6,25 \times 0,996$. Le rapport de la dimension réelle à la dimension trouvée sera $\dfrac{6,25 \times 0,996}{6,25} = 0,996$. Et comme les volumes semblables sont entre eux comme le cube des côtés homologues, le volume réel sera

$$6,25 \times 8,75 \times 3,20 \times \overline{0,996}^3$$

et la différence sera

$$6,25 \times 8,75 \times 3,20 - 6,25 \times 8,75 \times 3,20 \times \overline{0,996}^3 =$$
$$= 6,25 \times 8,75 \times 3,20 (1 - \overline{0,996}^3) = 1^{mc},091$$

385. *La valeur des mesures effectives de contenance, du double hectolitre au litre inclusivement, étant exprimée en litres, quelle est la somme de ces mesures?*

Cette somme est

$$200 + 100 + 50 + 20 + 10 + 5 + 2 + 1 = 388 \text{ lit.}$$

386. *Si l'on retranchait du double hectolitre toutes les mesures inférieures jusqu'au litre compris, quel serait le reste?*

Le reste serait

$$200 - (100 + 50 + 20 + 10 + 5 + 2 + 1) = 12 \text{ lit.}$$

387. *Avec 1 260 fr. 40 on a acheté 3 barils d'huile de même qualité; ils contiennent en tout 11 Hl. 75 : le plus grand contient 9 Dl. 4 l. de plus que les deux autres ensemble, et l'un de ces derniers 40 l. de plus que l'autre; on demande le prix de chaque baril.*

Représentons par b la contenance du petit baril.

Le 2º en contiendra b litres, plus 40 litres, et le plus grand, b litres, plus b, plus 40 litres, plus enfin 94 litres.

La somme des 3 barils, soit 1 175 lit., sera donc égale à 4 fois le plus petit, plus 40, plus 40 et 94 litres, soit plus 174 litres. Donc 1 175 lit., moins 174, ou 1 001 lit., est 4 fois la contenance du petit baril, qui est, par suite, 250 l. 25.

La contenance du 2º sera 294 l. 25, et celle du grand, 634 l. 50.

Le prix du litre étant $\dfrac{1\,260,40}{1\,175}$

le prix du petit baril sera $\dfrac{1\,260,40}{1\,175} \times 250,25$ ou 268 fr. 438

du 2º $\dfrac{1\,260,40}{1\,175} \times 290,25$ ou 311 fr. 345

du 3º $\dfrac{1\,260,40}{1\,175} \times 634,50$ ou 680 fr. 616

388. *Un cultivateur a acheté du blé à raison de 24 fr. 36 l'hectolitre; après nettoyage, la quantité a diminué de $\dfrac{1}{4}$. Il a semé ce blé sur 37 hectares 5 384 centiares, à raison de*

182 *lit. par hect. Le loyer du terrain est de 5 542 fr. par an, et les frais de culture s'élèvent à 7 372 fr. 40. La récolte a été de 26 Hl. de blé et 42 quintaux de paille par hectare. On demande : 1° le prix de la récolte; 2° le bénéfice du cultivateur, en supposant que le blé soit vendu 21 fr. 40 l'hectolitre et la paille 19 fr. les 100 bottes pesant chacune 5 kg.*

Quantité de semence employée $182^{lit} \times 37,5384 = 6831^{lit},9888$

La semence employée n'est que les $\dfrac{3}{4}$ de celle qui a été achetée; donc la semence achetée est :

$$\frac{6\,831^{lit},9888 \times 4}{3} = 91 \text{ Hl. } 093\,184$$

Prix de la semence : $24 \text{ fr. } 36 \times 91,093\,184 = 2\,219 \text{ fr. } 029.$

Le cultivateur dépense en tout :

$$2\,219 \text{ fr. } 03 + 5\,542 \text{ fr. } + 7\,372 \text{ fr. } 40 = 15\,133 \text{ fr. } 43$$

Il a été récolté, en blé, $26 \text{ Hl. } \times 37,5384 = 975 \text{ Hl. } 9984.$

Ce blé a été vendu $21 \text{ fr. } 4 \times 975,9984 = 20\,886 \text{ fr.} 365.$

Il a eu, en paille, $\qquad 42 \times 37,5384 = 1\,576^{quint},6128,$

qui ont été vendus $\dfrac{157\,661,28 \times 19}{5 \times 100} = 5\,991 \text{ fr. } 128$

Le *prix total* de la récolte est donc

$$20\,886,365 + 5\,991,128 \quad \text{ou} \quad 26\,877 \text{ fr. } 493$$

Et le *bénéfice* : $26\,877 \text{ fr. } 493 - 15\,133 \text{ fr. } 43 \text{ ou } 11\,744 \text{ fr. } 06.$

389. *Trouver les dimensions de l'hectolitre en bois, sachant que, d'après la loi, son diamètre égale sa hauteur.*

On aura $\dfrac{\pi D^2}{4} \times H = 100 \text{ lit.} ;$ or $D = H;$ donc :

$$\frac{\pi D^3}{4} = 100 \text{ lit.}$$

$$D = \sqrt[3]{\frac{400}{\pi}} = 5,031$$

(D est exprimé en décimètres.)
La profondeur et le diamètre ont donc $0^m,5031.$

390. *Une usine a consumé, dans un an, 4 836 470 kg. de houille. Quel est le volume qu'occupait cette houille dans la mine, sachant que le mètre cube de houille en morceaux ne* représente que les $\frac{6}{11}$ de mètre cube de houille en roche ; la houille en morceaux pèse 81 kg. l'hectolitre.

Le poids d'un mètre cube de houille sera : 810 kg.

Le volume de la houille en morceaux sera : $\dfrac{4\,836\,470}{810}$.

Celui de la houille en roche sera : $\dfrac{4\,836\,470 \times 6}{810 \times 11}$, soit

$$3\,256^{\text{mc}},885^{\text{dm-c}}$$

391. *On a un vase qui a été fabriqué pour servir de litre ; mais il manque à sa hauteur et à son diamètre 0,005 ; de combien sa contenance diffère-t-elle de la contenance du litre ? D'après la loi, ce vase doit avoir pour diamètre 0 m. 086 et une hauteur double.*

Le litre ayant la forme d'un cylindre, la formule qui donne sa solidité est :

$$V = \pi R^2 H = \pi \times \left(\frac{0,086}{2}\right)^2 \times 0,172$$

Les dimensions du vase en question donnent pour volume :

$$\pi \times \left(\frac{0,086 - 0,005}{2}\right)^2 \times (0,172 - 0,0005) = 0^{\text{dm-c}},860$$

Il manque donc à ce vase

$$1 \text{ lit.} - 0 \text{ lit. } 860 \text{ ou } 0 \text{ lit. } 140$$

392. *La consommation annuelle de houille en France s'élève environ à 70 millions de quintaux métriques, que l'on estime à 1 fr. 35 l'hectolitre, du poids de 82 kg. La France n'en produit guère que les $\frac{2}{3}$: quelle somme représente l'importation de la houille étrangère ?*

Prix de la houille consommée :

$$\frac{1 \text{ fr. } 35 \times 100 \times 70\,000\,000}{82}$$

La valeur de la houille importée en sera le tiers, ou

$$\frac{1,35 \times 100 \times 70\,000\,000}{82 \times 3} = 38\,414\,634 \text{ fr. } 15$$

393. *Le poids d'un corps s'obtient en multipliant son volume par sa densité, pourvu que l'on prenne pour unité du poids le poids de l'eau contenue dans l'unité de volume. D'après* *cela, exprimer en grammes le poids de 3 dm. c 750 cm. c. d'eau, d'huile, de mercure, de fer et de platine, les densités respectives de ces corps étant 1; 0,91; 13,59; 7,778 et 21,50.*

1$^{dm.c}$ d'eau pèse 1^{kg} — 3$^{dm.c}$,750 pèseront 1 $\times$ 3,750 ou 3^{kg},750

1$^{dm.c}$ d'huile » 0^{kg},91 »   »   0,91 $\times$ 3,750 ou 3^{kg},4125

de même 3$^{dm.c}$,750 de mercure   » 13,59 $\times$ 3,750 ou 50^{kg},9625

   »   3$^{dm.c}$,750 de fer   »   7,778 $\times$ 3,750 ou 29^{kg},1675

   »   3$^{dm.c}$,750 de platine   » 21,50 $\times$ 3,750 ou 80^{kg},625

394. *Réciproquement. Trouver, à un millimètre cube près, le volume occupé par un poids de 5 kg. 327 gr. de chacun de ces corps.*

Le volume de 5 kg. 327 de chacun de ces corps sera :

Eau   5 dm. c. 327 cm. c.

Huile $\dfrac{5,327}{0,91}$, ou 5 dm. c. 853 cm. c. 863 mm.c.

Mercure $\dfrac{5,327}{13,59}$, ou 0 dm. c. 391 cm. c. 972 mm.c.

Fer $\dfrac{5,327}{7,778}$, ou 0 dm. c. 684 cm. c. 871 mm.c.

Platine $\dfrac{5,327}{21,5}$, ou 0 dm. c. 247 cm. c. 767 mm.c.

395. *Sous un volume égal, l'eau pèse 770 fois plus que l'air. On demande le poids de l'air contenu dans une chambre de 348 m. c.*

Le poids de 348 m. c. d'eau sera 348 000 kg., et celui du même volume d'air sera $\dfrac{348\,000}{770} = 451$ kg. 948 gr.

396. *Un corps plongé dans un fluide perd de son poids une partie égale au poids du volume du fluide qu'il déplace; d'après cela on demande le volume, à un centimètre cube près, d'un fragment de fonte qui, dans l'air, perd 12 gr. 75 de son poids dans le vide.*

D'après le problème précédent, on a pour le poids d'un litre d'air $\dfrac{1}{770}$ ou 1 gr. 298; le volume du corps sera donc

$$\frac{12.75}{1,298} = 9 \text{ dm. c. } 817 \text{ cm. c.}$$

Remarque. Si l'on prenait pour le poids d'un litre d'air 1 gr. 293, on trouverait

$$9 \text{ dm. c. } 860 \text{ cm. c.}$$

résultat plus exact que le précédent.

397. *Quel est le poids de l'air déplacé par un morceau de cuivre pesant 56 kg. 32 dans le vide, sachant que sa densité est 8,80 ?*

Le volume de ce corps est $\dfrac{56,32}{8,80} = 6$ dm. c. 4.

Le poids de l'air déplacé sera $6,4 \times 1,293$ soit 8 gr. 275.

398. *Combien faudra-t-il de litres d'eau de mer pour peser un quintal métrique, sachant que l'eau de mer pèse $\dfrac{26}{1\,000}$ de plus que l'eau douce.*

Le litre d'eau de mer pesant 1 kg. 026, pour faire un quintal, il en faudra 100 : 1,026, soit 97 lit. $\dfrac{478}{1\,026}$.

399. *Sachant que l'eau, en se congelant, augmente de $\dfrac{1}{15}$ de son volume, dites quel serait le volume de la glace qui pèserait autant que 25 000 fr. en or.*

Un dm. c. d'eau douce donne $\dfrac{16}{15}$ de dm. c. de glace, dont la densité sera

$$1 \text{ kg.} \times \dfrac{15}{16} = 0 \text{ kg. } 9375$$

Le poids de 25 000 fr. en or est de $\dfrac{25\,000}{3,10}$ gr., puisque 1 gr. vaut 3 fr. 10.

La glace qui aurait même poids que les 25 000 fr. aura pour volume $\dfrac{25\,000}{3,10} : 0,9375$, soit 8 dm. c. 602 cm. c.

400. *Quelle est la force ascensionnelle d'un ballon de 250 m. c. que l'on a rempli d'air chaud pesant $\dfrac{80}{100}$ de l'air froid, en supposant le poids du ballon et des agrès de 34 kg. 520 gr.*

D'après le problème n° 395, un mèt. cube d'air pèse $\dfrac{1\,000}{770}$, et d'après l'ex. 396°, le ballon perd de son poids

$$\dfrac{1\,000}{770} \times 250, \quad \text{soit} \quad 324 \text{ kg. } 67.$$

Le poids de l'air chaud n'étant que les 0,8 de l'air froid, est $324,67 \times 0,8$. La force ascensionnelle sera donc :

$$324,67 - (324,67 \times 0,8 + 34,520) \text{ ou } 30 \text{ kg. } 414$$

Remarque. Si l'on prend pour le poids de l'air 1,293, on trouve 30 kg. 130.

401. *Trouver la force ascensionnelle du même ballon rempli : 1° avec du gaz d'éclairage, dont la densité égale 0,529 de celle de l'air; 2° avec de l'hydrogène, dont la densité égale 0,0693 de celle de l'air. (On prendra 1 gr. 30 pour le poids d'un litre d'air.)*

Le ballon rempli de gaz d'éclairage pèsera

$$325 \times 0,529 + 34,520 \quad \text{ou} \quad 206 \text{ kg. } 445$$

en prenant 1 gr. 30 pour poids du litre d'air.

Sa force ascensionnelle sera donc

$$325 - 206,445 = 118 \text{ kg. } 555$$

Avec de l'hydrogène, le ballon pèsera :

$$325 \times 0,0693 + 34,520 = 57 \text{ k. } 0425$$

Sa force ascensionnelle sera

$$325 - 57,0425 \quad \text{ou} \quad 267 \text{ kg. } 9575$$

402. *Un mètre cube de gaz d'éclairage produit en brûlant 1 m. c. $\frac{1}{2}$ environ d'acide carbonique. Trouver, en grammes, le poids de l'acide carbonique produit par un lustre contenant 6 becs qui brûlent pendant 5 heures, sachant que chaque bec brûle environ 140 l. de gaz à l'heure, la densité de l'acide carbonique étant 1,529 de celle de l'air.*

Les 6 becs brûlent en 5 heures $140 \times 6 \times 5 = 4\,200$ lit. et produisent $4\,200 \times 1,5 = 6\,300$ dm. c. d'acide carbonique, dont le poids sera $1 \text{ gr. } 3 \times 1,529 \times 6\,300$ ou $12\,522 \text{ gr. } 51.$

Remarque. Si on prenait 1,293 pour le poids d'un litre d'air, on trouverait 12 455 gr.

403. *Trouver la densité de l'alliage dont se compose la nouvelle monnaie de bronze, sachant que la densité du cuivre est 8,85, celle de l'étain 7,29, et celle du zinc 7,19.*

Sur 100 gr. de cet alliage, il y a :

95 gr. de cuivre, dont le volume est $\dfrac{95}{8,85} = 10$ cm. c. 734

4 gr. d'étain   « $\dfrac{4}{7,20} = 0,$ 548

1 gr. de zinc   « $\dfrac{1}{1,19} = 0,$ 139

Le volume de 100 gr. de cet alliage est donc   11 c. c. 421

et, par suite, sa densité $\left(\dfrac{P}{V}\right)$ sera $\dfrac{100}{11,421} = 8,75.$

404. *Supposant qu'un kilogramme d'or pèse les $\dfrac{949}{1\,000}$ de son poids dans l'eau, et un kg. d'argent $\dfrac{905}{1\,000}$, on demande combien il y a d'or et d'argent dans un lingot de 63 kg., qui pèse 58 kg. 027 dans l'eau.*

Supposons que les 63 kg. d'alliage soient de l'argent pur, ils pèseraient dans l'eau $\dfrac{63 \times 905}{100}$ ou 57 kg. 015.

Il manquerait donc, pour égaler le poids donné,
$$58,027 - 57,015 = 1\,012 \text{ gr.}$$

D'après l'énoncé, 1 kg. d'or pèse 949 gr. dans l'eau, et 1 kg. d'argent, 905 ; donc, chaque fois qu'on substitue, dans cet alliage, 1 kg. d'or à 1 kg. d'argent, il y a, dans le poids accusé dans l'eau, une augmentation de $949 - 905$, soit 44 gr.

Il faut arriver à une augmentation de 1012 gr. ; donc le nombre de kg. d'or à ajouter, qui est celui existant dans l'alliage, sera
$$\dfrac{1\,012}{44} = 23 \text{ kg.}$$

Le nombre de kg. d'argent sera $63 - 23 = 40$ kg.

405. *On a trois lingots d'argent : le 1ᵉʳ, au titre de 0,800, pèse 1200 gr. ; le 2ᵉ, au titre de 0,920, pèse 750 gr. ; le 3ᵉ, au titre de 0,950, pèse 1100 gr. On les fond ensemble ; on demande le titre de l'alliage.*

Poids de l'argent contenu dans chaque lingot :
$$1\,200 \times 0,800 = 960 \text{ gr.}$$
$$750 \times 0,920 = 690 \text{ gr.}$$
$$1\,100 \times 0,950 = 1\,045 \text{ gr.}$$

Le poids total de l'argent pur sera 2 695.

Le poids total de l'alliage sera $1\,200 + 750 + 1\,100 = 3\,050$ gr.

Le titre sera (n° 340) $\dfrac{2\,695}{3\,050} = 0{,}883$.

406. *On fond trois lingots d'or aux titres de 0,920, 0,880 et 0,800; les poids respectifs sont 2 500 gr., 1 200 gr. et 1 500 gr. On demande la quantité de cuivre qu'il faudra y ajouter ou retrancher pour ramener l'alliage au titre de 0,900, en supposant, pour ce dernier cas, l'opération possible.*

Poids de l'argent pur contenu dans chacun des lingots :

$$2\,500 \times 0{,}920 = 2\,300 \text{ gr.}$$
$$1\,200 \times 0{,}880 = 1\,056 \text{ gr.}$$
$$1\,500 \times 0{,}800 = 1\,200 \text{ gr.}$$

Poids total de l'argent pur : 4 556 gr.

Poids total de l'alliage : $2\,500 + 1\,200 + 1\,500 = 5\,200$.

Poids du cuivre : $5\,200 - 4\,556 = 644$ gr.

Ce lingot devant être au titre 0,9, le cuivre qu'il renferme ne doit être que le $\dfrac{1}{9}$ du poids de l'argent, soit :

$$\frac{4\,556}{9} \quad \text{ou} \quad 506 \text{ gr. } 222$$

Il faudrait donc, si cela était possible, retrancher

$$644 - 506{,}222 \quad \text{ou} \quad 137 \text{ gr. } 778 \text{ de cuivre.}$$

407. *Combien pourrait-on faire de nouvelles pièces de 1 fr. avec 4 000 fr. des anciennes au titre de 0,900, en y ajoutant du cuivre.*

Poids des 4 000 pièces : $5 \text{ gr.} \times 4\,000 = 20\,000$ gr.

Poids de l'argent pur : $20\,000 \times 0{,}9 = 18\,000$ gr.

Poids des nouvelles pièces contenant 0,835 d'argent pur :

$$\frac{18\,000}{0{,}835} = 21\,556$$

Nombre de pièces de 1 fr. : $\dfrac{21\,556}{5}$ ou 4 311 pièces; il reste 1 gr., dont on pourra faire une pièce de 0 fr. 20.

408. *Quelle serait la valeur intrinsèque d'une fausse pièce de 5 fr. au titre de 0,800?*

Dans l'estimation des monnaies d'argent, la valeur du cuivre étant négligée, les $\frac{9}{10}$ du poids d'une pièce représentent une valeur de 5 fr.; un dixième de ce poids vaut $\frac{5}{9}$ de franc.

La pièce ci-dessus mentionnée ayant $\frac{8}{10}$ de fin, sa valeur intrinsèque est

$$\frac{5}{9} \times 8 = 4 \text{ fr. } 44$$

409. *Quelle somme, en pièces de 5 fr. en argent, renferme autant de cuivre que 1 fr. en bronze.*

Un franc en bronze pèse 100 gr. et renferme 95 gr. de cuivre. La somme d'argent au titre de 0,9, qui contient 95 gr. de cuivre, pèse $95 \times 10 = 950$ gr. Sa valeur égale $\frac{950}{5}$ ou 190 fr.

410. *En supposant que le cuivre vaille 17 fr. le décimètre cube, dites quelle serait la valeur du cuivre contenu dans 5 milliards en or, la densité du cuivre étant 8,80.*

5 milliards en or pèsent $\frac{5\,000\,000\,000}{3,10}$ gr.

Le poids du cuivre en est le dixième, soit $\frac{5\,000\,000\,000}{31}$ en gr.

Son volume $\frac{5\,000\,000\,000}{31 \times 8,80}$ en cm. c. ou $\frac{5\,000\,000}{31 \times 8,80}$ en dm. c.

Sa valeur $17 \times \frac{5\,000\,000}{31 \times 8,80} = 311\,583$ fr. 5

411. *Quel est le poids de la série totale des pièces françaises.*

OR		ARGENT		BRONZE	
fr.	gr.	fr.	gr.	fr.	gr.
100	32,258	5	25	0,10	10
50	16,129	2	10	0,05	5
20	6,4516	1	5	0,02	2
10	3,2258	0,50	2,5	0,01	1
5	1,6129	0,20	1		
	59,6773		43,5		18

Total : 121 gr. 177.

412. *On dissout 8 gr. de sel dans 91 centil. d'eau ; on en-*
lève alors 245 cent. cubes du liquide, et on le remplace par de
l'eau pure ; on fait la même opération une seconde fois : com-
bien restera-t-il de sel dans le liquide ?

Un cm. c. du liquide contient $\frac{8}{910}$ gr. de sel ; les 245 cm. c. que

l'on enlève contiennent donc $8 \times \frac{245}{910}$ de sel, et il en reste

$8 \times \frac{665}{910}$; chaque fois, on enlève les $\frac{245}{910}$ de ce que contient la

dissolution, il en restera donc les $\frac{665}{910}$; par suite, on aura :

$$8 \times \frac{665}{910} \times \frac{665}{910} = 8 \times \left(\frac{665}{910}\right)^2 = 4^{gr},272$$

413. *La densité du cuivre étant 8,80, celle du zinc 7,19 et*
celle de l'étain 7,29 ; quel est le volume d'une pièce de 0,10, en
admettant qu'il n'y ait ni contraction ni dilatation, dans la
fonte de ces métaux ?

Une pièce de 10 centimes pèse 10 gr. Dans ce poids il y a
9 gr. 5 de cuivre, 0 gr. 4 d'étain et 0 gr. 1 de zinc ; divisant le
poids par la densité, on a le volume, donc

$$\text{Volume de cuivre} = \frac{9.5}{8,80} = 1,0795$$

$$\text{« \quad étain} = \frac{0,4}{7,29} = 0,0548$$

$$\text{« \quad zinc} = \frac{0,1}{7,19} = 0,0139$$

$$\text{Volume total} = 1,1482$$

c'est-à-dire 1 cent. cube et 148 mm. c.

414. *Sachant qu'une livre sterling pèse 7 gr. 988 et vaut*
25 fr. 221, trouver son titre.

Un gramme d'or pur vaut 3 fr. 444 ; le poids de l'or pur con-
tenu dans une livre sterling sera $\frac{25,221}{3,444}$ ou 7 gr. 323 ; par suite,

le titre est $\frac{7.323}{7,988} = 0,9167$, ou $0,916\frac{2}{3}$.

415. *On a dans une caisse 11 kg. 750 gr. en monnaie d'or*
et d'argent : sachant que la somme en argent est le $\frac{1}{8}$ de celle
en or, on demande quelles sont les deux sommes.

Pour 1 fr. en argent, il y en a 8 en or.

1 fr. en argent et 8 en or pèsent $5 + \dfrac{5 \times 8}{15,5}$ ou $\dfrac{235}{31}$ de gr.

La somme en argent sera donc de $\dfrac{11\,750 \times 31}{235}$ ou 1 550 fr.;

par suite, la somme sera de $1\,550 \times 8$ ou 12 400 fr.

416. *Les ouvrages d'or et d'argent doivent être contrôlés et poinçonnés; ceux d'argent payent 1 fr. par hectogramme, plus 1 décime $\dfrac{1}{2}$ par franc; ceux d'or, 20 fr. par hectog., plus 1 décime $\dfrac{1}{2}$ par franc. Combien doit-on payer : 1° pour le contrôle d'un ciboire de 420 gr. en argent; 2° pour un calice de 315 gr. 750 en or.*

Le contrôle et le poinçonnage du ciboire coûteront

$$4 \text{ fr. } 20 + 4,20 \times 0,15 = 4 \text{ fr. } 83, \text{ soit } 4,85.$$

Le contrôle et le poinçonnage du calice coûteront

$$3,1575 \times 20 + 3,1575 \times 20 \times 0,15 = 72 \text{ fr. } 6225, \text{ soit } 72,65$$

417. *En 1874, on a fabriqué en France pour 24 319 700 fr. de pièces de 20 fr. en or. On demande : 1° le volume de l'or et du cuivre employés à cette fabrication, sachant que leurs densités sont 19,36 et 8,88; 2° la longueur que l'on pourrait faire en arrangeant ces pièces en ligne droite les unes à côté des autres.*

Le poids total de la somme fabriquée est

$$24\,319\,700 : 3,10 = 7\,845\,064 \text{ gr. } 516$$

Le poids du cuivre, qui est $\dfrac{1}{10}$, sera 784 506,4516.

Le poids de l'or, qui est les $\dfrac{9}{10}$, sera 7 060 558,0644.

Le volume de l'or sera

$$7\,060,558\,064\,4 : 19,36 = 364 \text{ dm. c. } 698 \text{ cm. c.}$$

Le volume du cuivre sera

$$783,506\,451\,6 : 8,88 = 88 \text{ dm. c. } 348 \text{ cm. c.}$$

Le nombre des pièces étant $\dfrac{24\,319\,700}{20} = 1\,215\,985$, la longueur que l'on pourra faire sera

$$1\,215\,985 \times 21 = 25\,535^{\mathrm{m}},685^{\mathrm{mm}}$$

418. *En 1874, on a fabriqué, en France, pour 59 996 010 fr. de pièces de 5 fr. en argent, et pour 613 978,50 de pièces de 0,50; on demande la somme que l'on aurait pu faire si l'on n'avait fabriqué que des pièces de 5 fr., et celle que l'on aurait pu faire si l'on n'avait fabriqué que des pièces divisionnaires.*

Les 613 978 fr. 50, en pièces de 5 fr., c'est-à-dire au titre de $\frac{9}{10}$, auraient donné $\frac{613\,978,50 \times 835}{900} = 569\,635$ fr. 61.

Donc on aurait fabriqué, en pièces de 5 fr., pour

59 996 010 + 569 635,61 = 60 565 645 fr.; il reste 2 gr. 7375.

Les 59 996 010 fr., en pièces divisionnaires, auraient donné

$$59\,996\,010 \times \frac{900}{835} = 64\,666\,358 \text{ fr.}$$

Donc on aurait fabriqué, en pièces divisionnaires, pour

64 666 358 + 613 978,50 = 65 280 336 fr.; il reste 35 centigr.

419. *Quelle somme ferait-on avec un lingot d'argent pur de 0 dm. c. 340 cm. c., la densité étant 10,47? En supposant : 1° que l'on fabrique des pièces de 5 fr.; 2° des pièces divisionnaires.*

Le poids de l'argent pur étant $10,470 \times 340 = 3$ kg. 5598, ou 3 559 gr, 8, le poids total, au titre de $\frac{9}{10}$, sera

$$\frac{3\,559,8 \times 10}{9} = 3\,955,333$$

ce qui donne $\frac{3\,555,333}{5}$ ou 790 fr. en pièces de 5 fr., avec un reste. Au titre de 0,835, ce poids sera $\frac{3\,559.8 \times 1\,000}{835} = 4\,263,23$ qui donneraient 852 fr. 50, avec un reste.

420. *D'après l'Annuaire du Bureau des longitudes, on a fabriqué, en France, depuis l'établissement du système métrique jusqu'au 31 décembre 1874, pour 7 768 840 400 fr. de monnaie d'or. On demande, à un millimètre près, le rayon de la sphère qui aurait même volume que cette somme, sachant que la densité de l'or est 19,36 et celle du cuivre 8,88.*

Un kilogramme d'or monnayé valant 3 100 fr., le poids de la somme fabriquée sera $\frac{7\,768\,840\,400}{3\,100} = 2\,506\,077$ kg. 548

Le poids du cuivre sera $\dfrac{2\,506\,077,548}{10}$ ou 250 607,7548.

Le poids de l'or sera 250 607,7548 $\times$ 9 ou 2 255 469,793.

Le volume du cuivre sera $\dfrac{250\,607,7548}{8,88} = 28\,221$ dm. c. 594.

Le volume de l'or sera $\dfrac{2\,255\,469,793}{19,36} = 116\,501$ dm. c. 538.

Le volume total $= 116\,501,538 + 28\,221,594 = 144\,723,132$ ou bien 144 m. c. 723 132 cm. c. En représentant par D le diamètre de la sphère, on a

$$\frac{1}{6}\pi D^3 = 144,723132 \quad \text{d'où} \quad D = \sqrt[3]{\frac{144,723132 \times 6}{\pi}}$$

$$D = 6^m,54 ; \text{ par suite, } R = 3^m,257^{mm}$$

421. *On a fabriqué en France, pendant ce même temps, pour 5 129 855 824,60 de monnaie d'argent. On demande quelle hauteur il faudrait donner à une colonne cylindrique qui aurait 3 m. 50 de rayon pour que son volume fût le même que celui de la somme fabriquée. On supposera le titre $\dfrac{9}{10}$ et la densité de l'argent 10,50, celle du cuivre 8,88.*

Le poids total est de 5 129 855 824,6 $\times$ 5 $= 25\,649\,279$ kg. 123; celui du cuivre est de 2 564 927 kg. 9123; celui de l'argent 2 564 927,9123 $\times$ 9 ou 23 084 351 kg. 2107.

Le volume du cuivre est de

$$\frac{2\,564\,927,9123}{8,88} = 288\,843 \text{ dm. c. } 233 \text{ cm. c.}$$

Le volume de l'argent est de

$$\frac{23\,084\,351,2107}{10,5} = 2\,198\,509 \text{ dm. c. } 639 \text{ cm. c.}$$

Le volume total est de

$$2\,198\,509,639 + 288\,843,233 = 2\,487\,352,872$$

ou bien   2 487 m. c. 352 872 cm. c.

Le volume du cylindre étant $V = \pi r^2 h$, on a $h = \dfrac{V}{\pi r^2}$; or

$$\pi r^2 = 3,5 \times 3,5 \times 3,1416 = 38,4846$$

par suite, $h = \dfrac{2\,487,352\,872}{38,4846} = 64$ m. 632 mm.

CHAPITRE II

Des nombres complexes.

EXERCICES SUR LES NOMBRES COMPLEXES

422. *Combien y a-t-il de secondes dans les arcs suivants?*
1° 15° 35′ 45″   2° 123° 12′ 56″

1° $15° \times 60 = 900′$; $(900 + 35) \times 60 = 56\,100″$

Rép. $56\,100 + 45 = 56\,145″$

2° $123° \times 60 = 7\,380$; $(7\,380 + 12) \times 60 = 443\,520″$

Rép. $443\,520 + 56 = 443\,616″$

423. *Combien y a-t-il de jours, d'heures, de minutes et de secondes dans les* $\frac{9}{11}$ *d'une année?*

Les $\frac{9}{11}$ de 365 sont 298 jours 15 heures 16 minutes et 22 secondes.

424. *Combien y a-t-il de degrés, minutes et secondes dans*
1° 25 347″   2° 147 349″

1° 25 347″ valent 7° 2′ 27″.

2° 147 349″ valent 40° 55′ 49″.

425. *Combien de jours, d'heures, de minutes et de secondes dans 7 632 092 secondes?*

Dans 7 632 092 secondes, il y a 88 jours 8 heures 1 minute et 32 secondes; il suffit d'appliquer la règle du n° 363.

426. *Faire les additions suivantes :*

	17° 56′ 47″	8ʲ 17ʰ 45ᵐ 13ˢ
	33° 29′ 50″	12ʲ 10ʰ 17ᵐ 29ˢ
	105° 23′ 47″,5	135ʲ 2ʰ 29ᵐ 47ˢ
On a	156° 50′ 24″,5	156ʲ 6ʰ 32ᵐ 29ˢ

427. *Faire les soustractions suivantes :*

$$217° \ 15' \ 37'' \qquad 18^j \ 17^h \ 45^m$$
$$109° \ 12' \ 42'' \qquad 12^j \ 19^h \ 52^m$$

On a $\qquad\quad 108° \ 2' \ 55'' \qquad\ 5^j \ 21^h \ 53^m$

428. *Trouver un arc 47 fois plus grand que l'arc de 57° 17' 44''.*

Réduisant tout en secondes, on aura :

$$\big[(57 \times 60) + 17\big] \times 60 + 44 = 206\,264''$$

et $\qquad\qquad\qquad 206\,264 \times 47 = 9\,694\,408''$

Réduisant en nombre complexe, on trouve **2 692° 53' 28''**.

Remarque. On aurait aussi pu opérer comme au n° 366.

429. *Quel est le nombre de degrés, minutes et secondes de l'arc qui est, 1° la 17° partie, 2° la 23° partie de la circonférence ?*

1° La 17° partie de la circonférence sera $\dfrac{360}{17} = 21° \ 10' \ 35'',3.$

2° La 23° « $\dfrac{360}{23} = 15° \ 39' \ 7'',8.$

430. *En se servant de la méthode des parties aliquotes, faire le produit de 5° 13' 35'' par 3^h 26^m 40^s.*

Le produit demandé est égal à tout le multiplicande multiplié par tout le multiplicateur considéré comme abstrait. On aura, en décomposant le multiplicateur,

$$5° \ 13' \ 35''$$
$$3^h \ 26^m \ 40^s$$

$15° \ 40' \ 45''$ produit par 3 heures.

$1° \ 44' \ 31'' \ \dfrac{2}{3}$ produit par 20^m ou $\dfrac{1}{3}$ d'heure.

$31' \ 21'' \ \dfrac{1}{2}$ produit par 6^m ou $\dfrac{1}{10}$ d'heure.

$2' \ 36'' \ \dfrac{19}{24}$ produit par 30^s ou $\dfrac{1}{2}$ d'une minute ou $\dfrac{1}{12}$ de 6^m.

$52'' \ \dfrac{19}{72}$ produit par 10^s ou $\dfrac{1}{3}$ de 30^s.

$18° \ 0' \ 7'' \ \dfrac{2}{9}$ produit total.

431. *La température moyenne s'accroît de 1 degré centi-
grade toutes les fois que l'on descend de 28 m. dans l'intérieur
de la terre. On demande d'après cela quelle doit être la température de l'eau qui sort du puits artésien de Grenelle (Paris),
en supposant que la température moyenne du sol, à la surface de la terre, soit de 11 degrés, et que la profondeur du
puits soit de 540 m.*

La température demandée est $\dfrac{540}{28}$ ou 19° 17′ 8″,6, plus 11°,
soit 30° 17′ 8″,6.

432. *Trouver, à moins d'une lieue métrique (4 000 m.), la
distance de Dunkerque à Barcelone, sachant que ces deux
villes sont situées sur le méridien de Paris et que la différence de leurs latitudes est 9° 39′ 11″.*

9° 39′ 11″ valent 34 751 secondes; 90 degrés, ou 324 000 secondes, valent 10 000 km. ou 2 500 lieues métriques; une seconde vaudra $\dfrac{2\,500}{324\,000}$, et 34 751″ vaudront

$$\frac{2\,500 \times 34\,751}{324\,000} = 268 \text{ lieues.}$$

433. *Un mobile décrit une circonférence en 11 heures; quel
temps a-t-il employé pour décrire un arc de 75° 25′ 37″?*

360 degrés ou 1 296 000 secondes sont décrits en 11 heures;
une seconde le sera en $\dfrac{11}{1\,296\,000}$ et 75° 25′ 37″ ou 271 537″ le

seront en $\dfrac{11 \times 271\,537}{1\,296\,000}$, ou 2 heures 18 minutes et 17 secondes.

434. *Deux mobiles décrivent par minute, sur une circonférence, le 1er un arc de 53′ 25″; le 2e un arc de 3° 25′ 40″;
ils partent d'un même point de la circonférence et la parcourent en sens contraire. Au bout de combien de temps
se rencontreront-ils? Quel arc chacun aura-t-il parcouru?*

Le 1er parcourt   53′ 25″, ou   3 205 secondes;
le 2e   3° 25′ 40″, ou 12 340 secondes; ensemble, ils
parcourent 15 545 secondes; pour parcourir les 1 296 000 secondes de la circonférence, ils emploieront

$$\frac{1\,296\,000}{15\,545} \quad \text{ou} \quad 1^\text{h}\ 23^\text{m}\ 22^\text{s},25$$

Les arcs parcourus par chaque mobile sont :

Pour le 1er, un arc de 74° 13′ 10″ ;

Pour le 2e, un arc de 285° 46′ 49″,67.

435. *Mêmes questions, en supposant que les mobiles aillent dans le même sens.*

Le 2e, dont la vitesse est supérieure, parcourra de plus que le 1er, en une minute, 12 340 — 3 205 ou 9 135 secondes de degré ; il doit faire, pour atteindre le premier, un tour de plus de la circonférence ; le temps qu'il y emploiera sera

$$\frac{1\,296\,000}{9\,135}$$ secondes ou 2h 21m 52s.31

Les arcs parcourus seront :

Pour le 1er, un arc de 126° 18′ 19″,239.

Pour le 2e, un arc de 486° 18′ 19″,24.

436. *On demande la longueur de l'arc du méridien terrestre compris entre les deux tropiques, sachant que chacun d'eux est distant de l'équateur de 23° 27′ $\frac{1}{3}$. On suppose le méridien parfaitement circulaire.*

$$23° \ 27′ \ \frac{1}{3} = 1\,407′ \ \frac{1}{3} = \frac{4\,222}{3} \text{ de minute.}$$

La partie du méridien correspondant à 90° ou 5 400′ est de 10 000 km.; la partie du méridien ayant $\frac{4\,222}{3} \times 2$ minutes,

sera $\dfrac{10\,000 \times 4\,222 \times 2}{5\,400 \times 3} = 5\,212^{km},345$

437. *Deux points situés sur le même méridien sont distants de 57 027 toises. Quel est l'angle des verticales de ces deux points ? Une toise vaut 1 m. 949 et l'on suppose le rayon du méridien égal à 6 366 000 m.*

La partie du méridien comprise entre les deux points a pour longueur 57 027 × 1,949. La longueur d'un demi-méridien est $\pi \times 6\,366\,000$; à cette longueur correspond un angle de 180° ; à la longueur 57 027 × 1,949 correspondra l'angle de

$$\frac{180 \times 57\,027 \times 1,949}{3,1416 \times 6\,366\,000} = 1° \ 0′ \ 1″,23$$

LIVRE VI

DES RAPPORTS ET DE LEURS APPLICATIONS

CHAPITRE I

Proportions

EXERCICES SUR LES PROPORTIONS

438. *Les deux quantités* $\dfrac{\sqrt[3]{2}}{\sqrt{2}}$, $\dfrac{\sqrt[3]{54}}{\sqrt{18}}$ *sont-elles égales ? sont-elles des fractions ?*

Elles sont égales, car on a $\dfrac{\sqrt[3]{54}}{\sqrt{18}} = \dfrac{\sqrt[3]{27 \times 2}}{\sqrt{9 \times 2}} = \dfrac{3\sqrt[3]{2}}{3\sqrt{2}} = \dfrac{\sqrt[3]{2}}{\sqrt{2}}$;

ce ne sont point des fractions, mais des rapports ; car les deux termes d'une fraction sont nécessairement des nombres entiers.

439. *Démontrer que le produit des cinq rapports* $\dfrac{3}{2}$, $\dfrac{15}{10}$, $\dfrac{21}{14}$, $\dfrac{27}{18}$ *et* $\dfrac{45}{30}$ *égale* $\left(\dfrac{3}{2}\right)^5$.

En effet, on a

$$\frac{3}{2} = \frac{3}{2}$$
$$\frac{15}{10} = \frac{3}{2}$$
$$\frac{21}{14} = \frac{3}{2}$$
$$\frac{27}{18} = \frac{3}{2}$$
$$\frac{45}{30} = \frac{3}{2}$$

par suite, multipliant membre à membre, on a :

$$\frac{3}{2} \times \frac{15}{10} \times \frac{21}{14} \times \frac{27}{18} \times \frac{45}{30} = \frac{3}{2} \times \frac{3}{2} \times \frac{3}{2} \times \frac{3}{2} \times \frac{3}{2} = \left(\frac{3}{2}\right)^5$$

440. *On donne* $\dfrac{17}{a} = \dfrac{25}{b} = \dfrac{26}{c} = \dfrac{30}{d}$ *et* a.b.c.d $= 26\,851\,500$; *trouver* a, b, c *et* d.

Puisque les quatre rapports sont égaux, leur produit sera égal à la 4° puissance de l'un quelconque d'entre eux; par suite :

$$\frac{(17)^4}{a^4} = \frac{(25)^4}{b^4} = \frac{(26)^4}{c^4} = \frac{(30)^4}{d^4} = \frac{17 \times 25 \times 26 \times 30}{a \times b \times c \times d} =$$

$$= \frac{17 \times 25 \times 26 \times 30}{26\,851\,500}$$

d'où l'on déduit successivement :

$$a^4 = \frac{26\,851\,500 \times (17)^4}{17 \times 25 \times 26 \times 30} \qquad b^4 = \frac{26\,851\,500 \times (25)^4}{17 \times 25 \times 26 \times 30}$$

$$c^4 = \frac{26\,851\,500 \times (26)^4}{17 \times 25 \times 26 \times 30} \quad \text{et} \quad d^4 = \frac{26\,851\,500 \times (30)^4}{17 \times 25 \times 26 \times 30}$$

Par suite, $a = 51 \quad b = 75 \quad c = 78 \quad$ et $\quad d = 90$

441. *Déterminer les quatre termes d'une proportion continue, sachant que le produit de ces quatre termes est* 4 096, *et que le dernier terme égale* $\dfrac{1}{4}$ *de la somme des moyens.*

Soit la proportion continue $\dfrac{a}{b} = \dfrac{b}{c}$. On a $b^2 = ac$; par suite,

$$b^2 ac = b^4 = 4\,096$$

d'où $\qquad b = \sqrt[4]{4\,096} = \sqrt{\sqrt{4\,096}} = \sqrt{64} = 8$

$$c = \frac{1}{4}(2b) = \frac{1}{4}(16) = 4$$

Mais $b^2 = ac$ donne $a = \dfrac{b^2}{c} = \dfrac{64}{4} = 16$; donc la proportion

est : $\qquad\qquad\qquad \dfrac{16}{8} = \dfrac{8}{4}$

442. *Dans deux proportions, si les extrêmes sont égaux, les moyens sont inversement proportionnels; si les moyens sont égaux, les extrêmes sont inversement proportionnels.*

Soient les proportions

$$\frac{a}{b} = \frac{c}{d} \quad \text{et} \quad \frac{a}{m} = \frac{n}{d}$$

dont les extrêmes sont égaux; je dis que les moyens sont inversement proportionnels.

En effet, on a : $a \times d = b \times c = m \times n$

$$\frac{b}{m} = \frac{n}{c}$$ C. Q. F. D.

La deuxième partie se démontre d'une manière analogue.

443. *Démontrer que la proportion* $\frac{ma + nb}{ma' + nb'}$ *entraîne la proportion* $\frac{a}{a'} = \frac{b}{b'}$, *quels que soient les nombres* m *et* n, *et réciproquement.*

En effet, si l'on a $$\frac{ma + nb}{ma' + nb'} = \frac{a}{a'}$$

on aura aussi $$\frac{ma + nb}{ma' + nb'} = \frac{ma}{ma'}$$

par suite, $\dfrac{ma + nb - ma}{ma' + nb' - ma'} = \dfrac{ma}{ma'}$ ou $\dfrac{nb}{nb'} = \dfrac{ma}{ma'}$

ou enfin $$\frac{a}{a'} = \frac{b}{b'}$$ C. Q. F. D.

Réciproquement, si l'on a $\dfrac{a}{a'} = \dfrac{b}{b'}$ on a aussi

$$\frac{ma}{ma'} = \frac{nb}{nb'} = \frac{a}{a'}$$

par suite, $$\frac{ma + nb}{ma' + nb'} = \frac{a}{a'}$$ C. Q. F. D.

444. *Si l'on a* $\dfrac{a}{b} = \dfrac{c}{d}$ *on en déduit* $\dfrac{a + b}{a - b} = \dfrac{c + d}{c - d}$; *on propose d'établir la première proportion à l'aide de la seconde.*

La proportion $\dfrac{a + b}{a - b} = \dfrac{c + d}{c - d}$ peut s'écrire (399) :

$$\frac{(a + b) + (a - b)}{(a + b) - (a - b)} = \frac{(c + d) + (c - d)}{(c + d) - (c - d)}$$

ou $\dfrac{2a}{2b} = \dfrac{2c}{2d}$ et enfin $\dfrac{a}{b} = \dfrac{c}{d}$ C. Q. F. D.

445. *La somme du plus grand et du plus petit terme d'une proportion est plus grande que la somme des deux autres.*

Soit la proportion $\dfrac{a}{b} = \dfrac{c}{d}$; si a est le plus grand, d sera le plus petit terme; cela posé, on a :

$$\frac{a - b}{a} = \frac{c - d}{c}$$

or a étant plus grand que c, pour que l'égalité existe, il faut
que l'on ait $a - b > c - d$; par suite, $a + d > b + c$.

C. Q. F. D.

446. *Démontrer que chacune des deux proportions*

$$\frac{a}{c} = \frac{a'}{c'} \quad et \quad \frac{ma + nc}{pa - qc} = \frac{ma' + nc'}{pa' - qc'}$$

est une conséquence de l'autre, quels que soient les nombres
m, n, p *et* q.

$1°$ La proportion $\dfrac{ma + nc}{pa - qc} = \dfrac{ma' + nc'}{pa' - qc'}$ peut se déduire

de $\dfrac{a}{c} = \dfrac{a'}{c'}$; en effet, on a :

$$\frac{a}{a'} = \frac{c}{c'} = \frac{ma}{ma'} = \frac{nc}{nc'} = \frac{pa}{pa'} = \frac{qc}{qc'}$$

par suite, on a $\quad \dfrac{a}{a'} = \dfrac{ma}{ma'} = \dfrac{nc}{nc'} = \dfrac{ma + nc}{ma' + nc'}$

$$\frac{a}{a'} = \frac{pa}{pa'} = \frac{qc}{qc'} = \frac{pa - qc}{pa' - qc'}$$

donc $\qquad\qquad \dfrac{ma + nc}{ma' + nc'} = \dfrac{pa - qc}{pa' - qc'}$

et enfin $\qquad\qquad \dfrac{ma + nc}{pa - qc} = \dfrac{ma' + nc'}{pa' - qc'}$ $\qquad$ C. Q. F. D.

$2°$ Réciproquement, de cette dernière proportion on peut déduire $\dfrac{a}{c} = \dfrac{a'}{c'}$. En effet, on a :

$$(ma + nc)(pa' - qc') = (ma' + nc')(pa - qc)$$

effectuant, on a :

$$mpaa' + npca' - mqac' - pqcc' = mpaa' + npac' - mqca' - mqcc'$$
ou $\qquad\qquad ca'(np + mq) = ac'(np + mq)$

par suite, $\qquad ca' = ac'$ et enfin $\dfrac{a}{c} = \dfrac{a'}{c'}$ $\qquad$ C. Q. F. D.

447. *Existe-t-il une proportion telle qu'en ajoutant un
même nombre à ses quatre termes, les résultats soient encore
en proportion?*

Soit la proportion $\dfrac{a}{b} = \dfrac{c}{d}$; on devra avoir :

$$\frac{a + h}{b + h} = \frac{c + h}{d + h}$$

faisant le produit des moyens et des extrêmes, on a :

$$ad + dh + ah + h^2 = bc + bh + ch + h^2$$

et, en réduisant, on a $a + d = b + c$

Posons $\dfrac{a}{b} = \dfrac{c}{d} = q$; d'où $a = bq$ et $c = dq$; remplaçant, il

vient $bq + d = b + dq$ ou $q(b - d) = b - d$

relation qui peut être vérifiée, soit pour $q = 1$, et alors, $a = b$ et $c = d$, soit pour $b - d = 0$, alors $b = d$ et $a = c$; par suite, la proportion donnée devient :

$$\frac{a}{a} = \frac{c}{c} \quad \text{ou} \quad \frac{a}{b} = \frac{a}{b}$$

On voit qu'il n'y a qu'une proportion *identique* qui jouisse de la propriété énoncée.

448. *Trouver la condition nécessaire et suffisante pour qu'en ajoutant deux proportions terme à terme, on obtienne une nouvelle proportion.*

Soient les deux proportions $\dfrac{a}{b} = \dfrac{c}{d}$ et $\dfrac{a'}{b'} = \dfrac{c'}{d'}$; si on les

ajoute terme à terme, on aura :

$$\frac{a + a'}{b + b'} = \frac{c + c'}{d + d'} \tag{1}$$

si cette proportion existe, on doit trouver

$$ad + da' + ad' + a'd' = bc + bc' + cb' + b'c' \tag{2}$$

par suite, à cause des proportions données, on a :

$$da' + ad' = cb' + bc' \tag{3}$$

Posons $\dfrac{a}{b} = \dfrac{c}{d} = q$ et $\dfrac{a'}{b'} = \dfrac{c'}{d'} = q'$

d'où $a = bq, \quad c = dq, \quad a' = b'q', \quad c' = d'q'$

Substituant dans (3), on trouve :

$$bd'q + b'dq' = bd'q' + b'dq$$

ou $q(bd' - b'd) = q'(bd' - b'd)$

relation qui peut être vérifiée, soit pour $q = q'$, d'où

$$\frac{a}{b} = \frac{a'}{b'} \quad \text{et} \quad \frac{c}{d} = \frac{c'}{d'}$$

soit pour $bd' = db'$, d'où

$$\frac{b}{d} = \frac{b'}{d'} \quad \text{et} \quad \frac{a}{c} = \frac{a'}{c'}$$

ce qui, au fond, est la même chose.

Réciproquement, si cette relation existe, la propriété en question subsistera; car l'égalité (3) entraîne l'égalité (2), et celle-ci, la proportion (1).

449. *Trois nombres* a, b *et* c *sont en proportion harmonique quand la différence entre les deux premiers est à la différence des deux derniers comme le premier est au troisième, c'est-à-dire que l'on a* $\dfrac{a-b}{b-c} = \dfrac{a}{c}$. *D'après cela, démontrer que l'inverse de la moyenne harmonique* b *est égale à la demi-somme des inverses des deux extrêmes* a *et* c.

De la proportion $\dfrac{a-b}{b-c} = \dfrac{a}{c}$, on tire successivement :

$$ac - bc = ab - ac$$

ou $\qquad 2ac = bc + ab \qquad \dfrac{ac}{b(c+a)} = \dfrac{1}{2}$

$$\frac{\frac{1}{b} \times ac}{c+a} = \frac{1}{2} = \frac{\frac{1}{b}}{c+a} \times \frac{1}{\frac{1}{ac}} = \frac{\frac{1}{b}}{\frac{c+a}{ac}} = \frac{b}{\frac{1}{a} + \frac{1}{c}}$$

$$\frac{1}{b} = \frac{1}{2}\left(\frac{1}{a} + \frac{1}{c}\right) \qquad \text{C. Q. F. D.}$$

450. *Une grandeur proportionnelle à plusieurs autres est proportionnelle à leur produit.*

Supposons d'abord la grandeur A, proportionnelle à deux autres grandeurs, B et C; et soient a, b, c et a', b', c', deux séries correspondantes de valeurs, on aura :

$$\frac{a}{a'} = \frac{b \times c}{b' \times c'}$$

En effet, supposons que la grandeur C reste constante et égale à c et que B prenne la valeur b', alors A prendra une valeur a_1 différente de a'; par suite, on aura :

$$\frac{a}{a_1} = \frac{b}{b'} \tag{1}$$

De même, si B reste constant et égal à b', et si, en même temps, C prend la valeur c', alors A prendra la valeur correspondante a', et on aura :

$$\frac{a_1}{a'} = \frac{c}{c'} \tag{2}$$

multipliant membre à membre, on obtient :

$$\frac{a}{a'} = \frac{b \times c}{b' \times c'} \qquad\qquad \text{C. Q. F. D.}$$

Supposons maintenant un nombre quelconque de grandeurs

$$A, B, C, D, E, \text{etc.}$$

puisque A varie proportionnellement à B et à C, il variera aussi proportionnellement à $B \times C$.

Si A varie proportionnellement à $B \times C$ et à D, il variera aussi proportionnellement à $B \times C \times D$, et ainsi de suite.

450 bis. *Si une grandeur est directement proportionnelle à deux autres, la première ne variant pas, les deux autres seront inversement proportionnelles.*

Soit A une grandeur directement proportionnelle à deux autres grandeurs B et C.

Soient b et c les valeurs correspondantes de B et C lorsque $A = a$; supposons que A conserve sa valeur constante a, que l'on donne à B la valeur b_1, et que C ait pour valeur correspondante c_1; du théorème précédent, nous déduisons :

$$\frac{a}{a} = \frac{b \times c}{b_1 \times c_1}$$

ou bien

$$\frac{1}{1} = \frac{b \times c}{b_1 \times c_1}$$

par suite, $\qquad b \times c = b_1 \times c_1 \quad$ ou $\quad \dfrac{b}{b_1} = \dfrac{c_1}{c}$

donc les quantités B et C sont inversement proportionnelles.

450 ter. *Si une grandeur est directement proportionnelle à une seconde grandeur et inversement proportionnelle à une troisième, la première ne variant pas, les deux autres seront directement proportionnelles*

Soit A une grandeur directement proportionnelle à B et inversement proportionnelle à C, ou bien directement proportionnelle aux grandeurs B et $\dfrac{1}{C}$, nous aurons (théorème précédent) les

deux quantités B et $\dfrac{1}{C}$, pour une même valeur de A, inversement proportionnelles; et, par suite, B et C seront directement proportionnelles. $\qquad\qquad$ C. Q. F. D.

CHAPITRE II

Applications.

———

EXERCICES [1]

451. *Un pendule fait 186 oscillations en 4 minutes $\frac{1}{3}$; combien en fera-t-il en 18 minutes 50 secondes?*

En 4^{m} 20^{s} ou 260^{s}, il fait   168 oscillatious;

$$\text{en } 1^{\mathrm{s}} \text{ il fera } \quad \frac{168}{260}$$

et en 18^{m} 50^{s} ou $1\,130^{\mathrm{s}}$, $\dfrac{168 \times 1\,130}{260} = 808 \text{ oscill. } \dfrac{5}{13}.$

452. *La somme de trois nombres est 14 250; le 1er est au 2e comme 11 est à 3 et il en diffère de 600. Quels sont ces nombres?*

On a la relation $\dfrac{1^{\mathrm{er}}}{2^{\mathrm{e}}} = \dfrac{11}{3}$; par suite (398),

$$\frac{1^{\mathrm{er}} - 2^{\mathrm{e}}}{2^{\mathrm{e}}} = \frac{11 - 3}{3} \quad \text{ou} \quad \frac{600}{2^{\mathrm{e}}} = \frac{8}{3}$$

par conséquent,

$$\text{le } 2^{\mathrm{e}} = \frac{3 \times 600}{8} = 225; \quad \text{le } 1^{\mathrm{er}} = 225 + 600 = 825$$

enfin $\text{le } 3^{\mathrm{e}} = 14\,250 - (825 + 225) = 13\,200$

Les trois nombres sont 825, 225 et 13 200.

453. *En supposant qu'un voyageur augmente sa vitesse des $\frac{2}{5}$, combien d'heures devrait-il marcher par jour pour refaire en 5 jours le chemin qu'il avait parcouru en 7 jours de 9 heures?*

———

[1] Comme la plupart de ces Exercices sont fort simples, nous n'en donnerons qu'une solution sommaire.

En 7 jours, la vitesse étant $\frac{5}{5}$, il marche 9 heures par jour ;

en   5   « $\frac{7}{5}$ « $\dfrac{9 \times 7 \times 5}{5 \times 7}$

c'est-à-dire qu'il marchera aussi 9 heures par jour.

454. *La garnison d'une place forte est de 1 500 hommes ; elle a 7 600 Hl. de blé qui doivent durer 6 mois $\frac{1}{2}$; on augmente la garnison de 500 hommes et le blé de 4 500 Hl. ; pour combien de temps cette garnison sera-t-elle approvisionnée ?*

1 500 h. ayant 7 600 Hl. sont approvisionnés pour $\frac{13}{2}$ de mois ;

2 000 h.   «   12 100 Hl. le seront pour $\dfrac{13 \times 1\,500 \times 12\,100}{2 \times 7\,600 \times 2\,000}$

On trouve, en effectuant les calculs, 7 mois 22 jours $\frac{257}{304}$ de jour.

455. *40 kg. d'eau salée contiennent 3 kg. $\frac{1}{2}$ de sel ; quelle quantité d'eau douce faut-il y ajouter pour que dans le nouveau mélange il y ait 1 kg. de sel dans 30 kg. d'eau salée ?*

D'après l'énoncé, 1 kg. de sel exige 30 kg. d'eau ; les 3 kg. 5 de sel exigeront $30 \times 3,5$ ou 105 kg. d'eau ; il faut donc ajouter $105 - 40$ ou 60 kg. d'eau douce.

456. *Dans le problème précédent, combien faut-il faire évaporer d'eau pour que, sur 20 kg. du nouveau mélange, il y ait 3 kg. de sel ?*

Il doit y avoir 3 kg. de sel sur 20 kg. de mélange ; s'il n'y avait que 1 kg. de sel, il faudrait $\frac{20}{3}$ kg. de mélange et pour

3,5 kg. il faudra $\dfrac{20 \times 3,5}{3}$ ou $23\frac{1}{3}$; donc il faut faire évaporer $40 - 23\frac{1}{3}$ ou 16 kg. $\frac{2}{3}$

457. *Le prix d'un diamant est proportionnel au carré de son poids. Sachant qu'un diamant brut, du poids d'un carat, vaut 53 fr., calculer le prix d'un diamant du poids de 9 gr. 458 (un carat vaut 212 milligrammes).*

On a la proportion $\dfrac{x}{53} = \dfrac{(9\,458)^2}{(212)^2}$

par suite, $\quad x = \dfrac{53 \times 89\,453\,764}{44\,944} = 105\,487$ fr. 92

458. *On a employé 340 m. 50 de drap qui a $\dfrac{7}{9}$ de largeur pour habiller 48 hommes; combien en faudrait-il de mètres d'un autre drap ayant $\dfrac{5}{4}$ de largeur?*

Le drap ayant $\dfrac{7}{9}$ ou $\dfrac{28}{36}$, il en faut 340,5;

$\quad\quad$ « $\quad \dfrac{5}{4}$ ou $\dfrac{45}{36}$ $\quad\quad$ « $\quad\quad x$

par suite, $\quad x = \dfrac{340,5 \times 28}{45} = 211$ m. 86 c. m.

459. *Un ouvrier, en 22 jours, a fait 23 m. 45 d'un certain ouvrage; combien 7 ouvriers mettront-ils de jours pour faire 56 m. d'un autre ouvrage dont la difficulté est à celle du premier comme 6 est à 5?*

Si 1 ouv., pour faire $23^m,45$, difficulté 5, met 22 jours

$\quad$ 7 $\quad\quad$ « $\quad\quad 56^m$ $\quad\quad$ « $\quad\quad$ 6 mettront $\dfrac{22 \times 56 \times 6}{7 \times 23,45 \times 5}$

c'est-à-dire 7 jours et $\dfrac{3}{469}$ de jour.

Remarque. La méthode de réduction à l'unité, étant la plus simple, est ordinairement préférée pour résoudre les problèmes sur les règles de trois; mais on peut, dans un examen, exiger l'emploi des proportions; nous allons traiter le problème précédent par cette dernière méthode, que nous avons, d'ailleurs, expliquée au n° 415 des *Éléments*. On pourra traiter les autres problèmes d'une manière analogue.

$\quad$ 1 ouvrier, pour faire $23^m,45$, difficulté 5, met 22 jours

$\quad$ 7 $\quad$ » $\quad\quad$ » $\quad\quad 56^m$ $\quad\quad$ » $\quad\quad$ 6, mettront x

Supposant que les conditions primitives du travail ne changent pas, nous comparons d'abord les premières et les dernières grandeurs; on a :

1 ouvr. met 22 jours $\quad\quad$ Le rapport est inverse; car plus on emploie d'ouvriers, moins il faut
7 ouvr. mettront x_1 jours $\quad$ de jours, les autres conditions restant les mêmes.

Donc $\quad\quad \dfrac{1}{7} = \dfrac{x_1}{22}$ $\quad$ d'où $\quad x_1 = 1 \times \dfrac{22}{7}$ $\quad\quad\quad$ (1)

$23^m,45$ sont faits en x_1 jours $\Big|$ Le rapport est direct; car plus
56^m le seront en $\quad x_2$ jours $\Big|$ il y a de mètres à faire, plus il faut de jours, les autres conditions restant les mêmes.

Donc $\qquad \dfrac{23,45}{56} = \dfrac{x_1}{x_2}$ d'où $\quad x_2 = x_1 \times \dfrac{56}{23,45}$ $\qquad$ (2)

Quand la difficulté est 5, il faut x_2 jours $\Big|$ Plus la difficulté est grande, plus il faudra
Quand elle sera 6, il faudra $\quad x$ jours $\Big|$ de jours, et le rapport est direct.

Donc $\qquad \dfrac{5}{6} = \dfrac{x_2}{x}$ d'où $\quad x = x_2 \times \dfrac{6}{5}$ $\qquad$ (3)

Multipliant les égalités (1), (2) et (3) membre à membre et réduisant, on a :

$$x = \frac{1 \times 22 \times 56 \times 6}{7 \times 23,45 \times 5}$$

c'est-à-dire 7 jours et $\dfrac{3}{469}$ de jour.

460. *Les capacités de deux hauts fourneaux sont entre elles comme 5 est à 2; la puissance calorifique du coke est à celle de la houille comme 8 est à 11. Dans le plus grand fourneau on emploie le coke; il en faut 175 kg. pour obtenir 100 kg. de fonte. Ce fourneau fournit en 12 heures 36 000 kg. de fonte. Trouver : 1° la quantité de fonte que donne le petit fourneau en 18 heures; 2° la quantité de houille nécessaire à l'opération.*

1° En 12 heures, la capacité étant 5, et la puissance calorifique 8, on a 36 000 kg. de fonte.

En 18 heures, la capacité étant 2, et la puissance calorifique 11, on aura, pour la fonte produite par le petit fourneau,

$$\frac{36\,000 \times 18 \times 2 \times 11}{12 \times 5 \times 8} = 29\,700 \text{ kg.}$$

2° Pour 100 kg. de fonte, la puissance calorifique étant 8, il faut 175 kg. de combustible.

Pour 29 700 kg. de fonte, la puissance calorifique étant 11, il

faudra $\qquad \dfrac{175 \times 8 \times 29\,700}{100 \times 11} = 37\,800 \text{ kg.}$

Quantité de fonte, 29 700 kg. Quantité de houille, 37 800 kg.

461. *Sept ouvriers travaillant* 11 *heures par jour, pendant* 20 *jours, ont fait un travail dont la difficulté est représentée par* 7, *la force et l'activité de ces ouvriers étant représentées par* 9; *combien faudra-t-il de jours à* 12 *ouvriers dont l'activité sera* 11, *travaillant* 10 *heures par jour, pour faire un travail qui serait les* $\frac{15}{13}$ *de celui qu'ont fait les premiers, la difficulté de ce travail étant représentée par* 8?

7 ouvriers, travaillant 11 heures, la difficulté étant 7, l'activité 9, le travail représenté par 13, mettent 20 jours.

12 ouvriers, travaillant 10 heures, la difficulté étant 8, l'activité 11, le travail représenté par 15, mettront x jours; d'où l'on tire

$$x = \frac{20 \times 7 \times 11 \times 8 \times 9 \times 15}{12 \times 10 \times 7 \times 11 \times 13}$$

ce qui donne 13 jours 8 heures et $\frac{6}{13}$.

462. *On a employé* 68 *ouvriers, travaillant* 8 *heures* $\frac{1}{3}$ *par jour, pendant* 30 *jours, pour creuser un fossé de* 107 *mètres de longueur, de* 1 m. $\frac{1}{2}$ *de largeur et* 3 m. $\frac{1}{5}$ *de profondeur. On demande la longueur d'un fossé creusé par* 54 *ouvriers, travaillant* 8 *heures* $\frac{2}{3}$ *par jour, pendant* 43 *jours, si ce fossé doit avoir* 2 *m. de largeur et* 3 *m.* $\frac{4}{5}$ *de profondeur.*

68 ouvriers, travaillant 8 heures $\frac{1}{3}$ par jour, pendant 30 jours, creusent un fossé de 107 m. de longueur, 1 m. 50 de largeur, $\frac{16}{5}$ de profondeur.

54 ouvriers, travaillant 8 heures $\frac{2}{3}$ par jour, pendant 43 jours, creusent un fossé de x m. de longueur, 2 m. de largeur, $\frac{19}{5}$ de profondeur; on en tire :

$$x = \frac{107 \times 54 \times \frac{26}{3} \times 43 \times 1{,}50 \times \frac{16}{5}}{68 \times \frac{25}{3} \times 30 \times 2 \times \frac{19}{5}}$$

ou bien

$$x = \frac{107 \times 54 \times 26 \times 43 \times 1{,}50 \times 16}{68 \times 25 \times 30 \times 2 \times 19} = 79^m{,}9 \text{ ou } 80^m \text{ par excès.}$$

Remarque générale sur les exercices précédents. Les problèmes sur les règles de trois peuvent se traduire immédiatement par une proportion à l'aide du principe évident : *Que les effets sont dans le même rapport que les causes qui les produisent.*

Ainsi, pour le n° 461, on aurait :

$$\frac{7 \times 11 \times 20 \times 9}{12 \times 10 \times x \times 11} = \frac{7}{8 \times \frac{15}{13}}$$

Pour le n° 462, on aurait de même :

$$\frac{68 \times 8\frac{1}{3} \times 30}{54 \times 8\frac{2}{3} \times 43} = \frac{107 \times 1,50 \times \frac{16}{5}}{x \times 2 \times \frac{19}{5}}$$

et ainsi des autres.

Ce raisonnement intuitif est, au fond, celui que l'on répète autant de fois qu'il y a de rapports; mais s'il présente une grande rapidité au point de vue pratique, il est par trop sommaire, et il ne faudrait pas s'en contenter dans un examen, surtout pour une épreuve écrite.

463. *Sur une marchandise achetée et revendue successivement par quatre négociants, les deux premiers eurent chacun 10 p. %, de bénéfice, et les deux derniers chacun 10 p. %, de perte. On demande combien le 1ᵉʳ l'a payée, sachant que le 4ᵉ l'a revendue 2 450,25.*

Puisque les deux derniers perdent le 10 p. %, le 4ᵉ l'aura achetée

$$\frac{100 \times 2\,450,25}{90} = 2\,722,50$$

le 3ᵉ

$$\frac{100 \times 2\,722,50}{90} = 3\,025$$

Les deux premiers gagnant 10 p. %, le 2ᵉ l'a achetée

$$\frac{100 \times 3\,025}{110} = 2\,750$$

enfin le 1ᵉʳ

$$\frac{100 \times 2\,750}{110} = 2\,500$$

464. *En vendant un objet 120 fr., on perd 15 p. % du prix d'achat; combien a-t-il coûté?*

Puisqu'on perd 15 p. %, on vend 85 ce qui coûte 100; par conséquent, l'objet a coûté $\dfrac{100 \times 120}{85} = 141$ fr. 17.

465. *Pendant combien de temps une somme devra-t-elle être placée à 6 p. % pour que les intérêts produits égalent les $\frac{3}{4}$ du capital ?*

Si 100 fr. est le capital considéré, les $\frac{3}{4}$ seront 75 fr.

100 fr., pour donner 6 fr., sont placés pendant 1 an.

100 fr.,   «   75 fr., seront placés pendant $\frac{1 \times 75}{6}$, ou 12 ans 6 mois.

466. *Est-il plus avantageux de placer 16 800 fr. à 5 p. % que de placer 9 500 fr. à 4 $\frac{1}{2}$ et le reste à 5 $\frac{3}{4}$ p. % ?*

16 800 à 5 p. % rapportent $\frac{5 \times 16\,800}{100}$ ou 840 fr.

9 500 à 4 $\frac{1}{2}$ p. %   « $\frac{4,5 \times 9\,500}{100}$ ou 427 fr. 50.

7 300 à 5 $\frac{3}{4}$ p. %   « $\frac{5,75 \times 7\,300}{100}$ ou 419 fr. 75.

$$427,50 + 419,75 = 847,25$$

le second mode de placement est donc plus avantageux puisque le revenu annuel est augmenté de $847,25 - 840 = 7$ fr. 25.

On peut aussi raisonner comme il suit :

Dans le second mode de placement, le revenu annuel est augmenté de $\frac{3}{4}$ p. % sur $7\,500 = 54,75$

il est diminué de $\frac{1}{2}$ p. % sur $9\,500 = 47,50$

le revenu est donc augmenté de   7 fr. 25

467. *Une personne place un capital à raison de 3,75 p. % ; après 4 ans 5 mois elle retire capital et intérêts, et place le tout à 4,50 p. % ; alors elle a un revenu de 1 250 fr. On demande le capital primitif.*

Le capital qui produit 1 250 fr. de revenu est

$$\frac{100 \times 1\,250}{4,5} \quad \text{ou} \quad 27\,777,77$$

100 fr., en 12 mois, produisent 3,75.

100 fr., en 53 mois, produiront $\dfrac{3,75 \times 53}{12}$ ou 16,5625.

116,5625 capital et intérêts sont fournis par 100 fr. de capital.

27 777,77   »   seront fournis par

$$\dfrac{100 \times 27\,777,77}{116,5625} = 23\,830,80$$

Donc le capital primitif était 23 830 fr. 80.

468. *Les honoraires d'un commis sont fixés à 1,75 p. %
sur les bénéfices. Combien recevra-t-il à la fin de l'année si la
vente s'est élevée à 935 870 fr.; et si elle a donné 14 p. % de
bénéfice.*

La vente de 935 870 fr. à 14 p. %, donne $\dfrac{935\,870 \times 14}{100}$ de
bénéfice; le commis reçoit

$$\dfrac{935\,870 \times 14 \times 1,75}{100 \times 100} \quad \text{ou} \quad 2\,292 \text{ fr. } 28$$

469. *Le 1ᵉʳ février 1874, un négociant emprunte 800 fr. à*
$4\,\dfrac{3}{4}$ *p. %. En payement des intérêts échus et en restitution
d'une partie du capital, le 15 juin 1876, il donne 106 kg. de
marchandise à 3 fr. 40 le kg. On demande combien il devra
encore payer au 1ᵉʳ juillet 1877 pour s'acquitter de sa dette.*

La somme due au 15 juin 1876 est de 800 plus les intérêts de
cette somme pendant 865 jours qui s'écoulent du 1ᵉʳ février 1874
au 15 juin 1876, c'est-à-dire $800 + \dfrac{4,75 \times 800 \times 865}{100 \times 365}$ ou 890,05.

Il donne $106 \times 3,40$ ou 360,40; il reste débiteur de

$$890,05 - 360,40 \quad \text{ou} \quad 529,65$$

Au 1ᵉʳ juillet 1877, le négociant devra cette somme avec les
intérêts, pendant 380 jours, ou

$$529,65 + \dfrac{4,75 \times 529,65 \times 380}{100 \times 365} = 555 \text{ fr. } 85$$

470. *On offre 16 900 fr. comptant pour une maison; le
propriétaire demande 6 400 fr. à la fin de chacune des trois
premières années, sans intérêts. Lequel est le plus avantageux pour le vendeur, en supposant qu'il place son argent à
6,25 p. % aussitôt qu'il le reçoit.*

L'intérêt de 16 900, pour 3 ans, est

$$\frac{6,25 \times 16\,900 \times 3}{100} \quad \text{ou} \quad 3\,168,75$$

L'intérêt de 6 400, pour 2 ans, est $\dfrac{6,25 \times 6\,400 \times 2}{100}$ ou 800.

«   1   « $\dfrac{6,25 \times 6\,400}{100}$ ou 400.

Le 2ᵉ payement lui donne $6\,400 \times 3 + 800 + 400$ ou 20 400 fr.

Le 1ᵉʳ   « $16\,900 + 3\,168,75 = 20\,068,75$

Différence $20\,400 - 20\,068,75$ ou 331 fr. 25

Le 2ᵉ est le plus avantageux de 331 fr. 25 pour le vendeur.

471. *Quel temps faut-il à une somme pour se doubler, si elle est placée à l'un des taux suivants : 5 p. %, 4 $\frac{1}{2}$ p. %, 3 p. %, et, en général, au taux T ?*

Soit 100 fr. le capital.

100 fr., pour rapporter 5 fr., doivent être placés pendant 1 an.

100 fr.,   «   100   « $\dfrac{1 \times 100}{5}$ ou 20 ans.

100 fr., à 4 $\frac{1}{2}$, exigeront, pour se doubler, $\dfrac{1 \times 100}{4,5}$ ou 22 ans 2 mois 20 jours.

100 fr., à 3, exigeront, pour se doubler, $\dfrac{1 \times 100}{3}$ ou 33 ans 4 mois.

En général, le temps qu'il faut à une somme pour se doubler est égal au rapport $\dfrac{100}{T}$.

472. *Trois personnes ont placé ensemble 2 400 fr.; au bout de 8 ans, elles ont retiré pour capital et intérêts réunis, la 1ʳᵉ, 1 008 fr.; la 2ᵉ, 1 152 fr.; la 3ᵉ, 1 296 fr.: on demande le taux auquel elles ont placé, et la mise de chaque personne.*

$$1\,008 + 1\,152 + 1\,296 = 3\,456$$

$3\,456 - 2\,400 = 1\,056$, qui sont les intérêts de 2 400 fr. pendant 8 ans.

On a (421), pour le taux, $\dfrac{1\,056 \times 100}{2\,400 \times 8} = 5,50$ p. %.

$$3\,456 \text{ proviennent de } 2\,400 \text{ de mise}$$

$$1\,008 \text{ proviendront de } \frac{2\,400 \times 1\,008}{3\,456} = 700 \text{ fr.}$$

$$1\,132 \qquad\qquad \frac{2\,400 \times 1\,132}{3\,456} = 800 \text{ fr.}$$

$$1\,296 \qquad\qquad \frac{2\,400 \times 1\,296}{3\,456} = 900 \text{ fr.}$$

Le taux est 5,50 p. %, et les mises sont de 700 fr., 800 fr. et 900 fr.

473. *Quel est le capital qui, augmenté de ses intérêts à* $4\frac{1}{2}$ *p. %, vaut 41 350 fr. au bout de 270 jours?*

En appliquant la formule (5) du n° 422 (*Éléments d'arithmétique*), on a immédiatement :

$$c\left(1 + 0,045 \times \frac{270}{360}\right) = 41\,350$$

Effectuant, on trouve $c = 40\,000$ fr.

On peut aussi raisonner comme il suit :

100 fr. en 360 jours rapportent 4,50.

$$100 \text{ fr. en } 270 \qquad\qquad \frac{4,5 \times 270}{360} \quad \text{ou} \quad 3,375.$$

Or 103,375 se réduisent à 100 fr.

$$41\,350 \text{ se réduiront à } \frac{100 \times 41\,350}{103,375} \quad \text{ou} \quad 40\,000 \text{ fr.}$$

474. *On a placé une somme à un certain taux ; après 11 mois, le capital et les intérêts réunis se sont élevés à 18 300 fr.; après 3 ans, à 21 500 fr; déterminer le capital et le taux de placement.*

On a $21\,500 - 18\,300 = 3\,200$ fr.

de même $36 - 11 = 25$ mois.

En 25 mois la somme a rapporté 3 200 fr.

$$11 \qquad\qquad \frac{3\,200 \times 11}{25} \quad \text{ou} \quad 1\,408 \text{ fr.};$$

par suite, $18\,300 - 1\,408 = 16\,892$, capital placé;

le taux sera (421) $\dfrac{1\,408 \times 100 \times 12}{16\,892 \times 11} = 9,09$ p. %

Le capital est de 16 892 fr., et le taux, 9 fr. 09 p. %.

475. *Une personne place la moitié de son capital à 6 p. %, le tiers à 5 p. %, le reste à 4 p. %; elle se fait un revenu de 1 600 fr.; quel est ce capital?*

On a $\dfrac{1}{2} + \dfrac{1}{3} = \dfrac{5}{6}$; il reste donc $\dfrac{1}{6}$.

Si je représente par 150 fr. un capital placé dans ces conditions,

$\dfrac{150}{2} = 75$ fr.;   75 fr. à 6 p. % rapportent $\dfrac{75 \times 6}{100}$ ou 4,50

$\dfrac{150}{3} = 50$ fr.;   50 fr. à 5 p. % rapportent $\dfrac{50 \times 5}{100}$ ou 2,50

$\dfrac{150}{6} = 25$ fr.;   25 fr. à 4 p. % rapportent $\dfrac{25 \times 4}{100}$ ou 1

$$4,50 + 2,20 + 1 = 8$$

Pour avoir 8 fr. d'intérêts, il faut 150 fr. de capital;

«   1 600 fr. il faudra $\dfrac{150 \times 1\,600}{8} = 30\,000$

Remarque. En représentant par x le capital, on aurait immédiatement l'équation :

$$\frac{x \times 6}{2 \times 100} + \frac{x \times 5}{3 \times 100} + \frac{x \times 4}{6 \times 100} = 1\,600, \quad \text{d'où} \quad x = 30\,000$$

Le capital cherché est donc 30 000 fr.

476. *On emprunte 30 000 fr.; à la fin de chaque année, on paye $\dfrac{1}{6}$ du capital et tous les intérêts; faites le compte de chaque fin d'année, le taux est de 5 p. %.*

On a :

1ʳᵉ année, $\dfrac{30000}{6}$ + les intér. de 30000 = 5000 + 1500 = 6500 fr. 1ʳᵉ R.

2ᵉ   «   +   «   de 25000 = 5000 + 1250 = 6250 fr. 2ᵉ R.

3ᵉ   «   +   «   de 20000 = 5000 + 1000 = 6000 fr. 3ᵉ R.

4ᵉ   «   +   «   de 15000 = 5000 + 750 = 5750 fr. 4ᵉ R.

5ᵉ   «   +   «   de 10000 = 5000 + 500 = 5500 fr. 5ᵉ R.

6ᵉ   «   +   «   de 5000 = 5000 + 250 = 5250 fr. 6ᵉ R.

477. *On place 4000 fr., partie à 4 p. %, partie à 3 p. %; la 1ʳᵉ partie rapporte 104 fr. d'intérêts annuels de plus que la 2ᵉ; quelles sont ces deux parties?*

Si l'on plaçait les 4 000 fr. à 4 p. $^0/_0$, ils rapporteraient 160 fr., et comme la seconde somme serait nulle, la différence des revenus serait 160 fr.; mais cette différence n'est que de 104 fr., c'est-à-dire qu'elle est inférieure de 56 fr. à 160 fr.; or, chaque fois que l'on retire 100 fr. placés à 4 p. $^0/_0$ pour les placer à 3, la différence diminue de 7 fr. On aura donc placé autant de fois 100 fr. à 3 p. $^0/_0$ que l'indique le quotient de 56 par 7, c'est-à-dire 8; on aura donc placé 800 fr. à 3 p. $^0/_0$ et 3 200 à 4 p. $^0/_0$.

Remarque. Si x représente la somme placée à 4 p. $^0/_0$, $4\,000 - x$ représentera celle qui est placée à 3 p. $^0/_0$; on peut établir l'équation :

$$\frac{x \times 4}{100} - \frac{(4\,000 - x) \times 3}{100} = 104$$

en résolvant, on trouve : $x = 3\,200$ fr.

478. *Une personne place une certaine somme à 4 p. $^0/_0$; au bout de 3 ans, elle retire capital et intérêts et replace le tout à 5 p. $^0/_0$; au bout de 2 ans, le capital et les intérêts réunis s'élèvent à 5 780 fr. Quelle somme a-t-on placée primitivement?*

100 fr., à 5 p. $^0/_0$, en 2 ans, deviennent $100 + 10 = 110$ fr.

100 fr., à 4 p. $^0/_0$, en 3 ans,   « $100 + 12 = 112$ fr.

donc si 110 fr., en 2 ans, proviennent de 100 fr.,

  5 780 fr.,   «   proviendront de

$$\frac{100 \times 5\,780}{110} \text{ ou } 5\,254 \text{ fr. } 545$$

De même, si 112 fr., en 3 ans, proviennent de 100 fr.,

  5 254,545   «   proviendront de

$$\frac{100 \times 5\,254,545}{112} \text{ ou } 4\,691 \text{ fr. } 55$$

Remarque. Si l'on appelle x la somme cherchée, on aura l'équation :

$$\left(x + \frac{x \times 4 \times 3}{100} \right) + \left(x + \frac{x \times 4 \times 3}{100} \right) \times \frac{5 \times 2}{100} = 5\,780$$

ce qui donne aussi $x = 4\,691$ fr. 55

La somme placée était de 4 691 fr. 55.

479. *On a placé, à intérêt simple, un certain capital à 4,50 p. $^0/_0$ et un autre à 5 p. $^0/_0$; le second capital est égal* *aux $\frac{8}{11}$ du premier. Les capitaux et les intérêts réunis se sont élevés, au bout de 12 ans 7 mois, à 38 000 fr. On demande quelle était la valeur des capitaux placés.*

Représentons le 1ᵉʳ capital par 11 et le 2ᵉ par 8.

L'intérêt du 1ᵉʳ, pendant 12 ans 7 mois ou 151 mois, à 4,5 p. % est

$$\frac{11 \times 4,5 \times 151}{100 \times 12} = 6,228\,75$$

L'intérêt du second, pendant 12 ans 7 mois ou 151 mois, à 5 p. % est

$$\frac{8 \times 5 \times 151}{100 \times 12} = 5,033\,33$$

1ᵉʳ capital avec son intérêt, $11 + 6,228\,75 = 17,228\,75$;

2ᵉ capital avec son intérêt, $8 + 5,033\,33 = 13,033\,33$;

Les deux capitaux avec leurs intérêts réunis égalent 30,262 08.

Si l'on partage 38 000 en parties proportionnelles à 17,228 75 et 13,033 33, on aura chaque capital avec ses intérêts :

$$1^{er}\ cap.\quad \frac{38\,000 \times 17,228\,75}{30,262\,08} = 21\,634,08$$

$$2^{e}\ cap.\quad \frac{38\,000 \times 13,033\,33}{30,262\,08} = 16\,365,92$$

100 fr., en 151 mois, à 4,50 p. %, produisent $\dfrac{151 \times 4,5}{12} = 56,625$;

100 fr.,   «   à 5 p. %,   « $\dfrac{151 \times 5}{12} = 62,916$.

Si 156,625 proviennent de 100 fr. de capital, 21 634,08 proviendront de

$$\frac{100 \times 21\,634,08}{156,625} = 13\,812\ fr.\ 66$$

Si 162,916 proviennent de 100 fr. de capital, 16 365,92 proviendront de

$$\frac{100 \times 16\,365,92}{162,916} = 10\,045,57$$

On peut vérifier le résultat en prenant les $\frac{8}{11}$ du 1ᵉʳ capital.

Remarque. Si l'on représente par x le 1ᵉʳ capital, $\frac{8x}{11}$ sera le second, et on aura ;

$$\left(x + \frac{x \times 4,5 \times 151}{100 \times 12}\right) + \left(\frac{8x}{11} + \frac{8x \times 5 \times 151}{11 \times 100 \times 12}\right) = 38\,000$$

En résolvant, on trouve les mêmes résultats, mais d'une manière plus expéditive.

Les capitaux placés sont 13 812 fr. 66 et 10 045 fr. 57.

480. *Quel est l'intérêt de 4 500 fr. pendant 62 jours à 5 p. %?*

On a (424) : $\text{Intérêt} = \dfrac{C \times n}{D} = \dfrac{4\,500 \times 62}{7\,200} = 38$ fr. 75.

ou bien (428) : Intérêt de 3 600 fr. en 62 jours = 31 fr.

«	900 fr.	«	= 7 fr. 75
«	4 500 fr.	«	38 fr. 75

ou encore (430) :

Intérêt par 36 jours	=	22,50
« 18	=	11,25
« 8	=	5
« 62	=	38 fr. 75

481. *La somme de 3 784,70 a été placée le 7 octobre. Quel intérêt retirera-t-on le 4 avril suivant, le taux étant à 6 p. %? (Les mois sont comptés avec le nombre de jours qu'ils ont dans le calendrier grégorien.)*

Du 7 octobre au 4 avril suivant, il y a 179 jours; par suite (424),

$$I = \frac{C \times n}{D} = \frac{3\,784,70 \times 179}{6\,000} = 112 \text{ fr. } 91$$

Si l'année était bissextile, l'intérêt serait 113 fr. 54.

482. *On a emprunté 2 000 fr. à 5 p. % le 30 mai; quelle somme rendra-t-on, capital et intérêt, le 2 août suivant?*

Du 30 mai au 2 août, il y a 64 jours; par suite,

$$I = \frac{2\,000 \times 64}{7\,200} \quad \text{ou} \quad 17,77$$

On rendra $2\,000 + 17,77 = 2\,017$ fr. 77

Si, pour trouver l'intérêt, on employait la méthode des parties aliquotes, on aurait (430) :

Intérêt pour 36 jours	=	10
« 24 «	=	6,66
« 4 «	=	1,41
« 64 «	=	17 fr. 77

ou bien, en considérant la rapidité avec laquelle on obtient l'intérêt de 2 000 fr. à 6 p. % (428), on aurait :

$$\text{Intérêt de 2 000 fr. à 6 p. \% en 64 jours} = 21{,}333$$
$$\text{«} \qquad \text{«} \qquad \text{à 1 p. \%} \qquad \text{«} \qquad = \underline{3{,}555}$$
$$\text{l'intérêt à 5 p. \%} \qquad\qquad = 17 \text{ fr. } 77$$

483. *Un négociant a emprunté à 6 p. % les sommes suivantes : 2 800 fr. pour 140 jours, 1 850 fr. p. 42 jours, et 2 000 fr. pour 3 mois; quel intérêt devra-t-il payer?*

$$\text{On aura} \quad N = C \times n = 2\,800 \times 140 = 392\,000$$
$$1\,850 \times 42 = 77\,700$$
$$2\,000 \times 90 = \underline{180\,000}$$

$$\text{Nombre total} \qquad\qquad 649\,700$$

$$\text{Intérêt cherché} = \frac{649\,700}{6\,000} = 108 \text{ fr. } 28$$

ou bien :   2 800 fr. 140 j. (430) pour 120 j. = 56 fr.
    «   «   «   20 j. = 9,33
                                  «   140 j. = 65,63   65,33
       1 850 fr.   42 j.   «   30 j. = 9,25
       «   «   «   12 j. = 3,70
                                    «   42 j. = 12,95   12,95
       2 000 fr.   90 j. (428)   30

$$\text{Intérêt cherché} = 108{,}28$$

484. *Le montant d'une vente, déduction faite du prix de commission,* $2\frac{1}{2}$ *p. %, est de 728 fr. 30; déterminer la somme payée pour la commission.*

$$100 - 2{,}50 = 97 \text{ fr. } 50$$

97,50, avec la commission, deviennent 100 fr.

$$728{,}30, \qquad \text{«} \qquad \text{deviendront} \; \frac{100 \times 728{,}3}{97{,}50} = 746 \text{ fr. } 97$$

La commission sera de $746{,}97 - 728{,}30 = 18$ fr. 67.

On pourrait obtenir la commission en opérant comme suit :

$$2\,\frac{1}{2}\ \text{p. }^{0}/_{0}\ \text{de } 728{,}30\ =18{,}207$$

$$\text{plus } 2\,\frac{1}{2}\ \text{p. }^{0}/_{0}\ \text{de }\ \ 18{,}20\ =\ \ 0{,}455$$

$$\text{plus } 2\,\frac{1}{2}\ \text{p. }^{0}/_{0}\ \text{de }\ \ \ 0{,}455 =\ \ 0{,}011$$

$$\overline{18{,}67}$$

485. *Combien payera-t-on pour l'acquit d'une facture de 1 830 fr. 50 sur le montant de laquelle il est fait une remise de $4\,\frac{1}{2}$ p. $^{0}/_{0}$?*

Remise :
$$\frac{1\,830{,}50 \times 4{,}5}{100} = 82{,}3725$$

On payera $1\,830{,}50 - 82{,}3725 = 1\,748$ fr. 1275 ou $1\,748$ fr. 15.

486. *Quel est l'escompte d'un billet de 912 fr. 50 à 95 jours d'échéance à raison de $\frac{2}{3}$ p. $^{0}/_{0}$ par mois? (Calculer par la méthode des diviseurs fixes.)*

$\frac{2}{3}$ p. $^{0}/_{0}$, par mois, donnent $\dfrac{2 \times 12}{3}$ ou 8 p. $^{0}/_{0}$, par an ; par suite, l'escompte est $\dfrac{912{,}50 \times 95}{4\,500} = 19$ fr. 25.

487. *Quelle est la valeur actuelle d'un effet de 6 680 fr. payable dans 5 mois 17 jours, si l'on escompte à $5\,\frac{1}{2}$ p. $^{0}/_{0}$?*

On a (431) : $N = C \times n = 6\,680 \times 167 = 1\,115\,560$

$$\text{Intérêt à 5 p. }^{0}/_{0} = \frac{1\,115\,560}{7\,200 \times 10} = 154{,}94 \text{ par excès}$$

$$\text{Intérêt à } \tfrac{1}{2}\ \text{p. }^{0}/_{0} = \frac{154{,}94}{10} = 15{,}494$$

$$\text{Intérêt à } 5\,\tfrac{1}{2}\ \text{p. }^{0}/_{0} = = 170 \text{ fr. } 434$$

Valeur actuelle : $6\,680 - 170{,}434 = 6\,509$ fr. 566.

488. *Une dette de 1 640 fr. 50, payable dans 17 mois, a été soldée avec 1 515,52 ; à quelle époque a été fait le payement, si on a joui d'un escompte de 6 p. $^{0}/_{0}$ l'an?*

La différence $1\,640,50 - 1\,515,52$ ou $124,98$ représente l'escompte de $1\,640,50$, en admettant que le billet soit escompté en dehors; le temps nécessaire pour produire cet escompte est :

$$\frac{124,98 \times 100}{1\,640,50 \times 6} \quad \text{ou} \quad 15 \text{ mois } 7 \text{ jours}$$

Le payement a été fait 17 mois $- (15$ mois 7 jours$)$, ou 1 mois 23 jours après l'achat.

Remarque. Si on escompte en dedans on aura, pour le temps,

$$\frac{124,98 \times 100}{1\,515,52 \times 6} \quad \text{ou} \quad 16 \text{ mois } 14 \text{ jours}$$

Le payement aurait été fait 17 mois $- (16$ mois 14 jours$)$, ou 16 jours après l'achat.

489. *On fait escompter deux effets, l'un de 9000 fr. à 4 p. %, payable dans 6 mois, l'autre de 6500 fr. à 5 p. %, payable dans 4 mois 10 jours. Combien retiendra le banquier? (Employer la méthode des diviseurs fixes.)*

$$N = C \times n = 9\,000 \times 180 = 1\,620\,000$$
$$N = C \times n = 6\,500 \times 130 = 845\,000$$

Escompte du 1er : $\quad \dfrac{1\,620\,000}{9\,000} = 180$ fr.

Escompte du 2e : $\quad \dfrac{845\,000}{7\,200} = 117$ fr. 36

Le banquier retiendra $180 + 117,36$ ou 297 fr. 36.

490. *Quel est le montant d'un billet qui, escompté pour 211 jours, à 6 p. %, s'est réduit à $1\,350$ fr. 25, l'escompte devant être calculé : 1° en dehors ; 2° en dedans?*

1° Escompte en dehors :

100 fr., en 360 jours, donnent 6 fr.

100 fr., en 211 jours, donneront $\dfrac{6 \times 211}{360} = 3,5166$

$$100 - 3,5166 = 96,4834$$

Si $96,4834$ proviennent de 100 fr.,

$1\,350,25$ proviendront de $\dfrac{100 \times 1\,350,25}{96,4834} = 1\,399,46$

2° Escompte en dedans :

$$N = C \times n = 1\,350,25 \times 211 = 284\,902,75$$

$$\text{Escompte} = \frac{284\,902,75}{6\,000} = 47,48$$

La valeur du billet sera $1\,350,25 + 47,48 = 1397,73$.

L'effet vaut 1399 fr. 46 si on l'escompte en dehors, et 1397,73 si on l'escompte en dedans.

491. *Quel était le montant d'un billet qui, escompté pour 270 jours, s'est réduit à 1117,50 ? Le taux est 6 p. %, la commission $\frac{1}{2}$ p. %, le change de place $\frac{3}{8}$ p. %.*

L'escompte de 100 fr., à 6 p. %, pendant 270 jours, est

$$\frac{6 \times 270}{360} = 4,50$$

Le taux réel sera $4,5 + 0,5 + 0,375 = 5,375$

or $100 - 5,375 = 94,625$

Si 94,625 est la somme escomptée pour 100 fr.,
1117,50 sera la somme escomptée pour

$$\frac{100 \times 1\,117,5}{94,625} = 1\,180 \text{ fr. } 97.$$

Le montant du billet est donc de 1180 fr. 97.

492. *Au 3 avril, escompter le bordereau suivant :*

    1320 *fr. sur Marseille, 29 juin ;*
    1250 *fr. sur Lyon,*   13 *juillet ;*
    2115 *fr. sur Thiers,*   2 *août ;*

escompte 6 p. %, commission $\frac{1}{2}$ p. %, change de place $\frac{1}{4}$ p. % pour les deux premières villes, et $\frac{3}{8}$ pour la troisième.

Sommes.		Jours.		Nombres.
1320	$\times$	87	$=$	114 840
1250	$\times$	101	$=$	126 250
2115	$\times$	121	$=$	215 915
4685 fr.				497 005

$$\text{Escompte } \frac{497\,005}{6\,000} = 82 \text{ fr. } 83$$

$$\text{Commission } \frac{1}{2} \text{ p. \% sur } 4\,685 = 23 \text{ fr. } 42$$

$$\text{Change de place } \frac{1}{4} \text{ p. \% sur } 2\,570 = 6 \text{ fr. } 42$$

$$\text{«} \qquad \frac{3}{8} \qquad \text{«} \qquad 2\,115 = 7 \text{ fr. } 93$$

$$120 \text{ fr. } 60$$

On doit verser $4\,685 - 120$ fr. $60 = 4\,564$ fr. 40.

493. *Une personne échange un billet de 580 fr., payable dans 15 mois, contre un effet de 540 fr., à 3 mois d'échéance; a-t-elle gagné ou perdu, si on suppose l'escompte calculé à 6 p. %, l'an ?*

Escompte du 1er billet : $\dfrac{6 \times 580 \times 15}{100 \times 12} = 43,5$

sa valeur actuelle : $580 - 43,5 = 536,5$

Escompte du 2e billet : $\dfrac{6 \times 540 \times 3}{100 \times 12} = 8,40$

sa valeur actuelle : $540 - 8,40 = 531,9$

Cette personne a perdu $536,5 - 531,9$ ou 4 fr. 60.

494. *Un négociant emprunte une somme pour 14 mois; il souscrit un billet de 1436 fr. 50, tant pour la somme que pour ses intérêts pendant ce temps. Quel est le montant de la somme empruntée, le taux étant à 4 p. % ?*

100 fr., en 14 mois, rapportent

$$\frac{4 \times 14}{12} = 4,666$$

$$100 + 4,666 = 104,666$$

Si 104,666 valent actuellement 100,

1 436,50 valent $\dfrac{100 \times 1\,436,50}{104,666} = 1\,372$ fr. 46

La somme empruntée était de 1 372 fr. 46.

495. *Démontrer que la différence entre l'escompte en dehors et l'escompte en dedans d'un effet est égale à l'intérêt de l'escompte en dedans.*

En appelant E l'escompte en dehors et E' l'escompte en dedans, M le montant, nous aurons (436) et (438) :

$$E = Mrt \quad \text{et} \quad E' = \frac{Mrt}{1 + rt}$$

par suite,

$$E - E' = Mrt - \frac{Mrt}{1 + rt} = \frac{Mrt + Mr^2t^2 - Mrt}{1 + rt} = \frac{Mr^2t^2}{1 + rt} =$$

$$= \frac{Mrt}{1 + rt} \times rt \qquad \text{C. Q. F. D.}$$

496. *Quel est le montant d'un billet qui, escompté pour 180 jours à 6 p. %, donnerait une différence de 0 fr. 50 entre son escompte en dehors et son escompte en dedans ?*

D'après le problème précédent, nous aurons :

$$\frac{Mr^2t^2}{1+rt}=0,5 \quad \text{ou} \quad M=\frac{0,5(1+rt)}{r^2t^2}.$$

par suite, en substituant les valeurs :

$$M=\frac{0,5\left(1+0,06\times\frac{180}{360}\right)}{(0,06)^2\left(\frac{180}{360}\right)^2}=572\ \text{fr. 22}$$

Le montant de l'effet est 572 fr. 22.

497. *On a acheté pour 28 830 fr. de marchandises payables dans 3 ans, avec faculté de faire des anticipations de paye- ments moyennant un escompte de $\frac{3}{4}$ p. %, par mois. On paye 14 322,50 au bout du 15ᵉ mois ; combien de temps après l'achat faudra-t-il solder le reste pour ne débourser que 10 410 fr. 40 ?*

Le 1ᵉʳ payement a été avancé de $36-15=21$ mois.

L'escompte de 14 322,50 est $\dfrac{3\times 14\,322,50\times 21}{4\times 100}=2\,255\ \text{fr. 794}$.

Au 1ᵉʳ payement on a donné $14\,322,50+2\,255,794=16\,578,294$.
Il reste à payer $28\,830-16\,578,294=12\,251,706$.
Escompte de cette somme, $12\,251,706-10\,410,40=1\,841,306$.
Temps mis pour rapporter cet intérêt :

$$\frac{1\times 100\times 4\times 1\,841,306}{12\,251,706\times 3}=20$$

On devra solder le reste dans $36-20$ ou 16 mois, c'est-à-dire 1 mois après le 1ᵉʳ payement.

498. *On a reçu 5 917 fr. pour deux effets valant ensemble 5 970 fr., et que l'on fait escompter à 6 p. %, ; le 1ᵉʳ de ces effets est payable dans 1 mois $\frac{1}{2}$, le 2ᵉ dans 2 mois 25 jours. Quelle est la valeur de chacun de ces effets ?*

L'escompte est de $5\,970-5\,917=53$ fr.

Les deux effets ont rapporté intérêt ensemble pendant 45 jours ;

cet intérêt est $\quad\dfrac{6\times 5\,970\times 45}{100\times 360}=44,775$

Il reste un escompte de $53-44,775=8,225$, qui est l'escompte du 2e billet pendant les 40 jours qui restent ; par suite, la valeur de ce billet sera :

$$\frac{8,222 \times 100 \times 360}{6 \times 40} = 1\,233,75$$

Valeur du 1er billet : $5\,970 - 1\,233,75 = 4\,736,25$.

Le premier effet vaut 4 736 fr. 25 et le second 1 233 fr. 75.

499. *Partager* 12 600 *fr. en parties proportionnelles à 6, 5, 4 et 3.*

On a $\qquad\qquad\qquad 6 + 5 + 4 + 3 = 18$

1re partie : $\qquad \dfrac{12\,600 \times 6}{18} = 4\,200$

2e partie : $\qquad \dfrac{12\,600 \times 5}{18} = 3\,500$

3e partie : $\qquad \dfrac{12\,600 \times 4}{18} = 2\,800$ $\qquad\left.\right\}$ 12 600

4e partie : $\qquad \dfrac{12\,600 \times 3}{18} = 2\,100$

500. *Partager* 12 *en parties proportionnelles aux fractions*

$$\frac{1}{2}, \ \frac{1}{3}, \ \frac{1}{4}, \ \frac{1}{5} \quad et \quad \frac{1}{6}$$

Rapports $\dfrac{1}{2}, \ \dfrac{1}{3}, \ \dfrac{1}{4}, \ \dfrac{1}{5}, \ \dfrac{1}{6}$ ou bien $\dfrac{30}{60}, \ \dfrac{20}{60}, \ \dfrac{15}{60}, \ \dfrac{12}{60}, \ \dfrac{10}{60}$

ou enfin $\qquad\qquad$ 30, 20, 15, 12 et 10

1re partie : $\dfrac{12 \times 30}{87} = 4\,\dfrac{12}{87}$; $\quad 4^e$ partie : $\dfrac{12 \times 12}{87} = 1\,\dfrac{57}{87}$

2e partie : $\dfrac{12 \times 20}{87} = 2\,\dfrac{66}{87}$; $\quad 5^e$ partie : $\dfrac{12 \times 10}{87} = 1\,\dfrac{33}{87}$

3e partie : $\dfrac{12 \times 15}{87} = 2\,\dfrac{6}{87}$

501. *Un prince a accordé* 8 400 *fr. de gratification à trois vieux officiers, qui ont, le* 1er 62 *ans, le* 2e 68 *et le* 3e 80. *Combien recevra chaque officier si l'on partage la somme, premièrement, en parties proportionnelles à leurs âges ; deuxièmement, en parties inversement proportionnelles à ces mêmes âges ?*

Rapports directs : $\quad 62 + 68 + 80 = 210$

Le 1er aura $\dfrac{8\,400 \times 62}{210} = 2\,480$; le 2^e $\dfrac{8\,400 \times 68}{210} = 2\,720$;

le 3^e $\qquad \dfrac{8\,400 \times 80}{210} = 3\,200$

Rapports inverses : $\dfrac{1}{62}$, $\dfrac{1}{68}$, $\dfrac{1}{80}$, ou bien, en réduisant au

même dénominateur : $\dfrac{680}{42\,160}$, $\dfrac{620}{42\,160}$, $\dfrac{527}{42\,160}$. Il suffira de partager 8 400 en parties proportionnelles aux numérateurs; on aura :

1er $\dfrac{8\,400 \times 680}{1\,827} = 3\,126,43$ $\quad$ 2^e $\dfrac{8\,400 \times 620}{1\,827} = 2\,850,57$

$\qquad\qquad$ 3^e $\dfrac{8\,400 \times 527}{1\,827} = 2\,422,99$

302. *Partager* 125 000 *fr. en parties proportionnelles à*
$$\frac{1}{2}, \quad \frac{4}{5} \quad et \quad \frac{2}{3}$$

On a $\qquad \dfrac{1}{2}$, $\dfrac{4}{5}$, $\dfrac{2}{3}$, ou bien $\dfrac{15}{30}$, $\dfrac{24}{30}$, $\dfrac{20}{30}$

1re partie : $\qquad \dfrac{125\,000 \times 15}{59} = 31\,779\,\dfrac{39}{59}$

2e partie : $\qquad \dfrac{125\,000 \times 24}{59} = 50\,847\,\dfrac{27}{59}$

3e partie : $\qquad \dfrac{125\,000 \times 20}{59} = 42\,372\,\dfrac{52}{59}$

303. *Partager* 21 500 *fr. entre trois personnes, de manière que la part de la* 1re *soit à celle de la* 2e *comme* 4 *est à* 5, *et la part de la* 2e *à celle de la* 3e *comme* 7 *est à* 8.

On a $\qquad\qquad$ 1re $\qquad$ 2^e $\qquad$ 3^e

$\qquad\qquad\qquad$ 4 $\qquad\quad$ 5

$\qquad\qquad\qquad\qquad\quad$ 7 $\qquad\quad$ 8

La part de la 2e étant représentée par deux nombres différents, sans altérer les rapports, on va les modifier de manière que cette seconde part soit représentée par le même nombre, ce qui se fait en multipliant le premier rapport par 7 et le second par 5; on aura :

$\qquad\qquad\qquad\quad$ 28 $\qquad$ 35

$\qquad\qquad\qquad\qquad\quad$ 35 $\qquad$ 40

On partagera donc 21 500 en parties proportionnelles aux nombres 28, 35 et 40, ce qui donne pour

la 1re $$\frac{21\,500 \times 28}{103} = 5\,844 \text{ fr. } 66$$

la 2^{e} $$\frac{21\,500 \times 35}{103} = 7\,305 \text{ fr. } 82$$

la 3^{e} $$\frac{21\,500 \times 40}{103} = 8\,349 \text{ fr. } 51$$

504. *Trois ouvriers ont reçu en payement d'un travail qu'ils ont fait ensemble 264 fr.; le 1er avoit travaillé 35 jours $\frac{1}{2}$, le 2e 32 jours $\frac{1}{4}$, le 3e 28 jours $\frac{3}{5}$. On demande : 1° leur paye journalière ; 2° la somme que chacun a reçue.*

Les ouvriers ont travaillé $\frac{71}{2}$, $\frac{129}{4}$, $\frac{143}{5}$ de jour, ou bien

$$\frac{710}{20}, \quad \frac{645}{20}, \quad \frac{572}{20}$$

On partagera 264 en parties proportionnelles aux numérateurs.

Paye du 1er : $$\frac{264 \times 710}{1\,927} = 97 \text{ fr. } \frac{521}{1\,927}$$

Paye du 2^{e} $$\frac{264 \times 645}{1\,927} = 88 \text{ fr. } \frac{704}{1\,927}$$

Paye du 3^{e} $$\frac{264 \times 572}{1\,927} = 78 \text{ fr. } \frac{702}{1\,927}$$

Ils ont travaillé en tout un nombre de jours marqué par

$$\frac{710}{20} + \frac{645}{20} + \frac{572}{20} = \frac{1\,927}{20}$$

donc la paye par jour sera $$\frac{264 \times 20}{1\,927} = 2 \text{ fr. } 74.$$

505. *Une personne laisse en mourant sa fortune à 6 parents, dont 3 au 4e degré, 2 au 5e et 1 au 6e, à la condition que le partage se fera en raison inverse du degré de parenté; la somme à partager étant de 395 000 fr., quelle est la part de chacun ?*

Rapports inverses $\frac{1}{4}$, $\frac{1}{5}$, $\frac{1}{6}$ ou bien $\frac{30}{120}$, $\frac{24}{120}$, $\frac{20}{120}$, ou enfin 15, 12 et 10.

Les 3 au 4e degré auront : $15 \times 3 = 45$ ⎫
Les 2 au 5e degré   « $12 \times 2 = 24$ ⎬ 79
    1 au 6e degré   « 10 ⎭

par suite,

$$\frac{395\,000 \times 45}{79} = 225\,000 \text{ fr., ou } 75\,000 \text{ fr. à chacun des 3 premiers.}$$

$$\frac{395\,000 \times 24}{79} = 120\,000 \text{ fr., ou } 60\,000 \text{ fr. à chacun des 2 suivants.}$$

$$\frac{395\,000}{79} = 50\,000 \text{ fr., au 6e.}$$

506. *Avec 3 000 fr. on a acheté deux chevaux qui ont été payés en raison directe de leurs forces, proportionnelles aux nombres 121 et 144, et en raison inverse de leurs âges, proportionnels aux nombres* $5\frac{4}{9}$ *et* $6\frac{1}{4}$; *quel est le prix de chaque cheval ?*

Il suffit de partager 3 000 en parties proportionnelles aux produits : $121 \times \frac{9}{49}$, $144 \times \frac{4}{25}$ ou $\frac{1\,089}{49}$ et $\frac{576}{25}$, ou enfin à leurs numérateurs 27 225 et 28 224, les fractions étant réduites au même dénominateur.

$$\frac{3\,000 \times 27\,225}{55\,449} = 1\,472,90 \qquad \frac{3\,000 \times 28\,224}{55\,449} = 1\,527,10$$

Le 1er cheval coûte 1 472 fr. 90, et le 2e 1 527 fr. 10.

507. *Une société de quatre personnes a gagné, en 6 ans, 25 000 fr. sur un capital de 54 980 fr.; la mise de la 1re est à celle de la 2e comme 3 est à 4 ; celle de la 2e est à celle de la 3e comme 6 est à 7 ; enfin celle de la 3e est à celle de la 4e comme 5 est à 6. On demande la mise et le gain de chaque personne.*

On a	1re	2e	3e	4e
	3	4		
		6	7	
			5	6

En multipliant les 2 termes du 1er rapport par 3 et les 2 termes du 2e par 2, ces rapports ne changeront pas de valeur ; on aura :

	9	12		
		12	14	
			5	6

Si l'on multiplie maintenant les 2 premiers rapports par 5 et le dernier par 14, on aura de même

$$
\begin{array}{cc}
45 & 60 \\
60 & 70 \\
70 & 84
\end{array}
$$

On a trouvé ainsi quatre nombres, 45, 60, 70 et 84, qui sont respectivement proportionnels aux mises. Par suite,

Mise de la 1re : $\quad \dfrac{54\,980 \times 45}{259} = 9\,552\,\dfrac{132}{259}$

son gain : $\quad \dfrac{25\,000 \times 45}{259} = 4\,343\,\dfrac{163}{259}$

Mise de la 2e : $\quad \dfrac{54\,980 \times 60}{259} = 12\,736\,\dfrac{176}{259}$

son gain : $\quad \dfrac{25\,000 \times 60}{259} = 5\,791\,\dfrac{131}{259}$

Mise de la 3^e : $\quad \dfrac{54\,980 \times 70}{259} = 14\,859\,\dfrac{119}{259}$

son gain : $\quad \dfrac{25\,000 \times 70}{259} = 6\,756\,\dfrac{196}{259}$

Mise de la 4^e : $\quad \dfrac{54\,980 \times 84}{259} = 17\,831\,\dfrac{91}{259}$

son gain : $\quad \dfrac{25\,000 \times 84}{259} = 8\,108\,\dfrac{28}{259}$

Autre solution. Soient x, y, z et t les mises ; on aura :

$$
\frac{x}{y} = \frac{3}{4} \qquad \frac{y}{z} = \frac{6}{7} \qquad \frac{z}{t} = \frac{5}{6}
$$

Si l'on multiplie les deux premières proportions membre à membre, on aura : $\quad \dfrac{x}{z} = \dfrac{18}{28} = \dfrac{9}{14}$

En multipliant cette dernière avec la troisième, on aura :

$$
\frac{x}{t} = \frac{45}{84} = \frac{15}{28}
$$

on en peut déduire $\quad x = \dfrac{3}{4}\,y = \dfrac{9}{14}\,z = \dfrac{15}{28}\,t$

ou bien $\quad \dfrac{x}{1} = \dfrac{y}{\frac{4}{3}} = \dfrac{z}{\frac{9}{9}} = \dfrac{t}{\frac{28}{15}}$

En multipliant par 45 les fractions dénominateurs, on obtient :

$$\frac{x}{45} = \frac{y}{60} = \frac{z}{70} = \frac{t}{84} = \frac{x+y+z+t}{259} = \frac{54\,980}{259}$$

d'où on déduit les mêmes résultats que précédemment.

508. *Trois personnes ont fait un bénéfice de 600 fr.; la 3ᵉ a reçu pour sa part 150 fr.; la 1ʳᵉ et la 2ᵉ ont reçu, tant pour la mise que pour les bénéfices, 540 fr. et 810 fr. On demande la mise et le gain de chaque personne.*

On a $600 - 150 = 450$ pour les bénéfices des deux dernières; $540 + 810 = 1\,350$ pour les mises et bénéfices; d'après cela, on aura successivement :

Bénéf. de la 1ʳᵉ, $\dfrac{450 \times 540}{1\,350} = 180$; celui de la 2ᵉ, $\dfrac{450 \times 810}{1\,350} = 270$; celui de la 3ᵉ, 150.

Mise de la 1ʳᵉ, $540 - 180 = 360$; celle de la 2ᵉ, $810 - 270 = 540$; celle de la 3ᵉ, $\dfrac{360 \times 150}{180} = 300$.

509. *Deux associés ont formé une entreprise pour laquelle ils ont fourni repectivement 15 000 fr. et 17 000 fr.; le travail du 1ᵉʳ est évalué en outre aux $\dfrac{3}{4}$ du capital social, et celui du 2ᵉ au $\dfrac{1}{3}$ de ce même capital. A la fin de l'année le bénéfice s'élève à 12 000 fr. Quelle est la part de chaque associé?*

Le capital social est de $15\,000 + 17\,000 = 32\,000$.

La mise du 1ᵉʳ $= 15\,000 + \dfrac{3}{4} \times 32\,000$ ou 39 000.

La mise du 2ᵉ $= 17\,000 + \dfrac{1}{3} \times 32\,000$ ou 27 666,66.

On aura alors :

Part du 1ᵉʳ : $\dfrac{12\,000 \times 39\,000}{66\,666,66} = 7\,020$ fr., par défaut.

Part du 2ᵉ : $\dfrac{12\,000 \times 27\,666,66}{66\,666,66} = 4\,980$ fr., par excès.

510. *Quatre personnes ont mis en société, la 1ʳᵉ, 45 000 fr.; la 2ᵉ, 68 000 fr.; la 3ᵉ, 40 000 fr.: et la 4ᵉ, 55 000 fr. Le teneur* de livres est intéressé pour $\frac{1}{30}$ des bénéfices et le commis voyageur reçoit 6 p. %, du gain total. Combien revient-il à chaque associé et au teneur de livres, si le voyageur a reçu 10540 fr.?

Le gain total sera : $\dfrac{100 \times 10540}{6} = 175\,666,66$.

Il revient au teneur de livres : $\dfrac{175\,666,65}{30} = 5\,855,55$.

Il reste à partager : $175\,666,66 - (10\,540 + 5\,855,55)$ ou 159271 fr. 11 en parties proportionnelles aux mises; on aura :

Part de la 1re : $\dfrac{159\,271,11 \times 45\,000}{208\,000} = 34\,457,69$

Part de la 2e : $\dfrac{159\,271,11 \times 68\,000}{208\,000} = 52\,069,40$

Part de la 3e : $\dfrac{159\,271,11 \times 40\,000}{208\,000} = 30\,629,06$

Part de la 4e : $\dfrac{159\,271,11 \times 55\,000}{208\,000} = 42\,114,96$

511. *Trois neveux se sont partagé un héritage; le* 1er *a pris d'abord les* $\frac{5}{9}$, *le* 2e *les* $\frac{2}{7}$, *et le reste a été partagé en 3 parties égales. Après le partage, ils ont mis leur avoir en société; en 4 ans, ils ont réalisé 18144 fr. de bénéfice. Sachant que le* 2e *a eu 19200 fr. pour sa part d'héritage, on demande: 1° la part du* 1er *et du* 3e *neveu; 2° le gain de chacun; 3° à quel taux ils ont fait valoir leur argent.*

On aura $\quad \dfrac{5}{9} + \dfrac{2}{7} = \dfrac{35}{63} + \dfrac{18}{63} = \dfrac{53}{63}$

par suite, $\quad \dfrac{63}{63} - \dfrac{53}{63} = \dfrac{10}{63}$, dont le tiers sera $\dfrac{10}{189}$

Le 1er aura $\dfrac{35}{63} + \dfrac{10}{189}$, ou $\dfrac{105}{189} + \dfrac{10}{189} = \dfrac{115}{189}$

Le 2^{e} aura $\dfrac{18}{63} + \dfrac{10}{189}$, ou $\dfrac{54}{189} + \dfrac{10}{189} = \dfrac{64}{189}$

Le 3^{e} aura $\hspace{5cm} = \dfrac{10}{189}$

Les parts sont donc proportionnelles aux nombres 115, 64 et 10.

La part du 1er sera : $\dfrac{19\,200 \times 115}{64} = 34\,500$

«   2e   « $\dfrac{19\,200 \times 64}{64} = 19\,200$ $\Big\}$ 56 700 fr.

«   3e   « $\dfrac{19\,200 \times 64}{64} = 3\,000$

Le gain du 1er sera : $\dfrac{18\,144 \times 34\,500}{56\,700} = 11\,040$

«   2e   « $\dfrac{18\,144 \times 19\,200}{56\,700} = 6\,144$ $\Big\}$ 18 144 fr.

«   3e   « $\dfrac{18\,144 \times 3\,000}{56\,700} = 960$

Taux : $\dfrac{100 \times 18\,144}{56\,700 \times 4} = 8$ p. $^0/_0$

512. *Deux négociants se mettent en société, à la condition que le 1er, qui dirige les affaires, reçoit d'abord* $20 + \dfrac{5}{6}$ *p.* $^0/_0$ *des bénéfices; le restant se partage proportionnellement aux mises. A l'époque de la répartition on reconnaît que le gain a été de 31,57 p.* $^0/_0$*, et, le partage fait, chacun a 50 000 fr., tant pour sa mise que pour son bénéfice. Trouver la mise de chacun.*

Cherchons d'abord la mise de fonds :

131 fr. 57, capital et intérêts, proviennent de 100 fr. de capital.

100 000 fr.,   «   proviendront de $\dfrac{100 \times 100\,000}{131,57}$ ou 76 000 fr.

Le bénéfice sera 100 000 — 76 000 ou 24 000 fr.

Le 1er prélève d'abord les $\dfrac{125}{6}$ p. $^0/_0$, c'est-à-dire

$$\frac{24\,000 \times 125}{6 \times 100} = 5\,000 \text{ fr.}$$

par suite, la mise du 1er, augmentée de sa part proportionnelle dans les bénéfices, égale 50 000 — 5 000 ou 45 000 fr. Pour avoir les mises, il faut partager 76 000 fr. en parties proportionnelles à 45 000 et 50 000, ou proportionnelles à 9 et 10.

Mise du 1er : $\dfrac{76\,000 \times 9}{19} = 36\,000$ fr.

Mise du 2e : $\dfrac{76\,000 \times 10}{19} = 40\,000$ fr.

6·

513. *Trois associés firent un bénéfice de 1 400 fr. 60; le 1er avait placé 4 006 fr. 40 pendant 10 mois; le 2e, 7 006 fr. 50 pendant 15 mois et $\frac{1}{2}$; le 3e, 6 000 fr. 75 pendant 17 mois 20 jours; quel est le bénéfice de chacun?*

4 006 fr. 40, pendant 10 mois, rapportent autant que $4 006,4 \times 300 = 1 201 920$ pendant un jour.

7 006 fr. 50, pendant 15 mois $\frac{1}{2}$, rapportent autant que $7 006,50 \times 465 = 3 258 022,5$ pendant un jour.

6 000 fr. 75, pendant 17 mois 20 jours, rapportent autant que $6 000,75 \times 530 = 3 180 397,5$ pendant un jour.

$$\text{Bénéfice du 1er :}\quad \frac{1 400,60 \times 1 201 920}{7 640 340} = 220 \text{ fr. } 33$$

$$\text{Bénéfice du 2e :}\quad \frac{1 400,60 \times 3 258 022,5}{7 640 340} = 597 \text{ fr. } 25$$

$$\text{Bénéfice du 3e :}\quad \frac{1 400,60 \times 3 180 397,5}{7 640 340} = 583 \text{ fr. } 02$$

514. *Trois commerçants ont mis 60 000 fr. en société; la part du 2e est les $\frac{5}{6}$ de celle du 1er, et la part du 3e, les $\frac{4}{5}$ de celle du 2e; le 3e a déboursé sa part immédiatement; le 2e, 6 mois après, et le 1er, 5 mois après le 2e. Au bout de 3 ans, ils ont eu 21 312 fr. de bénéfice. On demande la mise et le gain de chacun.*

Si la part du 1er est représentée par 1, la part du 2e sera représentée par $\frac{5}{6}$, et celle du 3e par $\frac{4}{5} \times \frac{5}{6}$, ou $\frac{2}{3}$. La somme sera $1 + \frac{2}{3} + \frac{5}{6}$ ou $\frac{15}{6}$. Ainsi, les $\frac{15}{6}$ de la part du 1er ont une valeur de 60 000 fr.; cette part sera donc $\frac{60 000 \times 6}{15}$ ou 24 000 fr.; la part du 2e sera $\frac{24 000 \times 5}{6}$ ou 20 000 fr., et celle du 3e, $\frac{24 000 \times 2}{3}$ ou 16 000 fr.

16 000 fr., pendant 36 mois, rapportent autant que $16 000 \times 36$ ou 576 000 pendant 1 mois.

20 000 fr., pendant 30 mois, rapportent autant que $20 000 \times 30$ ou 600 000 pendant 1 mois.

24 000 fr., pendant 25 mois, rapportent autant que $24\,000 \times 25$ ou 600 000 fr. pendant 1 mois.

Bénéfice du 1er $\quad \dfrac{21\,312 \times 600\,000}{1\,776\,000} = 7\,200$ fr.

Bénéfice du 2e $\quad \dfrac{21\,312 \times 600\,000}{1\,776\,000} = 7\,200$ fr.

Bénéfice du 3e $\quad \dfrac{21\,312 \times 576\,000}{1\,776\,000} = 6\,912$ fr.

Remarque I. Il est bon d'observer qu'en général les problèmes sur la règle de société composée sont des questions de pure abstraction, qui ne trouvent pas d'application dans le commerce : car il n'est pas rationnel qu'une personne qui entre avec une certaine mise dans une société déjà formée, participe aux bénéfices ou aux pertes qui ont pu se produire avant son admission; ni non plus, qu'une personne qui se retire de la société participe, après son départ, aux bénéfices ou aux pertes qui pourront se produire.

Remarque II. La répartition de l'impôt foncier entre les propriétaires du sol se fait, en France, à l'aide de plusieurs règles de société. Ainsi le Gouvernement répartit l'impôt entre les départements proportionnellement à leurs revenus; puis, d'après le même principe, le conseil général de chaque département le répartit entre les divers arrondissements; ensuite le conseil d'arrondissement, entre les différentes communes; enfin, dans chaque commune, l'impôt est réparti entre les propriétaires. De cette manière, chacun paye sa part de l'impôt, proportionnelle à sa fortune immobilière.

Pour les diverses répartitions de l'impôt, comme pour celles où une somme doit être partagée proportionnellement à un grand nombre de parts inégales, on emploie le mode de répartition dit *répartition au marc le franc*, qui n'est qu'une modification de la règle donnée (443). Pour cela, on divise tout d'abord la somme à partager par le total de celles proportionnellement auxquelles elle doit être partagée; le quotient est alors considéré comme un facteur, appelé *centime le franc*, par lequel on multiplie ensuite chacune des parts comprises dans le diviseur.

Si l'on appliquait au dernier problème ci-dessus la répartition au marc le franc, on aurait :

$$\frac{21\,312}{1\,776\,000} = 0{,}012 = \text{le centime le franc}$$

et ensuite :
$$576\,000 \times 0{,}012 = 6\,192 \text{ fr.}$$
$$600\,000 \times 0{,}012 = 7\,200 \text{ fr., etc.}$$

515. *Un marchand a acheté 350 lit. d'eau-de-vie à 1 fr. 35 le litre. Combien d'eau faut-il ajouter pour pouvoir vendre le litre 1 fr. 75 et gagner 30 p. %?*

Prix d'achat, $350 \times 1,35 = 472,50$

prix de vente, $472,50 + \dfrac{472,5 \times 30}{100} = 614,25$

nombre de litres vendus, $\dfrac{614,25}{1,75} = 351$

On ajoutera donc un litre d'eau.

516. *Sur un mélange de 250 lit. de vin à 0 fr. 45 le litre, et 180 lit. à 0,48, on veut gagner 0 fr. 05 par litre. Quel sera le prix du litre?*

Les 250 litres à 0,45 valent $250 \times 0,45 = 112,50$

180 « à 0,48 « $180 \times 0,48 = 84,40$
$$\overline{}$$

430 lit. valent $198,90$

1 lit. vaudra $\dfrac{198,90}{430} = 0,46$

Prix de vente du litre : $0,46 + 0,05 = 0$ fr. 51.

517. *Un tonneau contient 210 litres de vin à 0 fr. 65 le litre; on en ôte les $\dfrac{2}{3}$, que l'on remplace par du vin à 0,40 le litre; quel sera le prix du litre de mélange?*

On retire du tonneau $\dfrac{210 \times 2}{3}$ ou 140 lit.; il en reste
$$210 - 140 = 70 \text{ lit.}$$

Les 70 lit. à 0,65 valent $70 \times 0,65 = 45$ fr. 50

140 lit. à 0,40 « $140 \times 0,40 = 56$ fr.
$$\overline{}$$

les 210 lit. « $101,50$

1 lit. vaudra $\dfrac{101,50}{210} = 0$ fr. 483

518. *Un propriétaire a 180 Hl. de blé qui valent 22 fr. 50 l'hectolitre, mais il ne peut le vendre que 20,80. Combien doit-il se procurer de blé à 18 fr. 50 l'Hl. pour qu'il puisse, sans éprouver de perte, vendre le mélange au cours du marché?*

22,5   1,7 $\Big\}$ En vendant 20 fr. 80 ce qui coûte 22,50
       20,8   on perd 1,70 par Hl.; en vendant 20 fr. 80
18,5   2,3   ce qui coûte 18 fr. 50 on gagne 2,3.

Donc, pour qu'il y ait compensation entre le gain et la perte, il faudra prendre 23 Hl. à 22 fr. 50 lorsqu'on en prend 17 à 18 fr. 50; et puisqu'il y a 180 Hl. à 22 fr. 50, il en faudra $\dfrac{17 \times 180}{23}$ ou 133 Hl. 043 à 18 fr. 50.

519. *On veut composer un mélange de 663 lit. de vin au prix de 0 fr. 50 et de 0 fr. 63 le litre pour le vendre à 0 fr. 60, sans perdre ni gagner ; combien en prendra-t-on de chaque qualité ?*

On aura   0,50   10 $\Big\}$
               0,60   raisonnement analogue
       0,63   03   au précédent.
                  13

1re qualité : $\dfrac{663 \times 10}{13} = 510$ lit. à 0,63

2e qualité : $\dfrac{663 \times 3}{13} = 153$ lit. à 0,50

520. *On a de l'huile à 0 fr. 95, 0 fr. 85, 0 fr. 75, 0 fr. 65 le litre; on veut en former un tonneau de 240 lit. de 0,70 le litre. Comment peut-on composer ce mélange ?*

On a   0,95   25 $\Big\}$
           0,85   15 $\Big\rangle$ 45
          0,75   5 $\Big\}$
             0,70
        0,65   5 $\big\}$ 5

Pour qu'il y ait compensation, on peut prendre 5 lit. de chacune des qualités supérieures, et 45 lit. de la qualité inférieure; en tout $45 + (5 \times 3) = 60$. Par suite, on en prendra

$$\frac{240 \times 5}{60} = 20 \text{ litres à 0 fr. 95, à 0 fr. 85 et à 0 fr. 75}$$

$$\frac{240 \times 45}{60} = 180 \text{ litres à 0 fr. 65}$$

521. *Avec du riz à 5 fr., à 6 fr., à 9 fr., à 15 fr. la mesure, on* *veut composer un mélange de 460 mesures dans lequel il entre 60 mesures à 6 fr. Combien en mettra-t-on des autres qualités pour que le mélange puisse se vendre 8 fr. la mesure?*

Le prix des 460 mesures du mélange à 8 fr. est 460×8 ou 3 680 fr. Il doit contenir 60 mesures à 6 fr., dont le prix est 360 fr. Pour le riz à 5 fr., à 9 fr., à 15 fr., il en faudra $460 - 60$ ou 400 mesures, dont le prix sera $3 680 - 360$ ou 3 320 fr.; le prix moyen devient $\dfrac{3 320}{400}$ ou 8 fr. 30. On aura :

$$5 \qquad 33 \times 2 = 66 \left.\right\} \quad \frac{66 \times 400}{140} = 188,56$$

$$8,3$$

$$\begin{matrix} 9 \\ 15 \end{matrix} \qquad \left.\begin{matrix} 7 \\ 67 \end{matrix}\right\} = \frac{74}{140} \left.\right\} \quad \frac{74 \times 400}{140} = 211,42$$

Ainsi, pour qu'il y ait compensation, il faut 211,42 mesures à 5 fr. et la moitié de 188,56 ou 94,28 mesures à chacun des prix supérieurs 9 et 15 fr.

Remarque. On aurait pu composer le mélange en compensant les 60 mesures à 6 fr. par du riz à 9 fr., et ensuite former le mélange des mesures restantes; dans ce cas, on trouverait pour résultat, en admettant qu'on en prît encore à 9 fr., les nombres suivants : 160 mesures à 5 fr., 60 mesures à 6 fr., 180 à 9 fr. et 60 à 15 fr. On trouve encore 60 mesures à 6 fr., 120 à 9 fr., 84 à 15 fr. et 196 à 5 fr. Ces résultats différents justifient une fois de plus ce que nous avons dit dans les *Éléments* à propos de l'indétermination des problèmes sur les mélanges.

522. *On veut remplir un tonneau de 450 litres avec une certaine quantité d'eau et 3 espèces de vin estimées 40, 44 et 55 fr. l'hectolitre. Lorsqu'on met 1 litre à 40 fr., on en met 3 à 44, et on ajoute 1 litre d'eau à 24 lit.; en revendant le litre du mélange à 0,60, on gagne 54 fr. Combien a-t-on employé de litres de chaque espèce de liquide?*

Il y a d'abord $\dfrac{450}{25}$ ou 18 lit. d'eau, qui, vendue à 0 fr. 60, donne $18 \times 0,60$ ou 10 fr. 80 de bénéfice. Il faut encore, sur $450 - 18$ ou 432 lit., bénéficier de $54 - 10,80$ ou 43 fr. 20, soit 10 centimes par litre; par suite, 0 fr. 50 sera le prix du litre de mélange.

Or, quand on prend 1 lit. à 0,40 et 3 lit. à 0,44, on gagne

$10 + 6 \times 3$ ou 28 centimes; il faut donc, pour qu'il y ait compensation, en prendre $\frac{28}{5}$ à 0,55. On partagera donc 432 en parties proportionnelles aux nombres 1, 3 et $\frac{28}{5}$ ou 5, 15 et 28, et l'on aura

$$\frac{432 \times 5}{48} \text{ ou } 45 \text{ lit. à } 40 \text{ c.}$$

$$\frac{432 \times 15}{48} \text{ ou } 135 \text{ lit. à } 44 \text{ c.}$$

$$\frac{432 \times 28}{48} \text{ ou } 252 \text{ lit. à } 55 \text{ c.}$$

523. *Un lingot d'argent au titre de 0,875 pèse 2 340 gr.; on demande la quantité de cuivre qu'il faut ajouter pour le ramener au titre de 0,835.*

Quantité d'argent pur : $2\,340 \times 0,875 = 2047$ gr. 50

Poids du nouveau lingot : $\frac{2\,047,50 \times 1\,000}{835} = 2\,452$ fr. 10

Cuivre qu'il faut ajouter : $2\,452,10 - 2\,340 = 112$ gr. 10

524. *Mêmes données; on demande la quantité d'argent qu'il faut ôter pour ramener le lingot au titre de 0,835.*

Poids du cuivre : $\frac{2\,340 \times 125}{1\,000} = 292$ gr. 50

Poids du nouveau lingot : $\frac{292,50 \times 1\,000}{165} = 1\,772$ gr. 72

Argent pur à retrancher : $2\,340 - 1\,772,72 = 567$ gr. 28

525. *On a un lingot d'or de 1 500 grammes au titre de 0,850; on demande la quantité qu'il faut allier d'un autre lingot au titre de 0,920, pour le ramener au titre légal de 0,900.*

On aura   0,920   0,020   20

                        0,900

                 0,850   0,050   50

Il faudra allier $\frac{1\,500 \times 50}{20}$ ou 3 750 gr. du second lingot.

526. *On peut disposer de trois lingots, aux titres de 0,720, 0,840 et 0,950. On demande de composer, avec ces lingots, un alliage au titre légal de 0,900 et du poids de 5 100 grammes.*

On aura   0,720   0,180   18 $\Big\}$ 24

         0,840   0,060   6

              0,900

      0,950   0,050   5   5

Si on en prend 5 gr. de chacun des titres inférieurs et 24 gr. au titre supérieur, l'alliage obtenu sera au titre de 0,900; par suite, on aura :

$$\frac{5\,100 \times 5}{34} = 750\,\text{gr.}$$

$$\frac{5\,100 \times 24}{34} = 3\,600\,\text{gr.}$$

c'est-à-dire 750 grammes à chacun des titres 0,720 et 0,840, et 3 600 gr. au titre de 0,950.

327. *Quel est le volume d'une cloche de 22 quintaux $\frac{1}{2}$ dont on a obtenu l'alliage en fondant ensemble 2 000 kg. de cuivre, 560 kg. d'étain, 25 kg. de zinc et 20 kg. de plomb, sachant que les densités respectives de ces métaux sont 8,88; 7,30; 6,86 et 11,35.*

On détermine d'abord les poids des différents métaux qui entrent dans la cloche en partageant 2 250 en parties proportionnelles aux nombres 2 000, 560, 25 et 20, ou bien 400, 112, 5 et 4; on aura :

cuivre $\dfrac{2\,250 \times 400}{521} = 1\,727,446$; étain $\dfrac{2\,250 \times 112}{521} = 483,686$

zinc $\dfrac{2\,250 \times 5}{521} = 21,592$; plomb $\dfrac{2\,250 \times 4}{521} = 17,276$

vol. du cuivre $\dfrac{1\,727,446}{8,88} = 194,532$; vol. de l'étain $\dfrac{483,686}{7,30} = 66,258$

vol. du zinc $\dfrac{21,592}{6,86} = 3,146$; vol. du plomb $\dfrac{17,276}{11,35} = 1,522$

vol. de la cloche $194,532 + 62,258 + 3,146 + 1,522 = 265^{\text{dmc}}458^{\text{cmc}}$

328. *Mêmes données; on demande le prix de cette cloche, sachant que l'on n'a payé que le métal qui constitue réellement la cloche, plus 200 fr. de frais, et que les prix sont 2 fr. 40 le kg. pour le cuivre, 2 fr. 60 pour l'étain, 0,65 pour le zinc, 0,60 pour le plomb.*

On aura : prix du cuivre $1\,727{,}446 \times 2{,}4\ \ = 4\,145{,}88$
        prix de l'étain $483{,}686 \times 2{,}6 = 1\,257{,}58$
        prix du zinc $21{,}592 \times 0{,}65 = \ \ \ \ 14{,}04$
        prix du plomb $17{,}276 \times 0{,}60 = \ \ \ \ 10{,}36$
        frais   200

        prix de la cloche $5\,627{,}86$

329. *La plus grande distance de la terre à la lune est de 397 343 km.; la moindre est de 355 136 km. Trouver la distance moyenne de la terre à la lune.*

Elle est de $\dfrac{397\,343 + 355\,136}{2} = 376\,239$ km. 5 Dm.

330. *Une compagnie de chemins de fer, qui en exploite 2 140 km., a eu, dans 4 semaines consécutives, les recettes suivantes : 1re semaine, 2 340 570 fr.; 2e, 2 140 340 fr.; 3e, 2 110 412 fr.; 4e, 2 429 354. Trouver la recette kilométrique moyenne d'un jour.*

Recette des 4 semaines :

   $2\,340\,570 + 2\,140\,340 + 2\,110\,412 + 2\,429\,354 = 9\,020\,676$

Recette kilométrique moyenne d'un jour :

$$\frac{9\,020\,676}{2\,140 \times 28} = 150 \text{ fr. } 545$$

331. *Un négociant doit 3 billets portant la même somme et payables, le 1er dans 5 mois, le 2e dans 9 mois, le 3e dans 1 an 3 mois. Il s'acquitte en payant comptant une somme de 1780 fr., et en souscrivant un billet de 865 fr., payable dans 3 mois. Quelle est la valeur des 3 billets, le taux de l'escompte étant 6 p. %?*

Les 3 billets portant la même somme, leur échéance moyenne

serait $\dfrac{5 + 9 + 15}{3} = 9$ mois $\dfrac{2}{3}$

Outre 1 780 fr. payés comptant, le débiteur remet un billet de 865 fr. payable dans 3 mois; mais ce billet comprend, pour l'intérêt des 3 mois, $1\frac{1}{2}$ p. % de la somme qui restait due : en conséquence, cette somme égale $\dfrac{865 \times 100}{101{,}50} = 852{,}20$. Les 3 billets escomptés valent donc aujourd'hui 1 780 fr. $+$ 852 fr. 20, et il faut trouver la somme payable dans 9 mois $\frac{2}{3}$, qui, escomptée en dehors, se réduit à 2 632 fr. 20.

A 6 p. % l'an, l'escompte de 100 fr. pour un mois égale $\frac{1}{2}$ fr., et pour 9 mois $\frac{2}{3}$, il égale $\frac{29}{6} = 4$ fr. $\frac{5}{6}$; par conséquent, 95 fr. $\frac{1}{6}$ sont la valeur actuelle de 100 fr. payables dans 9 mois $\frac{2}{3}$, et l'on aura :

$$\text{valeur nominale des 3 billets} = \frac{2\,632,20 \times 100}{95\,\frac{0}{6}} = 2\,765 \text{ fr. } 88$$

chacun des billets égale donc

$$\frac{2\,765,88}{3} = 921 \text{ fr. } 95$$

Autre solution. Soit x la valeur nominale de chacun des trois billets ; la valeur actuelle du premier est

$$x - \frac{x \times 6 \times 5}{100 \times 12} = x\left(1 - 0,06 \times \frac{5}{12}\right) = x \times 0,975$$

celle du 2^e $\quad x - \frac{x \times 6 \times 9}{100 \times 12} = x\left(1 - 0,06 \times \frac{9}{12}\right) = x \times 0,955$

celle du 3^e $\quad x - \frac{x \times 6 \times 15}{100 \times 12} = x\left(1 - 0,06 \times \frac{15}{12}\right) = x \times 0,925$

Le billet souscrit représente la somme qui restait due, augmentée de 1 $\frac{1}{2}$ p. % pour l'intérêt de 3 mois ; cette somme égale donc $\frac{865 \times 100}{101,50} = 852$ fr. 20, et on aura ainsi la relation entre ce qu'il devait et ce qu'il donne :

$$x(0,975 + 0,955 + 0,925) = 1\,780 + 852,20 = 2\,632,20$$

par suite, $\qquad x = \frac{2\,632,20}{2,855} = 921,95$

La valeur de chacun des billets est donc 921 fr. 95.

532. *On achète des marchandises pour 3 600 fr., payables dans 15 mois ; mais ayant payé 2 400 fr. avant cette époque, on retient les 1 200 fr. qui restent à payer pendant 3 ans 9 mois : à quelle époque a-t-on fait le 1er payement ?*

Le 2ᵉ payement a été retardé de $45 - 15 = 30$ mois.

$$1\,200 \times 30 = 36\,000$$

Le nombre x de mois dont le 1ᵉʳ payement a été avancé doit aussi donner

$$2\,400 \times x = 36\,000$$

d'où

$$x = \frac{36\,000}{2\,400} = 15 \text{ mois}$$

Puisqu'il a eu lieu 15 mois avant l'échéance fixée à 15 mois, le 1ᵉʳ payement a été fait aussitôt après l'achat.

533. *Quelle est l'échéance moyenne des quatre traites suivantes : 1° 500 fr. payables le 1ᵉʳ avril; 2° 640 fr. le 4 juin; 3° 860 fr. le 1ᵉʳ août; 4° 900 fr. le 5 septembre?*

On aura (n° 467) :

$$
\begin{aligned}
500 \times \quad 0 &= 0 \\
640 \times \quad 64 &= 40\,960 \\
860 \times 122 &= 104\,920 \\
900 \times 157 &= 141\,300 \\
\hline
2\,900 \times x &= 287\,180
\end{aligned}
$$

d'où

$$x = \frac{287\,180}{2\,900} = 99 \text{ jours}$$

L'échéance moyenne sera donc le 9 juillet.

534. *Une dette de 6 127 fr. 50 doit être payée par cinquième : le 1ᵉʳ, comptant; le 2ᵉ, dans 4 mois; le 3ᵉ, dans 8 mois; le 4ᵉ, dans 12 mois, et le 5ᵉ, dans 15 mois. On demande de faire un payement unique; à quelle époque doit-il être effectué?*

$$\frac{6\,127,50}{5} = 1\,225,5 \text{ ; en appelant } x \text{ l'époque du payement on}$$

aura $\quad x \times 6\,127,50 = 1\,225,5\,(4 + 8 + 12 + 15) = 47\,794,5$

d'où

$$x = \frac{47\,794,5}{6\,127,5} = 7 \text{ mois } 24 \text{ jours}$$

535. *Un commerçant doit 5 000 fr. payables comme il suit : 1 000 fr. comptant, 1 500 fr. dans 2 mois et 2 500 fr. dans 6 mois; il propose à son créancier, qui accepte, de payer le tout dans 4 mois, sauf le règlement des intérêts à 5 p. %₀ l'an s'il y a lieu. On demande combien il aura à payer à l'époque fixée.*

On aura (n° 467)

$$1\,000 \times 0 = 0$$
$$1\,500 \times 2 = 3\,000$$
$$2\,500 \times 6 = 15\,000$$
$$\overline{5\,000 \times x = 18\,000}$$

d'où
$$x = \frac{18\,000}{5\,000} = 3 \text{ mois } 18 \text{ jours}$$

Il devra donc payer les 5 000 fr., plus les intérêts pendant 12 jours, c'est-à-dire

$$5\,000 + \frac{5\,000 \times 12}{7\,200} = 5\,008 \text{ fr. } 35$$

CHAPITRE ADDITIONNEL

EXERCICES SUR LE CHAPITRE ADDITIONNEL

536. *Sachant que 10 livres sterling valent 102,15 florins de Vienne, que 50 florins valent 100 marcs d'Allemagne, et que 81 marcs valent 100 francs, on demande, en francs, la valeur de 200 livres sterling.*

D'après la règle établie au n° 474 des *Éléments*, on a immédiatement la conjointe suivante :

$$
\begin{aligned}
x \text{ fr.} &= 200 \text{ liv. sterl.} \\
10 \text{ liv. sterl.} &= 102,15 \text{ flor. de Vienne} \\
50 \text{ flor.} &= 100 \text{ marcs} \\
81 \text{ marcs} &= 100 \text{ fr.}
\end{aligned}
$$

On en déduit $x \times 10 \times 50 \times 81 = 200 \times 102,15 \times 100 \times 100$

par suite, $\quad x = \dfrac{200 \times 102,15 \times 100 \times 100}{10 \times 50 \times 81} = 5\,044 \text{ fr. } 44$

Remarque. On aurait pu supprimer des facteurs communs autres que ceux que représentent les noms des monnaies ; dans la pratique, cette suppression se fait sur la conjointe même, avant qu'on en tire la valeur de x. On barre à mesure les nombres sur lesquels on a opéré, en ayant soin d'écrire à côté, s'il y a lieu, le facteur qui reste. Ainsi, dans la conjointe ci-dessus, on supprime deux fois le facteur 10 dans le premier membre, et une fois le facteur 100 dans le second ; ensuite le facteur 5 qui se trouve au premier membre de la 3e égalité et au second membre de la 2e, et enfin le facteur 9 de 81 marcs et de 20 florins 43 qui restent après la suppression du facteur 5. La conjointe présente alors ce résultat :

$$x \text{ francs.} = 200 \text{ liv. sterl.}$$
$$10 \text{ liv. st.} = 102,45 \text{ flor.} \qquad 20,43 \qquad 2,27$$
$$5 \qquad 50 \text{ florins} = 100 \text{ marcs.}$$
$$9 \qquad 84 \text{ marcs} = 100 \text{ francs.}$$

d'où $\qquad x = \dfrac{200 \times 2,27 \times 100}{9} = \dfrac{45\,400}{9} = 5044 \text{ fr. } 44$

537. *Quelqu'un a remis à un banquier de Lyon la somme de 4560 fr. pour une lettre de change à vue sur Lille ; déterminer le montant de cette remise, sachant que le banquier a pris $\frac{1}{4}$ p. % pour change de place.*

La somme de 4560 fr. comprend le montant de la lettre de change plus la commission que le banquier a perçue sous le nom de *change de place* ; on a donc :

$$100 \ldots \ldots \ldots 100,25$$
$$x \ldots \ldots \ldots 4560$$

on en déduit $\quad x = \dfrac{100 \times 4560}{100,25} \quad$ ou $\quad 4548 \text{ fr. } 63$

Le chiffre des centièmes porté sur une traite étant ordinairement exprimé par 0 ou par 5, l'effet sur Lille était de 4548 fr. 65, et la commission perçue de 11 fr. 35.

Remarque. Dans la pratique, au lieu de chercher directement le montant de la traite, on détermine, comme il suit, la commission perçue : $\frac{1}{4}$ p. % de 4560 = 11 fr. 40

moins $\qquad \frac{1}{4}$ p. % de 11 fr. 40 = 0 fr. 0235

Commission $\qquad\qquad\qquad = 11,37$ soit 11 fr. 35

et $4560 - 11,35 = 4548,65$, montant de la traite.

538. *1° D'après les cours de la cote du nº 484, dire quels seraient les cours inscrits du papier court si, au lieu du taux conventionnel 4 p. %, on employait à Paris le taux réel de chaque place étrangère* [1].

---

[1] La plupart des élèves étant peu familiarisés avec certaines questions relatives aux changes, nous croyons leur être utile en donnant ici un peu plus de développement à quelques-unes de ces questions.

Pour toutes les valeurs se négociant à 3 mois, les cours inscrits dans la colonne intitulée *papier court* proviennent des *cours à vue* diminués de l'intérêt de 3 mois au taux conventionnel de 4 p. $\%$ l'an. Si, en ce moment, le taux d'une place étrangère est réellement 4 p. $\%$, le cours inscrit sur la cote est le cours vrai ; mais si ce taux est inférieur ou supérieur à 4 p. $\%$, le cours inscrit sera lui-même inférieur ou supérieur au cours véritable. Voici les cours qui seraient modifiés si l'on escomptait chaque valeur au taux de la place étrangère.

AMSTERDAM. *Cours vrai du papier court :* $211 \frac{7}{8}$ à $212 \frac{1}{8}$.

Le taux de l'escompte à Amsterdam est $3 \frac{1}{2}$ p. $\%$. L'intérêt de 3 mois $= \frac{7}{24} \times 3 = \frac{7}{8}$ p. $\%$ du cours à vue ; en retranchant 1 p. $\%$, on a eu un résultat trop faible de $\frac{1}{8}$ p. $\% = 0$ fr. $\frac{1}{4}$; il faut donc ajouter cette dernière somme au cours inscrit pour obtenir le cours vrai.

TRIESTE. *Cours vrai du papier court :* 221 à $221 \frac{1}{4}$.

Taux 5 p. $\%$. L'intérêt de 3 mois $= \frac{15}{12}$ ou $1 \frac{1}{4}$ p. $\%$ du cours ; en retranchant seulement 1 p. $\%$, le résultat a été trop fort de $\frac{1}{4}$ p. $\% = 0$ fr. $\frac{1}{2}$ qu'il faut retrancher du cours inscrit.

VIENNE. *Cours vrai du papier court :* $221 \frac{1}{4}$ à $221 \frac{1}{2}$.

Comme Trieste ; il y a 0 fr. $\frac{1}{2}$ à retrancher du cours inscrit.

LISBONNE. *Cours vrai du papier court :* $548 \frac{5}{8}$ à $550 \frac{5}{8}$.

Taux 5 p. $\%$. $\frac{1}{4}$ p. $\%$ du cours $= 1$ fr. $\frac{3}{8}$ à déduire du cours inscrit.

SAINT-PÉTERSBOURG. *Cours vrai du papier court :* $339 \frac{1}{2}$ à $340 \frac{1}{2}$.

Taux $7 \frac{1}{2}$ p. $\%$. Intérêt de 3 mois $= 1 \frac{7}{8}$ p. $\%$ du cours. Il faut déduire du cours inscrit $\frac{7}{8}$ p. $\% = 3$ francs.

Remarque I. On voit sur la cote que, pour les cours supérieurs à 100 fr., les plus petites variations inscrites sont de $\frac{1}{8}$ de fr. $= 0{,}125$. Dans cette limite d'approximation, les calculs sont faits à $\frac{1}{16}$ de fr. près, parce qu'on recherche moins une exactitude rigoureuse que le moyen d'arriver rapidement à un résultat suffisamment approché.

Remarque II. Le *tant p.* $^0/_0$ à ajouter ou à retrancher pour compenser la différence d'escompte, a été pris sur les cours à 3 mois, au lieu de l'être sur les cours à vue, qui ne figurent pas sur la cote. Soient A le cours à vue, a le cours à 3 mois inscrit dans la colonne du papier court, et a' le cours réel demandé : en escomptant au taux de 4 p. $^0/_0$, on a :

$$A - \frac{A}{100} = a \quad \text{d'où} \quad A = a + \frac{A}{100}$$

Le taux de l'escompte étant, par exemple, 5 p. $^0/_0$, si l'on demande a', il faudrait retrancher de a $\frac{1}{4}$ p. $^0/_0$ du cours à vue $a + \frac{A}{100}$; on aurait alors

$$a' = a - \frac{1}{400}\left(a + \frac{A}{100}\right) = a - \frac{a}{400} - \frac{A}{40\,000}.$$

En prenant simplement $\frac{1}{4}$ p. $^0/_0$ de a, on néglige le dernier terme $\frac{A}{40\,000}$; mais l'erreur qui en résulte égale au plus : pour Amsterdam, $\frac{214}{80\,000} < 0{,}003$; pour Vienne, $\frac{224}{40\,000} < 0{,}006$; et pour Saint-Pétersbourg, qui offre le cas le plus défavorable, $\frac{347 \times 7}{80\,000} = 0{,}03 < \frac{1}{32}$ de franc.

Remarque III. Pour avoir le cours A du papier à vue, on ajoute 1 p. $^0/_0$ au cours à 3 mois inscrit dans la colonne du papier court ; mais pour obtenir un résultat très exact, ce 1 p. $^0/_0$ devrait, comme ci-dessus, être pris sur $a + \frac{A}{100}$ et non simplement sur a ; on aurait :

$$A = a + \frac{1}{100}\left(a + \frac{A}{100}\right) = a + \frac{a}{100} + \frac{A}{10\,000}$$

mais

$$\frac{A}{10\,000} = \frac{1}{10\,000}\left(a + \frac{A}{100}\right) = \frac{a}{10\,000} + \frac{A}{1\,000\,000}$$

de même

$$\frac{A}{1\,000\,000} = \frac{1}{1\,000\,000}\left(a + \frac{A}{100}\right) = \frac{a}{1\,000\,000} + \frac{A}{100\,000\,000}, \text{ etc.}$$

donc

$$A = a + \frac{a}{100} + \frac{a}{10\,000} + \frac{a}{1\,000\,000} + \dots$$

On ne prend d'ailleurs que les termes qui influent sur les chiffres à conserver au résultat. En remarquant que, sauf le premier, qui est le capital escompté, et le dernier en A, que l'on néglige, chaque terme de la série égale l'intérêt pour 3 mois à 4 p. $^0/_0$ du terme précédent, on reconnaît que c'est du principe ci-dessus que découle la règle pratique donnée pour des cas analogues, dans la *Remarque* du n° 489, 2°, de *Éléments*.

Soit demandé, à 0,001 près, le cours à vue de Lisbonne.

$$\text{Cours à 3 mois du papier court} = 551 = a$$
$$1 \text{ p. }{}^0\!/_0 \text{ de } 551 \ldots = 5,51 = \frac{a}{100}$$
$$1 \text{ p. }{}^0\!/_0 \text{ de } 5,51 \ldots = 0,055 = \frac{a}{10\,000}$$
$$\overline{}$$
$$\text{Le cours à vue} \ldots = 556,565$$

838. 2° *D'après les cours de la cote du n° 484, indiquer,
pour chaque place, si le papier court est plus offert ou plus
demandé que le papier long.*

On sait que les variations successives de la relation entre
l'offre et la demande amènent des variations correspondantes
dans le prix des lettres de change payables sur telle ou telle
place étrangère; cependant l'effet produit n'est pas toujours identique sur tout le papier d'une même place; car, selon que la
demande se porte de préférence sur le papier long ou sur le papier court, le prix de l'un diffère de celui de l'autre; dans ce
cas, lorsque le cours du papier court est plus bas ou plus élevé
que celui du papier long, on peut en conclure qu'il est plus offert
ou plus demandé que le papier long.

Pour les valeurs se négociant à 3 mois, si le taux de la place
étrangère n'est pas 4 p. ${}^0\!/_0$, il faut, avant de comparer les cours,
ramener celui du papier court au cours vrai tel que nous l'avons
trouvé au n° précédent, car le papier court sur Amsterdam, par
exemple, qui paraît meilleur marché que le papier long, est au
contraire plus cher de 0 fr. $\frac{1}{8}$, tandis que le Saint-Pétersbourg
court, qui paraît être le plus cher, est en réalité 1 fr. $\frac{1}{2}$ meilleur
marché.

En comparant tous les cours de la cote, on trouvera :

1° Places dont le papier court est plus offert que le papier
long :

ALLEMAGNE, TRIESTE, VIENNE, LISBONNE, SAINT-PÉTERSBOURG,
ITALIE, SUISSE.

2° Places dont le papier court est plus demandé que le papier
long :

AMSTERDAM, BARCELONE, MADRID, BELGIQUE.

3° Place dont le papier court et le papier long sont au même
cours :

LONDRES.

Remarque I. La valeur intrinsèque du *certain* est toujours la base du change ; la relation entre l'offre et la demande a seulement pour effet de modifier les conditions auxquelles les preneurs du papier consentent à escompter les traites sur telle ou telle place étrangère. Si le papier sur une place étrangère est plus offert que demandé, les acheteurs retiennent un change de place qui n'est autre chose qu'une commission pour leurs frais et leur bénéfice ; si le papier est au contraire plus demandé qu'offert, les vendeurs seront plus exigeants, les acheteurs réduiront leur commission, et le cours sera augmenté d'autant ; il arrivera même que si les acheteurs ont grand besoin de ce papier, non-seulement ils ne retiendront rien sur la valeur intrinsèque, mais même, pour avoir la préférence, ils payeront une prime plus ou moins élevée, et le cours sera alors au-dessus du pair. Voici quelques exemples tirés de la cote du n° 484.

1° Le Madrid à 3 mois est coté 495 à 500. Encaissée à Madrid, une traite de 100 P. vaudra toujours à son échéance l'équivalent de 520 fr. ; 3 mois avant son échéance, elle y vaudra 99 P $= 520 - 1$ p. $^0/_0 = 514,80$ fr. Celui donc qui l'a payée à Paris 495 fr. a retenu $514,80 - 495 = 19,80$ fr., soit environ $3\frac{7}{8}$ p. $^0/_0$, et celui qui l'a payée 500 fr. a retenu seulement $2\frac{7}{8}$ p. $^0/_0$. Les cours du Barcelone sont un peu plus élevés, parce que la retenue n'était que de $3\frac{1}{2}$ p. $^0/_0$ à $2\frac{1}{2}$ p. $^0/_0$.

Si l'on considère le papier à vue, une traite de 100 P. vaut 520 fr., et, puisqu'elle est payée à Paris 501 à 506,06 si elle est tirée sur Madrid, et 505,05 à 510,16 si elle est tirée sur Barcelone, la perte supportée par le vendeur est de $2\frac{1}{2}$ p. $^0/_0$ à $3\frac{5}{8}$ $^0/_0$ sur le Madrid et de 2 p. $^0/_0$ à $2\frac{7}{8}$ p. $^0/_0$ sur le Barcelone.

Ces commissions relativement fortes montrent qu'en ce moment le papier sur l'Espagne était bien délaissé, que néanmoins on trouvait plus facilement l'emploi du Barcelone que du Madrid, et enfin que, pour l'une et l'autre de ces deux places, on préférait le papier court au papier long.

2° Le pair exact de 100 marcs $= 123$ fr. 456. Une traite de 100 marcs à 3 mois vaut donc aujourd'hui $123,456 - 1$ p. $^0/_0 = 122,221$ fr. Puisqu'elle est cotée $121\frac{3}{8}$ à $121\frac{5}{8}$, la commission perçue par les escompteurs de Paris variait de $\frac{11}{16}$ p. $^0/_0$ à $\frac{1}{2}$ p. $^0/_0$ du capital.

3° L'Amsterdam à 3 mois est coté $211\frac{3}{4}$ à 212. Or, 100 florins à vue valent seulement 210 francs, et 100 florins à 3 mois 210 fr. $- \frac{7}{8}$ p. $^0/_0$ pour 3 mois d'intérêt à $3\frac{1}{2}$ p. $^0/_0 = 208,16$ fr. : les acheteurs à $211\frac{3}{4}$ ont donc payé 3,59 fr. au-dessus du pair, soit près de $1\frac{3}{4}$ p. $^0/_0$ de prime, et les acheteurs à 212 fr., 3,84 fr., soit près de $1\frac{7}{8}$ p. $^0/_0$ de prime.

On doit conclure de ces prix que Paris avait de très fortes sommes à adresser à Amsterdam pour y payer soit des marchandises, soit des fonds publics, etc., et que le papier disponible à Paris, c'est-à-dire l'offre, était jugé insuffisant pour satisfaire à toutes les demandes.

Il y a lieu d'examiner si Paris n'aurait pas eu avantage à acquitter les traites d'Amsterdam plutôt que d'y remettre du papier acheté si cher à Paris. C'est un fait général que lorsque le change d'une place étrangère augmente à Paris, le change de Paris baisse sur cette place étrangère, et réciproquement. En effet, la cause pour laquelle, à Paris, la demande de l'Amsterdam était, en ce moment, supérieure à l'offre, faisait au contraire qu'à Amsterdam c'était l'offre qui dépassait la demande, et le change du Paris à vue qui serait, au pair, 47,62 flor. pour 100 francs, était alors coté, à Amsterdam, 46,65 florins, c'est-à-dire avec une perte d'environ 2 p. $^0/_0$. Dans ces conditions, le débiteur parisien devait préférer payer la prime de l'Amsterdam plutôt que de supporter la perte du Paris à Amsterdam, car il pouvait acheter 100 flor. à vue en payant au plus

$$211 \frac{7}{8} + 1 \text{ p. } ^0/_0 = 214 \text{ fr.,}$$

tandis que, pour se rembourser de la même somme de 100 flor., le créancier aurait fourni une traite à vue de $\dfrac{100 \times 100}{46,65} = 214,36$ fr.

4° Si l'on considère les cours de Saint-Pétersbourg, on reconnaît que, à 341 fr. pour 100 roubles à 3 mois, l'acheteur retenait 47,55 francs, soit plus de 12 p. $^0/_0$ du pair. Évidemment, cette perte n'est pas une simple commission ; elle provient, en majeure partie, de ce que, à Saint-Pétersbourg, au lieu d'être payées en espèces, les traites sont payées en papier-monnaie qui subit une dépréciation. La dépréciation et le change de place étant confondus dans le résultat total de 12 p. $^0/_0$, il faudrait connaître l'un des deux éléments pour déterminer l'autre. Un fait analogue a lieu pour Vienne et Trieste et pour l'Italie.

Remarque II. Pour les places qui ont même monnaie que la France, on exprime le change en indiquant seulement l'opération à faire pour avoir la valeur actuelle du certain supposé à vue. Ainsi, par exemple, le change avec la Belgique est énoncé $\frac{1}{16}$ p. $^0/_0$ P à $\frac{1}{16}$ p. $^0/_0$ B, au lieu de $99\frac{15}{16}$ à $100\frac{1}{16}$.

Pour les places dont la monnaie est différente de la nôtre, le cours du change exprime la valeur actuelle du certain à Paris, en supposant le papier à l'échéance indiquée sur la cote. Comme la valeur intrinsèque du certain peut n'être pas connue exactement de tous, les rédacteurs de la cote officielle calculent eux-mêmes le change de place, la dépréciation du papier-monnaie, s'il y a lieu, l'intérêt, si la valeur est cotée à 3 mois, etc., et ils inscrivent la valeur du certain modifiée d'après le résultat de ces opérations ; ainsi, au lieu de coter Londres $\frac{3}{8}$ p. $^0/_0$ à $\frac{3}{16}$ p. $^0/_0$ P., ils inscrivent le cours $25,12\frac{1}{2}$ à $25,17\frac{1}{2}$. Sous cette dernière forme des cours, si l'excès de la demande sur l'offre s'accentue de plus en plus, il se produit toujours une augmentation du cours coté, tandis que pour la Belgique, l'Italie, etc., le même effet se traduit par la diminution du tant p. $^0/_0$ s'il y a perte, et par son augmentation s'il y a bénéfice. A mesure que l'offre devient plus abondante, il se produit des effets inverses.

Remarque III. Dans la cote de Paris, les cours soit du papier long, soit du papier court, sont exprimés chacun par deux nombres qui indiquent le prix le plus bas et le prix le plus haut auxquels s'est négocié le papier de chaque place ; mais il est évident que des opérations ont pu se traiter à des cours intermédiaires. Quoique le prix le plus bas soit généralement le premier inscrit, on voit cependant que pour l'Italie (or) c'est le prix le plus haut qui est inscrit le premier.

Avant 1865, la cote de Paris était publiée sous une autre forme. Pour toutes les places on donnait les cours à vue et à 3 mois, et il y avait deux colonnes pour les uns et pour les autres : la première colonne, intitulée *papier*, contenait le cours de l'*offre*, c'est-à-dire le prix auquel les vendeurs offraient le papier; la seconde, intitulée *argent*, contenait le cours de la *demande*, c'est-à-dire le prix que les acheteurs voulaient donner du même papier. Les cours ne représentaient donc pas toujours des transactions opérées à ces prix, mais plutôt les prétentions respectives des vendeurs et des acheteurs, qui cependant, selon leurs besoins, devaient finir par conclure sur l'un des deux prix ou sur un prix intermédiaire. Comme plusieurs places étrangères continuent de publier leurs cotes sous cette forme, il était utile de rappeler que les titres *papier*, *argent*, sont synonymes de *offre* et *demande*.

Remarque IV. Les deux prix de chaque cours ne supposent pas nécessairement des opérations faites par divers acheteurs, donnant les uns plus, les autres moins. Souvent, en effet, un même banquier prendra un cours plus bas ou plus haut selon qu'il escompte des traites ou qu'il les cède à un client, ou bien encore selon l'importance des traites, et surtout selon la garantie que lui donnent les signatures du tireur et des endosseurs, etc.

538. 3° *D'après le cours du papier long sur Vienne, trouver quelle était, en ce moment, la dépréciation subie par les billets de banque d'Autriche, qui ont cours forcé, en supposant qu'au cours de* $221\frac{1}{2}$ *les frais de transmission représentent seulement* $\frac{5}{8}$ *p.* % *du capital, et au cours de* $221\frac{3}{4}$, $\frac{1}{2}$ *p.* % *du capital; la comparer à celle des billets de banque d'Italie, et montrer que la dépréciation d'un papier-monnaie est toujours supportée par les nationaux de l'État où ce papier a cours.*

1° Puisque celui qui a donné 221 fr. $\frac{1}{2}$ pour 100 florins à 3 mois a retenu $\frac{5}{8}$ p. % $= 1$ fr. $\frac{3}{8}$ pour sa commission et autres frais de transmission, la valeur de 100 flor. à 3 mois était 222 fr. $\frac{7}{8}$; celui qui en a donné 221 fr. $\frac{3}{4}$ s'est contenté de $\frac{1}{2}$ p. % $= 1$ fr. $\frac{1}{8}$ pour ses frais, et l'on a encore $221\frac{3}{4} + 1$ fr. $\frac{1}{8} = 222$ fr. $\frac{7}{8}$.

Une traite de 100 florins qui a coûté 221 fr. $\frac{1}{2}$ ou 221 fr. $\frac{3}{4}$, doit donc produire immédiatement, à Vienne, la même quantité d'argent fin qui est contenue dans 222 fr. $\frac{7}{8}$, c'est-à-dire $90\frac{1}{4}$ florins en espèces. Or 100 florins à 3 mois, escomptés à Vienne au taux de 5 p. %, produiront $98\frac{3}{4}$ florins à vue, mais payables en papier-monnaie. Ces $98\frac{3}{4}$ florins sont cependant l'équivalent de $90\frac{1}{4}$ florins en espèces, et puisqu'il y a une perte de $8\frac{1}{2}$ florins sur $98\frac{3}{4}$, la perte p. $^0/_0$ sera égale à $\dfrac{8\frac{1}{2}\times100}{98\frac{3}{4}}=$ près de $8\frac{2}{3}$.

Les billets de banque d'Autriche perdaient donc $8\frac{2}{3}$ p. $^0/_0$ de leur valeur lorsqu'on les échangeait contre de la monnaie métallique.

Remarque. Au lieu de considérer la perte subie par le papier-monnaie, on considère souvent la prime en faveur de la monnaie métallique. Ainsi, dans l'exemple ci-dessus, sachant que 100 florins papier $= 91\frac{1}{3}$ florins espèces, on chercherait combien 100 florins espèces valent de florins papier. La prime serait égale à $\dfrac{8\frac{2}{3}\times100}{91\frac{1}{3}}=9,489$.

On voit que lorsqu'un papier-monnaie perd $8\frac{2}{3}$ p. $^0/_0$, la monnaie métallique gagne près de $9\frac{1}{2}$ p. $^0/_0$.

2° L'Italie est cotée à vue. La commission perçue sur les traites à courte échéance payables en or était, en moyenne, $\frac{3}{8}$ p. $^0/_0$; la commission sur les traites payables en papier devait être, à peu de chose près, la même, et puisqu'elles étaient cotées, en moyenne, $9\frac{3}{4}$ p. $^0/_0$ de perte, la différence de $9\frac{3}{8}$ p. $^0/_0$ exprime la perte subie par le papier-monnaie. Les billets de banque d'Italie perdaient donc, en ce moment, près de $\frac{3}{4}$ p. $^0/_0$ de plus que les billets de banque d'Autriche.

La perte de $9\frac{3}{8}$ p. $^0/_0$ sur le papier montre que l'or jouissait d'une prime de $10\frac{1}{3}$ p. $^0/_0$.

3° La dépréciation d'un papier-monnaie est supportée par les nationaux de l'État où ce papier a cours, parce que les changes avec l'étranger ont toujours pour base non la valeur nominale du papier-monnaie, mais celle qu'on en retirerait en espèces si on l'échangeait contre de la monnaie métallique.

Remarque. Un gouvernement peut bien décréter le cours forcé, mais il ne peut pas imposer la conviction que le papier-monnaie vaut autant que les espèces métalliques ; aussi dès que le public a des doutes sérieux sur le remboursement intégral du papier-monnaie dans un avenir peu éloigné, on voit se produire une dépréciation qui se traduit par le renchérissement de tous les objets dont le payement se fait en papier. Il s'établit alors deux prix pour les marchandises : l'un public, officiel, suppose le payement en papier-monnaie ; l'autre plus ou moins réduit est pour les acheteurs qui payent en espèces : le rapport de ces deux prix indique le degré de dépréciation du papier ou la prime des espèces métalliques.

Dans les relations intérieures, les inconvénients du cours forcé sont un peu atténués pour les individus qui sont successivement acheteurs et vendeurs ; mais dans les transactions internationales, la dépréciation retombe en entier sur le pays soumis au cours forcé. En effet, les étrangers ne tenant compte que de la valeur métallique représentée par le papier-monnaie, le cours du change avec ce pays baisse sur les places étrangères à mesure que s'accroît la dépréciation du papier ; il en résulte, par exemple, qu'un négociant français qui a expédié à Vienne pour 1 000 francs de marchandises, ayant à tirer sur son débiteur une traite d'autant de florins qu'il en faudra pour que, négociée à Paris, elle produise 1 000 francs, le négociant de Vienne aura à payer d'autant plus de florins en papier-monnaie que le cours du Vienne sera plus bas à Paris.

En même temps que le change avec le pays soumis au cours forcé baisse sur les autres places, dans ce pays même la dépréciation du papier a, au contraire, pour effet de faire monter les cours du change avec toutes les places étrangères. A Vienne, par exemple, les florins-papier valant moins, on en demande davantage pour une même somme payable en espèces à l'étranger ; aussi le cours du Paris qui serait coté à Vienne environ 40 florins pour 100 francs à vue si les florins étaient payés en espèces, était coté 45 florins à l'époque où le Vienne à vue était à Paris à 224,25 francs ; si donc le négociant de Vienne mentionné ci-dessus voulait se libérer en envoyant à son vendeur une traite de 1 000 fr. à vue sur Paris, cette traite lui coûterait 450 florins, et, dans ce cas comme dans l'autre, il aurait payé les 1 000 francs de marchandises de 45 à 50 florins de plus que si le papier-monnaie n'était pas déprécié.

539. *Un négociant de Paris voulant se faire rembourser une somme de 8 450 roubles qui lui est due à Saint-Péters-bourg, tire sur cette place une lettre de change à 60 jours de date ; quelle somme recevra-t-il en monnaie française, le cours de change à trois mois étant 342 fr. pour 100 roubles, et le taux de l'intérêt à 4 p. %?*

1re Solution. (Sans employer de conjointe, *Éléments*, n° 489, 2°.) Si les 8 450 roubles étaient payables dans 3 mois, ils vaudraient $\dfrac{8\,450 \times 342}{100}$ ou 28 899 fr. ; mais étant payables dans 2 mois, ils valent 28 899 fr., plus l'intérêt de 1 mois. A 4 p. % l'an, l'intérêt de 1 mois égale $\dfrac{4}{12}$ ou $\dfrac{1}{3}$ p. % du capital, et comme cette fraction sera prise sur 28 899 fr., capital trop faible puisqu'il exprime la valeur de papier à 3 mois et non celle du papier à 2 mois, il faudra ajouter non seulement $\frac{1}{3}$ p. % de 28 899 fr. mais encore $\frac{1}{3}$ p. % de cet intérêt. On aura :

8 450 roubles à 3 mois valent 28 899 fr.

$$\frac{1}{3} \text{ p. \% de } 28\,899 = 96,33$$

plus $\qquad \frac{1}{3}$ p. % de 96,33 = 0,32

intérêt de 1 mois à 4 p. % $\qquad = 96,65$

par suite, 8 450 roubles à 2 mois valent 28 899 + 96,65 ou 28 995 fr. 65.

Le négociant recevra donc 28 995 fr. 65.

2° Solution. (En employant une conjointe, n° 490.) Puisque l'on compare une valeur à 2 mois avec une valeur à 3 mois, il doit y avoir un mois d'intérêt de différence, et, à 4 p. %, cela fait $\frac{4}{12}$ ou $\frac{1}{3}$ p. %. Dans la conjointe ci-après, pour passer des roubles à 2 mois aux roubles à 3 mois, nous introduirons l'égalité relative à l'escompte qui signifie que $99\frac{2}{3}$ roubles à 2 mois valent autant que 100 roubles à 3 mois.

$$x \text{ fr. espèces} = 8\,450 \text{ roub. à 2 mois}$$

$$99\frac{2}{3} \text{ roub. à 2 mois} = 100 \text{ roub. à 3 mois}$$

$$100 \text{ roub. à 3 mois} = 342 \text{ fr. espèces}$$

$$x = \frac{8\,450 \times 342}{99\frac{2}{3}} = \frac{8\,450 \times 342 \times 3}{299} = 28\,995 \text{ fr. } 65$$

540. *Un banquier de Marseille doit 8 000 flor. à Amsterdam ; il peut s'acquitter par deux moyens différents : 1° directement, en remettant de l'Amsterdam acheté à 211,50 ; 2° indirectement, en remettant du Hambourg dont le cours est 59 flor. pour 100 marcs à Amsterdam et 121 fr. à Marseille ; quel est le moyen le plus avantageux pour lui ?*

1° Directement, il payera

$$\frac{8\,000 \times 211,5}{100} = 16\,920 \text{ fr.}$$

2° Indirectement

$$x \text{ fr.} = 8\,000 \text{ flor.}$$
$$59 \text{ flor.} = 100 \text{ marcs}$$
$$100 \text{ marcs} = 121 \text{ fr.}$$

$$x \times 59 \times 100 = 8\,000 \times 100 \times 121$$

d'où $\quad x = \dfrac{8\,000 \times 100 \times 121}{59 \times 100} = 16\,406{,}77$

Le second moyen sera plus avantageux de $16\,920 - 16\,406{,}77$ ou de 513 fr. 23.

541. *Un négociant de Paris doit à Amsterdam 2 500 flor. ; sachant qu'à Amsterdam les traites sur Londres se négocient en ce moment à raison de 12 flor. pour 1 liv. sterl. payable dans 2 mois, il achète à Paris une traite sur Londres payable dans 60 jours et il l'envoie à son correspondant, qui, en la négociant, encaisse exactement 2 500 flor. On demande ce que coûtera cette traite à Paris, si, pour 1 liv. sterl. à vue, il faut payer 25 fr. 20, l'escompte du papier sur Londres étant 4 p. %, l'an.*

1re Solution. (Avec égalité de l'escompte dans la conjointe.)

$$x \text{ fr. espèces} = 2\,500 \text{ flor.}$$
$$12 \text{ flor.} = 1 \text{ liv. sterl. à 2 mois}$$
$$100 \text{ liv. sterl. à 2 mois} = 99\tfrac{1}{3} \text{ liv. st. à vue}$$
$$1 \text{ liv. st. à vue} = 25{,}20 \text{ fr. espèces}$$

d'où $\quad x = \dfrac{2\,500 \times 99\frac{1}{3} \times 25{,}20}{12 \times 100} = 25 \times 298 \times 0{,}70 = 5\,215$ fr.

2e Solution. (Avec le cours nivelé dans la conjointe.) Au lieu d'introduire dans la conjointe l'égalité de l'escompte, des praticiens préfèrent niveler directement les cours avant de poser la conjointe.

La livre sterling à vue étant cotée 25 fr. 20 à Paris, on ramène cette valeur à ce qu'elle vaudrait si la liv. st. était payable à 2 mois, échéance qui sert de base à la cote d'Amsterdam; on déduit donc de 25 fr. 20 l'intérêt de 2 mois à 4 p. %, soit $\tfrac{2}{3}$ p. %.

Valeur de 1 liv. st. à vue 25 fr. 20
Moins intérêt de 2 mois 0,   168

Valeur de 1 liv. st. à 2 mois 25 fr. 032. C'est le cours nivelé.

On pose ensuite la conjointe

$$x \text{ fr.} = 2\,500 \text{ flor.}$$
$$12 \text{ flor.} = 1 \text{ liv. st. à 2 mois}$$
$$1 \text{ liv. st. à 2 mois} = 25{,}032 \text{ fr.}$$

d'où
$$x = \frac{2\,500 \times 25{,}032}{12} = 5\,215 \text{ fr.}$$

Un cours nivelé est rarement exprimé, comme ci-dessus, avec un petit nombre de chiffres décimaux exacts; aussi le résultat n'est-il souvent qu'approché.

542. *Pour payer 849 liv. sterl. de Paris à Londres, lequel est le plus avantageux, du change direct ou du change indirect par Hambourg ou Madrid, les cotes étant :*

COTE DE PARIS		COTE DE LONDRES		
Changes.		Changes.		Certain.
Londres	25,30	*Paris*	25,40 *fr. à 3 mois*	(1 *liv. sterl.*)
Hambourg	121,50	*Hambourg*	20,25 *marcs id.*	id.
Madrid	498	*Madrid*	$47\frac{1}{2}$ *den. st.*	(1 *piastre à 3 mois*)

Le taux de l'escompte est 3 p. % à Paris, 4 p. % à Londres, 5 p. % à Hambourg et à Madrid.

Le débiteur a quatre moyens de se libérer : les deux changes directs et les deux changes indirects par Hambourg et Madrid; de là un arbitrage à faire pour déterminer le plus avantageux.

1° *Prix du Londres acheté à Paris* (change direct).

Si le débiteur envoie à son correspondant, qui les encaissera, 849 liv. st. en lettres de change à vue sur Londres, ces lettres de change lui coûteront

$$849 \times 25{,}30 = 21\,479 \text{ fr. } 70$$

2° *Prix du Paris négocié à Londres* (change direct).

Si le débiteur se libérait en payant à Paris une traite à vue, que son créancier tirerait sur lui, il faudrait chercher de combien de francs devrait être cette traite pour que, négociée à Londres, elle fît toucher 849 liv. st. au tireur. Il posera donc une conjointe identique à celle que son créancier calculera à Londres. L'escompte à Paris étant à 3 p. %, il y a, entre les francs à 3 mois et les francs à vue, une différence de $\frac{3}{4}$ p. %.

$$x \text{ fr. à vue} = 849 \text{ liv. st. espèces}$$

$$1 \text{ liv. st. espèces} = 25,40 \text{ fr. à 3 mois}$$

$$100 \text{ fr. à 3 mois} = 99 \frac{1}{4} \text{ fr. à vue}$$

d'où $\qquad x = \dfrac{849 \times 25,40 \times 99,25}{100} = 21\,402 \text{ fr. } 86$

3° *Londres par Hambourg* (change indirect).

Le débiteur peut acquitter sa dette en envoyant à son créancier des lettres de change sur Hambourg, qui, négociées à Londres, produiront 849 liv. st. ; il faut chercher combien ces lettres de change sur Hambourg coûteront à Paris. Le cours du Hambourg s'appliquant, à Londres comme à Paris, au papier à 3 mois, il n'y a pas à s'occuper du taux de l'escompte à Hambourg.

$$x \text{ fr. espèces} = 849 \text{ liv. st. espèces}$$

$$1 \text{ liv. st. espèces} = 20,25 \text{ marcs à 3 mois}$$

$$100 \text{ marcs à 3 mois} = 121,50 \text{ fr. espèces}$$

d'où $\qquad x = \dfrac{849 \times 20.25 \times 121.50}{100} = 20\,888 \text{ fr. } 58$

4° *Londres par Madrid* (change indirect).

Au lieu de papier sur Hambourg, le débiteur peut remettre à son créancier du papier sur Madrid. Même observation que ci-dessus relativement à l'escompte, puisque, de même que pour le Hambourg, les cours de Madrid sont nivelés sur les cotes de Londres et de Paris.

$$x \text{ fr. espèces} = 849 \text{ liv. st. espèces}$$

$$1 \text{ liv. st. espèces} = 240 \text{ den. st. espèces}$$

$$47 \frac{1}{2} \text{ den. st. espèces} = 1 \text{ piastre à 3 mois}$$

$$100 \text{ piastres à 3 mois} = 498 \text{ fr. espèces}$$

d'où $\qquad x = \dfrac{849 \times 240 \times 498}{47,5 \times 100} = 21\,362 \text{ fr. } 62$

On voit, par la comparaison des quatre résultats, que le change indirect par Hambourg est le plus avantageux.

Remarque I. Comme dans ce problème on ne demande que la voie la plus avantageuse au débiteur, on aurait pu simplifier les calculs en opérant sur une livre sterling.

Remarque II. En comparant les deux cotes ci-dessus de Paris et de Londres, on remarque que tandis qu'à Paris tous les cours sont cotés en *francs*, à Londres le cours du Paris est exprimé en *francs*, celui de Hambourg en *marcs* et celui de Madrid en *deniers sterling*, c'est-à-dire en monnaie anglaise. Cela vient de ce que Londres donne le certain à Paris et à Hambourg et l'incertain à Madrid. De là il résulte que, à Londres, plus le Paris augmente de valeur, plus le cours coté diminue, tandis que si le Paris y est coté successivement 24,90, 25,20, 25,30, etc., on dit que le change sur Paris baisse; de là aussi il résulte que le Paris à 3 mois étant coté, à Londres, 25,40, le Paris à vue y

vaut $$25,40 - \frac{3}{4} \text{ p. }\% = 25,2095$$

543. *Le cours au comptant du* $4\frac{1}{2}$ *p.* % *étant* 103,75 *et celui du* 3 *p.* % *de* 74,80, *quel est le plus avantageux?*

Le taux réel du $4\frac{1}{2}$ p. % est $\dfrac{4.5 \times 100}{103.75}$ ou 4,33

celui du 3 p. % $\qquad \dfrac{3 \times 100}{74,8}$ ou 4,01

Le plus avantageux est donc le $4\frac{1}{2}$ p. %.

544. *A quel taux place son argent un individu qui achète, le 14 décembre, 600 fr. de rentes* 3 *p.* %, *au cours de* 58,50?

Le 16 décembre on détache, sur le 3 p. %, un coupon de 0,75, qui sera payé le 1er janvier; au 14 décembre, les $\frac{5}{6}$ de ce coupon sont déjà acquis et la rente peut être considérée comme ne coûtant en réalité que $58,50 - 0,625 = 58,875$. En ajoutant 0,073 pour le courtage sur 58,50, et 0,009 pour la part proportionnelle du timbre de 1,80, on a, pour le prix réel de 3 fr. de rente, 57 fr. 97; le taux du placement sera donc:

$$\frac{3 \times 100}{57,957} = 5,1762$$

L'acheteur place son argent à 5,18 p. %.

545. *Un particulier peut disposer de* 40 000 *fr. pour acheter du* 3 *p.* %. *Le cours étant* 67,50, *il attend quelques jours, et* *le cours s'élève alors à 69,10. Dites : 1° quelle rente il a perdue ; 2° quelle rente il aurait gagnée si le cours était tombé à 66,25.*

Le courtage coûtera bien près de 50 fr., et le timbre du bordereau 1 fr. 80 ; la somme consacrée à l'achat du 3 p. %₀ sera donc 40 000 — 51,80 ou 39 948 fr. 20 ; avec cette somme on achèterait :

$$\text{Au cours de } 67,50 \quad \frac{39\,948,20}{67,50} = 1\,775 \text{ fr. de rente}$$

$$\text{« } \quad 69,10 \quad \frac{39\,948,20}{69,10} = 1\,734 \text{ fr. « }$$

$$\text{« } \quad 66,25 \quad \frac{39\,948,20}{66,25} = 1\,808 \text{ fr. « }$$

On voit déjà qu'en retardant de quelques jours, l'acheteur a perdu 1 775 — 1 734 ou 41 fr. de rente ; et que si le cours était tombé à 66,25, il aurait au contraire gagné 1808 — 1 775 ou 33 fr. de rente ; mais les titres de rente ne comportant pas de fraction de franc, il y a lieu d'examiner si le reliquat non employé des 40 000 fr. atténue sa perte ou l'augmente.

$$1\,775 \text{ fr. de rente auraient coûté } \frac{1\,775 \times 67,50}{3} = 39\,937,50$$

$$\text{courtage } 49,92 \text{, timbre } 1,80 = \quad 51,72$$

$$39\,989,22$$

Reliquat 10 fr. 78.

$$1\,734 \text{ fr. de rente auraient coûté } \frac{1\,734 \times 69,10}{3} = 39\,939,80$$

$$\text{courtage } 49,92 \text{, timbre } 1,80 = \quad 51,72$$

$$39\,991,52$$

Reliquat 8 fr. 48.

$$1\,808 \text{ fr. de rente auraient coûté } \frac{1\,808 \times 66,25}{3} = 39\,926,66$$

$$\text{courtage } 49,80 \text{, timbre } 1,80 = \quad 51,60$$

$$39\,978,26$$

Reliquat 21 fr. 74.

En résumé :

1° Il a perdu 41 fr. de rente et a payé 2 fr. 30 de plus.

2° Il aurait gagné 33 fr. de rente et aurait payé 10 fr. 96 de moins.

Dans ce dernier cas, en ajoutant seulement 0,50 aux 40 000 fr., il aurait eu 1 809 fr. de rente.

546. *Le 18 décembre 1874, un particulier place une somme de 5 400 fr. en achat de rentes 3 p. %, au cours de 69,30; quatre mois après il vend ses rentes au cours de 71,10; on demande à quel taux l'argent du particulier a été placé. Les rentes 3 p. % se payent le 1er de chaque trimestre, mais le coupon se détache quinze jours auparavant.*

1re Solution. En prélevant 6,75 pour le courtage et 0,60 pour le timbre, il reste 5 392,65 pour acheter du 3 p. %. Au cours de 69,30 on aura 233 fr. de rente qui coûteront $\dfrac{233 \times 69,30}{3}$ ou 5 382,30, plus le courtage 6,73, le timbre 0,60, soit en tout 5 389 fr. 63.

La vente a produit $\dfrac{233 \times 71,10}{3} = 5\,522,10$

moins le courtage 6,90 et le timbre 0,60 = $\qquad$ 7,50

produit net de la vente $\qquad = 5\,514,60$

La différence seule des cours a fait gagner 5 514,60 — 5 389,63 ou 124,97; de plus on a touché, en avril, un coupon de $\dfrac{233}{4}$ ou 58 fr. 25; le gain total est donc 124,97 + 58,25 ou 183 fr. 22. Le taux pour 4 mois sera $\dfrac{183,22 \times 100}{5\,389,63} = 3,399$, soit 3,40, et pour l'année entière $\qquad 3,40 \times 3 = 10,20$

Le coupon encaissé en janvier n'augmente pas le revenu, parce que l'acheteur avait dû d'avance en tenir compte à son vendeur; on sait, en effet, qu'un *coupon détaché* est un coupon dont la valeur n'est plus comprise dans le cours officiel de la rente, mais qu'il faut payer en sus de ce cours officiel, si l'on achète avant le jour où l'État le payera.

2e Solution. On arriverait au même résultat si l'on comparait le cours d'achat au cours de vente, en tenant compte du courtage qui s'ajoute au premier et se retranche du second, ainsi que du coupon encaissé, etc.

La vente a eu lieu à $\qquad 71,10 - 0,088\,875 = 71,011\,125$

l'achat avait été fait à $\qquad 69,30 + 0,086\,625 = 69,386\,625$

$$\text{différence} = 1,624\,5$$
$$\text{coupon encaissé} = 0,75$$
$$2,374\,5$$

part proportionnelle des deux timbres $\dfrac{1,20 \times 3}{233} = 0,015\,5$

bénéfice net sur 3 francs de rente $\qquad\qquad = 2,359$

Le taux pour 4 mois sera $\dfrac{2,359 \times 100}{69,3866} = 3,399$ ou $3,40$, et pour l'année entière $10,20$, comme ci-dessus.

L'argent a donc été placé à $10\frac{1}{5}$ p. %.

547. *Le capital d'une compagnie est formé de 72 000 actions de 500 fr. chacune. Cette compagnie a fait, dans un an, 11 815 330 fr. 32 de recette ; elle a dépensé pour frais d'exploitation 6 466 826 fr. 50 ; à la fin de l'année elle a donné à chaque action 40 fr. de dividende, plus l'intérêt fixe de 5 p. %; le restant des bénéfices a été placé au fonds de réserve ; quel est ce restant ?*

Le bénéfice a été de $11\,815\,330,32 - 6\,466\,826,50$ ou $5\,348\,503,82$

La somme donnée comme intérêts des actions est

$$72\,000 \times 25 \quad \text{ou} \quad 1\,800\,000$$

La somme donnée comme dividende est

$$72\,000 \times 40 \quad \text{ou} \quad 2\,880\,000$$

Le restant des bénéfices sera donc de

$5\,348\,503,82 - (1\,800\,000 + 2\,880\,000)$, c'est-à-dire $668\,503$ fr. 82

548. *Pour l'exercice d'une année, les actions du chemin de fer d'Orléans ont reçu 41 fr. de dividende. A quel taux d'intérêt correspond le revenu total de ces titres, qui rapportent 3 p. % d'intérêt fixe ? On supposera à ces actions : 1° leur valeur nominale 500 fr. ; 2° leur valeur du cours moyen de l'époque, 942 fr.*

Chaque action produit 41 fr. de dividende, plus 15 fr. d'intérêt fixe, en tout 56 fr.; le taux sera donc pour la valeur nomi-

nale $\dfrac{56 \times 100}{500}$ ou 11 fr. 20; pour la valeur du cours moyen

$$\dfrac{56 \times 100}{942} \quad \text{ou 5 fr. 80}$$

Les taux sont donc 11 fr. 20 et 5 fr. 80.

549. *L'emprunt de 2 milliards à 5 p. %, a été émis au cours de 82 fr. 50, réduit à 79 fr. 26 pour les souscripteurs qui se libéraient immédiatement. On demande : 1° à quel taux on aurait placé son argent en souscrivant à cet emprunt; 2° de combien on aurait augmenté son revenu en empruntant, à 5 p. %, la somme nécessaire pour souscrire 10 000 fr. de rente au même emprunt.*

Tout souscripteur à l'emprunt versait, en souscrivant, 12 fr. pour chaque 5 fr. de rente, et quoiqu'il eût la jouissance immédiate de la rente entière, il pouvait ne payer les 70 fr. 50 restants que de mois en mois, en 16 termes; il conservait néanmoins la faculté de se libérer par anticipation d'un ou plusieurs termes à volonté, les payements anticipés donnant droit à un escompte de 5 p. %. Il résulte de là que le souscripteur qui se libérait en entier, au moment de la répartition, jouissait d'une remise de 3 fr. 24 et n'avait à payer que 67 fr. 26, ce qui, avec les 12 fr. du versement de garantie, portait pour lui à 79 fr. 26 le prix de 5 fr. de rente. Dans les souscriptions publiques il n'y a pas de courtage à payer. Cela posé, répondons aux deux questions du problème.

1° Au cours de 82,50 le taux serait $\dfrac{5 \times 100}{82,50}$ ou 6,06; mais ce taux est purement nominal, puisque pendant plus de 15 mois le souscripteur jouissait en même temps de la rente et de la partie plus ou moins importante du capital qu'il n'avait pas encore versée. Le taux réel de l'emprunt doit se conclure du cours de 79,26, et on a le taux

$$\dfrac{5 \times 100}{79,26} \quad \text{ou 6 fr. 30 p. %}$$

2° Au cours de 79,26 les 10 000 fr. de rente coûteraient

$$\dfrac{79,26 \times 10\,000}{5} \quad \text{ou 158 520 fr.}$$

En empruntant cette somme à 5 p. %, le souscripteur devait payer annuellement 7 926 fr. d'intérêt; il aurait donc augmenté son revenu de 10 000 — 7 926 ou 2 074 fr. De plus, la rente

étant payée trimestriellement, le souscripteur recevra 2 500 fr.
9 mois avant l'époque du payement des intérêts, 2 500 fr. 6 mois,
et 2 500 fr. 3 mois avant la même époque; s'il faisait produire à
ces sommes un intérêt de 5 p. $\%$, il augmenterait encore son revenu de 187 fr. 50, ce qui donne pour l'augmentation totale

$$2\,074 + 187,50 = 2\,261 \text{ fr. } 50$$

550. *Quel est le plus avantageux des deux placements suivants : acheter des obligations de P.-L.-M., au porteur, rapportant annuellement, impôts déduits, 13 fr. 95, et coûtant
272 fr. 50, ou bien acheter de la rente 3 p. $\%$ au cours de
56 fr. 90?*

Le taux réel en achetant des obligations est

$$\frac{13,95 \times 100}{272,50} \quad \text{ou} \quad 5,11 \text{ p. } \%$$

celui de la rente 3 p. $\%$ est

$$\frac{3 \times 100}{56,90} \quad \text{ou} \quad 5,27 \text{ p. } \%$$

Il est donc plus avantageux d'acheter du 3 p. $\%$, car on y
gagne 0 fr. 16 p. $\%$ de revenu.

LIVRE VII

APPROXIMATIONS NUMÉRIQUES

Préliminaires. Nous avons dit, n° 532 (*Éléments d'arithmétique*) : « Dans les calculs pratiques, on opère souvent sur des nombres qui ne peuvent être connus exactement, soit parce qu'ils sont incommensurables, soit parce qu'ils proviennent de mesures prises avec des instruments qui ne peuvent fournir que des résultats plus ou moins entachés d'erreurs. » Nous allons donner quelques exemples à l'appui de cette remarque.

Mesure des longueurs. Si l'on mesure une longueur d'environ un mètre, on pourra avoir le résultat à moins d'un millimètre, et même, à l'aide du vernier, à moins d'un dixième de millimètre, et le nombre qui exprimera la mesure de cette grandeur aura au plus quatre chiffres exacts ; s'il s'agit d'une longueur plus grande, celle d'une salle, par exemple, qui aurait au plus 10 mètres, on ne pourrait ordinairement compter que sur l'exactitude des centimètres ; en arpentage, pour une longueur de plusieurs centaines de mètres, on ne la suppose pas mesurée à plus d'un décimètre près, et encore c'est là une approximation que n'obtiennent pas toujours les meilleurs opérateurs. On peut donc dire que dans les mesures de longueur on n'obtient pas les résultats avec plus de quatre chiffres exacts [1].

Mesure des poids. Avec des balances de précision, on peut connaître le poids d'un corps à un dixième de milligramme près ; mais ces balances ne peuvent servir que pour des poids peu différents du gramme ; la sensibilité des balances ordinaires est fixée à $\dfrac{1}{2\,000}$ du poids à peser, et, pour les bascules, à $\dfrac{1}{500}$, de sorte que le poids d'un corps ne peut être connu qu'avec trois ou quatre chiffres exacts.

---

[1] Il existe cependant des procédés, employés par les physiciens et les astronomes, qui permettent de mesurer une longueur avec une approximation plus rigoureuse.

Mesure des angles. Les astronomes, avec des instruments d'une grande précision, parviennent à mesurer les angles à un dixième de seconde ; mais les arpenteurs atteignent rarement la minute ; c'est pour cela que, si les tables de logarithmes à sept décimales sont utiles aux premiers, celles à cinq décimales sont plus que suffisantes pour les derniers.

Ou pourrait faire des observations analogues sur la mesure du temps, des forces, etc.

Concluons que tous les calculs pratiques s'exécutent sur des données plus ou moins inexactes ; c'est donc fausser les idées que de donner comme exacts plus de chiffres que n'en comporte l'approximation des données.

Il y a deux méthodes, en dehors des opérations abrégées, pour résoudre les questions qui ont trait aux approximations numériques : l'une, dite des *erreurs absolues*, et l'autre, des *erreurs relatives* ; comme cette dernière précise mieux l'approximation, on en fait un plus fréquent usage ; d'ailleurs, les deux théorèmes fondamentaux (536) et (539) donnent immédiatement une limite de l'erreur relative, quand on en connaît une de l'erreur absolue, et réciproquement, ce qui permet de passer facilement d'une méthode à l'autre.

Lorsque, pour avoir l'approximation demandée, on a déterminé, par le moyen des erreurs relatives, le nombre de chiffres que doivent avoir les divers nombres qui entrent dans un calcul, il faut, avec les chiffres jugés nécessaires, effectuer les opérations d'après les moyens ordinaires, et non pas se servir des opérations abrégées ; car, dans ce dernier cas, l'erreur du résultat comprendrait, outre l'erreur provenant des erreurs des nombres, celles que donnent ces moyens rapides de calcul, et il se pourrait faire que l'on n'eût plus l'approximation demandée. Si l'on veut se servir des méthodes abrégées, il faudra tenir compte des erreurs qu'elles entraînent, en ayant soin que ces erreurs soient de sens contraire aux premières et aient à peu près la même limite ; on sera à peu près assuré, bien que cela ne puisse être démontré rigoureusement, d'obtenir le résultat cherché.

EXERCICES

531. *On ne prend que les quatre premiers chiffres du nombre 6,784 58; quelle est : 1° son erreur absolue; 2° son erreur relative ?*

L'erreur absolue est 0,000 58; l'erreur relative est :

$$\frac{0,000\,58}{6,784\,58} = \frac{58}{678\,458} < \frac{100}{600\,000} = \frac{1}{6\,000} = \frac{1}{6\,.\,10^3}$$

ainsi l'erreur relative est moindre que $\dfrac{1}{6\,.\,10^3}$.

532. *Prendre le nombre 3,141 59 à 0,001 près : 1° par défaut; 2° par excès.*

La valeur par défaut, à 0,001 près, est 3,141.
La valeur par excès, à 0,001 près, est 3,142.

533. *Prendre le nombre 2,718 28 à $\dfrac{1}{2}$ millième près.*

Cette valeur est 2,718; car l'erreur 0,000 28 est moindre que 0,000 5.

534. *Sachant que le nombre 547,578 a été calculé à moins de $\dfrac{1}{10^3}$ de sa valeur, on demande de l'écrire avec ses chiffres exacts, et de dire la limite de son erreur absolue.*

D'après le théorème (539), les chiffres 547,5 seront exacts; la limite de l'erreur absolue sera 0,1.

535. *Calculer, à 0,01 près, la somme 5,43271 + 2,71828 + 1,732.*

D'après la règle (522), on aura :

$$
\begin{array}{r}
5,432 \\
2,718 \\
1,732 \\
\hline
9,882
\end{array}
$$

Le résultat sera 9,89 par excès.

536. *Calculer, à 0,001 près, la différence 2,236067 − 1,414213.*

On aura (524) :

$$
\begin{array}{r}
2,236 \\
1,414 \\
\hline
\end{array}
$$

Le résultat est $\qquad$ 0,822

557. *Calculer, à 0,001 près, la somme :*

$$\left(1 + \frac{1}{1} + \frac{1}{1.2} + \frac{1}{1.2.3} + \frac{1}{1.2.3.4} + \frac{1}{1.2.3.4.5} + \frac{1}{1.2.3.4.5.6} + \frac{1}{1.2.3.4.5.6.7}\cdots\right)$$

Les trois premiers nombres étant exacts, il suffira de prendre chacun des cinq autres avec une erreur de 0,0001 ; on aura :

$$
\begin{array}{r}
2,5 \\
0,166\,6 \\
0,041\,6 \\
0,008\,3 \\
0,001\,3 \\
0,000\,1 \\
\hline
2,717\,9
\end{array}
$$

Le résultat à 0,001 près est 2,718.

558. *Calculer, à 0,001 près, la différence* $\sqrt{10} - \sqrt{5}$.

On aura :
$$\sqrt{10} = 3,162\,2$$
$$\sqrt{5} = 2,236\,0$$

Le résultat est $\qquad$ 0,926 2

559. *Calculer, à 0,01 près, par la multiplication abrégée, le produit* 667 546,487 542 × 4,932 475 8. *Est-il nécessaire d'augmenter d'une unité le dernier chiffre conservé ?*

$$
\begin{array}{r}
667\,546,487\,542 \\
8\,574,239\,4 \\
\hline
2\,670\,185,950\,0 \\
600\,791\,838\,3 \\
20\,026\,394\,4 \\
1\,335\,092\,8 \\
267\,018\,4 \\
46\,727\,8 \\
3\,337\,5 \\
533\,6 \\
\hline
3\,292\,656,892\,8
\end{array}
$$

La limite supérieure de l'erreur est de
$$0,000\,1\,(4 + 9 + 3 + 2 + 4 + 7 + 5 + 8) = 0,004\,2$$
augmentée de 0,002 8, c'est-à-dire
$$0,004\,2 + 0,002\,8 = 0,007\,0 < 0,01$$
donc il n'est pas nécessaire d'augmenter le dernier chiffre.
Le résultat cherché sera 3 292 656,89.

560. *Calculer le même produit, par la multiplication or-dinaire, en n'employant dans chaque facteur que le nombre de chiffres strictement nécessaire. (On s'appuie, pour cela, sur la théorie des erreurs relatives.)*

On voit, à *priori*, que le produit aura sept chiffres à la partie entière; donc il faut qu'il ait en tout 9 chiffres exacts; ce qui exige que son erreur soit moindre que $\frac{1}{10^9}$, et, par suite, l'er-reur de chaque facteur, moindre que $\frac{1}{2 \cdot 10^9}$; et comme leur premier chiffre est supérieur à 2, on prendra 10 chiffres exacts (539). On aura :

$$
\begin{array}{r}
667546,4875 \\
4,9324758 \\
\hline
5340\ 3719000 \\
3\ 3377\ 324375 \\
46\ 7282\ 54125 \\
267\ 0185\ 9500 \\
1335\ 0929\ 750 \\
20026\ 3946\ 25 \\
600791\ 8397\ 5 \\
2670185\ 9500 \\
\hline
3292656,8959\ 6875250
\end{array}
$$

Remarque. On voit que la méthode de la multiplication abrégée est de beaucoup plus avantageuse; nous engageons fortement à l'employer fréquemment.

561. *Trouver, à l'aide des mêmes méthodes, les produits suivants :*

$$3,1415926 \times 5,7894389 \text{ à moins de } 0,0001$$
$$347,589438 \times 1,7320508 \text{ à moins de } 0,001$$
$$4,16227766 \times 0,3183098 \text{ à moins de } 0,00001$$
$$2113,4589 \times 152,375894 \text{ à moins de } 0,1$$

1° En appliquant la règle de la multiplication abrégée, on aura :

1er produit 18,1880;   2e produit   602,043
3e produit 1,32489;   4e produit 322040,1

2° Le premier produit doit avoir 6 chiffres exacts; par conséquent, il en faudra 7 aux deux facteurs (550).

Le second produit doit aussi avoir 6 chiffres exacts; il en faudra 7 au premier facteur et 8 au second (550).

Le troisième produit doit aussi avoir 6 chiffres exacts, car le premier chiffre représente des unités; donc il faudra 7 chiffres à chaque facteur.

Enfin, le dernier produit doit avoir 7 chiffres exacts, car il en a 6 à la partie entière; donc il faut 8 chiffres au premier facteur et 9 au second (550).

562. *Trouver les mêmes produits, chacun avec une erreur relative moindre que* $\frac{1}{10^5}$, *en employant les mêmes méthodes.*

1° Chaque produit doit être calculé avec 5 chiffres exacts; le premier a 2 chiffres à la partie entière; il suffira donc de calculer, par la multiplication abrégée, le produit à 0,001 près.

Le second ayant 3 chiffres à la partie entière, on le calculera à 0,01 près; ainsi de suite.

2° En se reportant au n° 550, on voit qu'il suffira de 6 chiffres à chaque facteur dans le premier produit, 6 au premier et 7 au second dans le deuxième produit, et ainsi de suite.

563. *Trouver les quotients des nombres suivants :*

$$98\,068,79 : 7\,896,73 \qquad \textit{à moins d'une unité}$$
$$96\,622\,585 : 28\,765,61 \qquad \textit{à moins de 0,01}$$
$$4\,899,534\,382\,18 : 78,943\,365 \qquad \textit{à moins de 0,001}$$
$$34\,578,932\,1 : 0,134\,589\,345 \qquad \textit{à moins de 0,1}$$

En apppliquant : 1° la méthode de la division abrégée; 2° la division ordinaire, en n'y employant que les chiffres nécessaires. (On s'appuie sur la théorie des erreurs relatives.)

1° Division abrégée :

9806	7896
1910	12,4
332	
20	

2° Division ordinaire :

980	789
1910	12,4
3320	
164	

Le résultat est donc 12. Dans le premier cas il suffit d'appliquer la règle de la division abrégée; dans le second, on remarque que le quotient doit avoir 2 chiffres exacts; son erreur devra être moindre que $\dfrac{1}{10^2}$, et, par suite, celle du dividende et

du diviseur moindre que $\dfrac{1}{2 \cdot 10^2}$, et, par conséquent, il faut les

prendre avec 3 chiffres exacts (556).

<table>
<tr><td colspan="2">Division abrégée :</td><td colspan="2">Division ordinaire :</td></tr>
<tr><td>9662285</td><td>2876561</td><td>9662258</td><td>2876561</td></tr>
<tr><td>1032575</td><td>335897</td><td>10325750</td><td>335896</td></tr>
<tr><td>169607</td><td></td><td>16960670</td><td></td></tr>
<tr><td>25782</td><td></td><td>25778650</td><td></td></tr>
<tr><td>2774</td><td></td><td>27661620</td><td></td></tr>
<tr><td>191</td><td></td><td>17725710</td><td></td></tr>
<tr><td>5</td><td></td><td>466344</td><td></td></tr>
</table>

On remarque d'abord que le quotient a 4 chiffres à la partie entière ; par suite, il doit avoir 6 chiffres exacts ; le résultat est donc 3 358,97 par excès, ou 3 358,96 par défaut.

On trouverait, d'une manière analogue, pour

     3ᵉ quotient : 62,064 ;   4ᵉ quotient : 256 921,7

564. *Calculer* $3{,}141\,592\ldots \times 1{,}732\,050\,08\ldots \times 3{,}162\,277\,6\ldots$ *avec 4 chiffres exacts.*

Pour que ce produit ait 4 chiffres exacts, il suffit que son erreur soit moindre que $\dfrac{1}{10^4}$, et, par suite, que l'erreur de chaque

facteur soit moindre que $\dfrac{1}{3 \cdot 10^4}$, ce qui exige que l'on prenne le premier et le dernier facteur avec 5 chiffres, et le second avec 6 chiffres exacts ; on aura :

$$3{,}141\,5 \times 1{,}732\,05 \times 3{,}162\,2$$

mais il vaudrait mieux prendre

$$3{,}141\,6 \times 1{,}732\,05 \times 3{,}162\,3$$

le produit aurait encore 4 chiffres exacts, et il serait approché par excès, le résultat est 17,21, par excès.

565. *Si on suppose que les chiffres conservés aux deux facteurs* 114,578…, 6,375 8… *soient exacts, avec quelle approximation obtiendra-t-on leur produit ?*

Les erreurs des facteurs étant $\frac{1}{10^5}$ et $\frac{1}{6 \cdot 10^4}$, l'erreur du produit sera

$$\frac{1}{10^5} + \frac{1}{6 \cdot 10^4} = \frac{1}{10^4}\left(\frac{1}{10} + \frac{1}{6}\right) = \frac{1}{10^4} \times \frac{16}{60} = \frac{1}{\frac{60}{16} \cdot 10^4}$$

par suite, l'erreur du produit est plus grande que $\frac{1}{4 \cdot 10^4}$, et, comme le premier chiffre de ce produit est 6 ou 7, on ne pourra compter que sur 4 chiffres exacts.

Ce produit est 730,526.

566. *Les deux nombres 4,484 2 et 2,236 1 sont donnés avec leurs chiffres exacts; avec quelle approximation pourra-t-on obtenir leur quotient?*

Les erreurs du dividende et du diviseur étant $\frac{1}{4 \cdot 10^4}$ et $\frac{1}{2 \cdot 10^4}$, l'erreur du quotient, dans le cas le plus défavorable, sera

$$\frac{1}{4 \cdot 10^4} + \frac{1}{2 \cdot 10^4} = \frac{1}{10^4}\left(\frac{1}{4} + \frac{1}{2}\right)$$

par suite, l'erreur du quotient sera moindre que $\frac{1}{10^4}$ et il aura 4 chiffres exacts (539).

Ce quotient est 2,005.

567. *Pourra-t-on obtenir, à 1 m. q. près, la surface d'une salle dont la longueur est 12 m. 84 et la longueur 9 m. 35, sachant que l'on ne peut compter sur l'exactitude du dernier chiffre de chacun de ces deux nombres?*

Si l'on suppose que l'erreur sur les deux nombres soit seulement d'une unité de l'ordre de leur dernier chiffre, leurs erreurs relatives seront $\frac{1}{10^3}$ et $\frac{1}{9 \cdot 10^2}$; l'erreur du produit sera

$$\frac{1}{10^2}\left(\frac{1}{10} + \frac{1}{9}\right) = \frac{1}{10^2}\left(\frac{19}{90}\right) = \frac{1}{\frac{90}{19} \cdot 10^2}$$

elle est donc moindre que $\frac{1}{4 \cdot 10^2}$; comme le produit est compris entre 100 et 200, les trois premiers chiffres seront exacts (539) et ce produit sera exprimé à un m. q. près. Si, au contraire, l'erreur sur les deux nombres est de plus d'une unité de l'ordre de leur dernier chiffre, on ne pourra plus obtenir la surface à un m. q. près. On peut ainsi se rendre compte comment une erreur de quelques centimètres, dans les dimensions, entraîne une erreur supérieure à un mètre carré dans l'évaluation de la surface; cette surface est 120 m. q. à un m. q. près.

868. *Extraire, par la méthode abrégée, la racine carrée des nombres* 1 420 913 025, 285 970,396 644, 12 088 868,379 025.

On aura, en appliquant la règle n° 528 :

14.20.91.30.25	376		7 153 025	75 200
520	67		385 025	95
5191	7		9 025	
715	746			
	6			
	752			

donc $\sqrt{1\,420\,913\,025} = 37\,695$, à une unité près.

On aurait de même :

$$\sqrt{285\,970,396\,644} = 534,762, \text{ à } 0,001 \text{ près}$$

$$\sqrt{12\,088\,868,379\,025} = 3\,476,905, \text{ à } 0,001 \text{ près.}$$

869. *Extraire, par la méthode abrégée, la racine cubique des nombres*

7 256 313 856 021,   113 028 882 875 211,   89 237 585 743 293 730

Les 3 premiers chiffres de la racine cubique de 7 256 313 856 021 sont 193, le reste est 67 256 856 021; divisant ce reste par $3(19\,300)^2$, on trouve 60 pour quotient :

donc $\sqrt[3]{7\,256\,313\,856\,021} = 19\,360$, à une unité près

de même $\sqrt[3]{113\,028\,882\,875\,211} = 48\,350$ «

« $\sqrt[3]{89\,237\,585\,743\,293\,730} = 446\,871$ «

870. *Calculer* $\sqrt{315\frac{4}{7}}$ *avec deux décimales exactes.*

Cette racine doit donc avoir 4 chiffres exacts; pour cela, il suffit que son erreur soit moindre que $\frac{1}{10^2}$, et, par suite, l'erreur du nombre $315\frac{4}{7}$ moindre que $\frac{2}{10^4}$ ou $\frac{1}{5\,.\,10^3}$; comme le premier chiffre est inférieur à 5, il faudra prendre ce nombre avec 5 chiffres exacts, c'est-à-dire 315,57; par suite, on aura :

$$\sqrt{315,57} = 17,76$$

571. *Calculer* $\sqrt{10 - 2\sqrt{5}}$ *à* $\frac{1}{10^4}$ *de sa valeur.*

Pour que l'erreur de la racine soit moindre que $\frac{1}{10^4}$, il suffit que l'erreur du nombre $10 - 2\sqrt{5}$ soit moindre que $\frac{2}{10^4}$ ou $\frac{1}{5 \cdot 10^3}$; comme le premier chiffre de cette différence est 5, il suffira que cette différence ait ses 4 premiers chiffres exacts; pour cela, il suffira de prendre $\sqrt{5}$ avec 4 chiffres. On aura :

$$\sqrt{10 - 2 \times 2,236} = \sqrt{5,528} = 2,351$$

572. *Calculer* $(\sqrt{2})^k$ *à* $\frac{1}{10^m}$ *de sa valeur.*

Il peut se présenter deux cas : 1° si k est pair et de la forme $2n$, on aura $(\sqrt{2})^k = (\sqrt{2})^{2n} = 2^n$, ce qui est un nombre exact; 2° si k est impair, de la forme $2n + 1$, on aura :

$$(\sqrt{2})^k = (\sqrt{2})^{2n+1} = 2^n \times \sqrt{2}$$

pour que ce produit ait m chiffres exacts, il suffira de calculer $\sqrt{2}$ avec $m + 1$ chiffres.

573. *Calculer, avec 4 chiffres exacts, les expressions suivantes :*

$$1° \quad \frac{\pi^2}{\sqrt{2}} \qquad\qquad 2° \quad \frac{2,718\,281\,8 \times 3,458\,956\,7}{\sqrt{3}}$$

On peut considérer chacune de ces deux expressions comme un produit de 3 facteurs :

$$\pi \times \pi \times \frac{1}{\sqrt{2}} \quad \text{et} \quad 2,718\,281\,8 \times 3,458\,956\,7 \times \frac{1}{\sqrt{3}}$$

Il faut que l'erreur de chaque produit soit moindre que $\frac{1}{10^4}$ et par suite l'erreur de chaque facteur moindre que $\frac{1}{3 \cdot 10^4}$; on prendra pour cela π avec 5 chiffres, et $\sqrt{2}$ avec 6; pour le second produit, 5 chiffres au facteur du milieu et 6 aux deux autres, et l'on aura en opérant :

$$1° \quad 6,979, \text{ par excès}; \qquad 2° \quad 5,428, \text{ par défaut.}$$

574. *Calculer, à 0,01 près, la longueur de la circonférence dont le rayon est 0,937 8, à moins d'une unité de l'ordre de son dernier chiffre.*

Cette circonférence sera $2 \times 0,937\,8 \times 3,141\,5\ldots$ Comme ce produit a un chiffre à sa partie entière, il faudra le calculer avec 3 chiffres exacts, c'est-à-dire avec une erreur moindre que $\frac{1}{10^3}$; comme le premier facteur est exact, il suffit que l'erreur de chacun des deux autres soit moindre que $\frac{1}{2\,.\,10^3}$; pour cela, on prendra tous les chiffres du nombre 0,937 8 et π avec 4 chiffres. On aura pour résultat :

$$2 \times 0,937\,8 \times 3,141 = 5,891\,239\,6 \quad \text{ou} \quad 5,89, \text{ à } 0,01 \text{ près.}$$

575. *Calculer, avec 3 chiffres exacts, le rayon d'une circonférence dont la longueur est exprimée par $\sqrt{3}$.*

On a $\qquad 2\pi R = \sqrt{3}$; par suite, $R = \dfrac{\sqrt{3}}{2\pi}$

Puisqu'on veut trouver R avec 3 chiffres exacts, il faut le calculer avec une erreur moindre que $\frac{1}{10^3}$; pour cela, il suffit que l'erreur du dividende et celle du diviseur soient moindres que $\frac{1}{2\,.\,10^3}$; on prendra donc $\sqrt{3}$ avec 5 chiffres et π avec 4. On aura :

$$R = \frac{1,732\,0}{2 \times 3,141} = 0,275, \text{ à } 0,001 \text{ près}$$

c'est-à-dire avec 3 chiffres exacts.

576. *Avec quelle approximation pourra-t-on obtenir la surface d'un triangle équilatéral dont le côté est 3,754, à un millimètre près ?*

La géométrie fournit la formule $S = \dfrac{a^2}{4}\sqrt{3}$; en substituant on aura :

$$S = \frac{1}{4}(3,754)^2\sqrt{3}$$

l'erreur du côté étant de $\dfrac{1}{3\,.\,10^3}$, l'erreur de son carré sera

$$\frac{2}{3\,.\,10^3} \quad \text{ou} \quad \frac{1}{\frac{3}{2}\,.\,10^3}$$

par suite, elle sera moindre que $\frac{1}{10^3}$; par conséquent, cette surface ne pourra pas être déterminée avec plus de 3 chiffres exacts, quel que soit le nombre de chiffres que l'on prenne à $\sqrt{3}$; en prenant à cette racine 5 chiffres, on aura S = 6 m. q. et 10 d. q.; on ne peut donc exprimer cette surface qu'à un décimètre carré près.

577. *La grande pyramide d'Égypte a pour base un carré de 234 m. 8 de côté, et sa hauteur est 146 m. 18; en supposant ces nombres exacts à moins d'une unité de l'ordre de leur dernier chiffre, avec quelle approximation pourra-t-on obtenir son volume?*

On aura
$$V = \frac{1}{3}(234,8)^2 \times 146,18$$

L'erreur de 234,8 étant de $\frac{1}{2 \cdot 10^3}$, l'erreur de son carré sera de $\frac{1}{10^3}$; l'erreur de 146,18 étant de $\frac{1}{10^4}$, l'erreur du résultat sera :

$$\frac{1}{10^3} + \frac{1}{10^4} = \frac{1}{10^3}\left(1 + \frac{1}{10}\right) = \frac{1}{10^3} \times \frac{11}{10} = \frac{1}{\frac{10}{11} \cdot 10^3}$$

On peut donc dire que l'erreur est sensiblement égale à $\frac{1}{10^3}$, (quoiqu'on l'ait trouvée un peu supérieure) ; par suite, on pourra compter sur 3 chiffres exacts.

Si, au lieu de prendre les limites $\frac{1}{2 \cdot 10^3}$ et $\frac{1}{10^4}$ pour les erreurs, on avait pris les quantités $\frac{1}{2348}$, $\frac{1}{14618}$, on aurait trouvé réellement une erreur moindre que $\frac{1}{10^3}$ pour le volume.

Si l'on effectue le calcul, on trouve 2 686 351 m. cubes et une partie décimale ; mais on ne peut compter dans ce résultat que sur l'exactitude des 3 premiers chiffres ; par conséquent, le volume de cette pyramide ne pourra être connu qu'à 1 000 m. c. près, quand bien même les dimensions auraient été mesurées avec une certaine précision, puisque l'une l'était à 1 dm. près, et l'autre à 1 cm.

578. *Le côté d'un hexagone régulier est de 454 m. à un mètre près ; pourra-t-on obtenir sa surface à moins d'un décamètre carré près?*

La géométrie nous fournit la formule de la surface de l'hexagone :
$$S = \frac{3}{2} a^2 \sqrt{3} \quad \text{ou} \quad \frac{3}{2} (454)^2 \sqrt{3}$$

L'erreur du nombre 454 étant de $\frac{1}{4 \cdot 10^2}$, l'erreur du carré sera $\frac{1}{2 \cdot 10^2}$; on ne pourra compter d'une manière certaine que sur l'exactitude des deux premiers chiffres. En prenant $\sqrt{3}$ avec 5 chiffres, on aura pour la surface 535 489 m. q. 36 d. q. Ainsi on ne pourra pas compter sur les décamètres.

Remarque. Ce problème nous montre la nécessité de mesurer les longueurs avec le plus de précision possible; car une erreur moindre d'un mètre sur 4 ou 500 m. entraîne une erreur bien souvent supérieure à 100 m. q. dans la surface.

579. *Calculer, à un millimètre près, le côté de l'octogone régulier dont la surface est un m. q.*

La géométrie nous fournit les relations :
$$S = 2R^2 \sqrt{2} \quad \text{et} \quad a = R \sqrt{2 - \sqrt{2}}$$

a étant le côté et R le rayon du cercle circonscrit, on aura, en substituant :
$$1 = \frac{2\sqrt{2}\, a^2}{2 - \sqrt{2}} = \frac{2a^2}{\sqrt{2} - 1}$$

$$a^2 = \frac{\sqrt{2} - 1}{2} \quad \text{et} \quad a = \sqrt{\frac{\sqrt{2} - 1}{2}}$$

On voit, *à priori*, que le premier chiffre de a représente des décimètres; comme on demande ce côté à un mm. près, il faudra donc 3 chiffres exacts; par conséquent, il suffit que l'erreur soit moindre que $\frac{1}{10^3}$; par suite, celle de $\frac{\sqrt{2} - 1}{2}$ doit être moindre que $\frac{2}{10^3}$ ou $\frac{1}{5 \cdot 10^2}$; pour cela, on prendra $\sqrt{2}$ avec 4 chiffres, c'est-à-dire 1,414; on trouve pour $a = 0^m,455$, à un mm. près.

580. *Trouver, à moins d'un centimètre, le rayon d'un cercle tel que si ce rayon augmentait de 1 décim., l'aire augmenterait d'un mètre carré.*

Soit x le rayon cherché exprimé en mètres; on a :
$$\pi (x + 0,1)^2 - \pi x^2 = 1$$
ou bien
$$x \times 2 \times \pi \times 0,1 + \pi \times 0,01 = 1$$

en multipliant par 100 $20\pi \times x + \pi = 100$

on en tire $x = \dfrac{100 - \pi}{20\pi} = \dfrac{5}{\pi} - \dfrac{1}{20} = \dfrac{5}{\pi} - 0{,}05$

On voit que x aura un chiffre à la partie entière; comme on veut le connaître à un cent. près, il le faudra calculer avec 3 chiffres exacts; pour cela, il suffira que son erreur soit moindre que $\dfrac{1}{10^3}$; par suite on prendra π avec 4 chiffres; on trouve

$$x = 1{,}54, \text{ à 1 cent. près.}$$

581. *Calculer, à 1 cent. q. près, la surface d'une sphère dont le volume égale 1 m. c.*

Si R est le rayon de la sphère, on aura :

$$\frac{4}{3}\pi R^3 = 1, \quad R^3 = \frac{3}{4\pi}, \quad R = \sqrt[3]{\frac{3}{4\pi}}$$

Or la surface étant représentée par $4\pi R^2$, on aura d'abord :

$$R^2 = \sqrt[3]{\frac{9}{16\pi^2}}; \quad 4\pi R^2 = S = 4\pi \sqrt[3]{\frac{9}{16\pi^2}} = \sqrt[3]{\frac{64\pi^3 \times 9}{16\pi^2}}$$

enfin $$S = \sqrt[3]{36\pi}$$

Cette surface a un chiffre à sa partie entière, et, comme on veut la connaître à 1 c. q. près, il faudra qu'elle ait 4 chiffres décimaux exacts; pour cela, il suffira que son erreur soit moindre que $\dfrac{1}{10^5}$ et l'erreur du nombre 36π moindre que $\dfrac{3}{10^5}$, ou $\dfrac{1}{\frac{10}{3} \cdot 10^4}$, ou enfin moindre que $\dfrac{1}{4 \cdot 10^4}$; comme le premier chiffre de π est inférieur à 4, il faudra le prendre avec 6 chiffres exacts, c'est-à-dire 3,141 59. Si l'on fait le produit par 36 et que l'on prenne la racine cubique du résultat, on aura :

$$S = 4 \text{ m. q. } 8360 \text{ c. q.}$$

582. *Calculer, à 1 millim. près, le rayon du décalitre qui sert à la mesure des matières sèches, sachant que cette mesure a la forme d'un cylindre dont le diamètre égale la hauteur.*

Soit x le rayon cherché, exprimé en décimètres; la géométrie donne : $\pi x^2 \times 2x = 2\pi x^3 = 10$ d'où $x = \sqrt[3]{\dfrac{5}{\pi}}$

On voit, *à priori*, que x aura un chiffre à la partie entière ; comme on veut le résultat à un millim. près, il faudra le calculer avec 3 chiffres exacts ; pour cela, il suffira que son erreur soit moindre que $\frac{1}{10^2}$, et, par suite, l'erreur de $\frac{5}{\pi}$ moindre que $\frac{3}{10^2}$, ou $\frac{1}{\frac{10}{3} \cdot 10^2}$, ou encore $\frac{1}{4 \cdot 10^2}$. Comme le premier chiffre de π est inférieur à 4, il faudra le prendre avec 4 chiffres exacts ; on aura :

$$x = 1 \text{ décim. } 16 \text{ mm.}$$

583. *On donne la surface d'un cercle* $\pi R^2 = 0^m,888\,888$; *on prend* $\pi = \frac{22}{7}$. *Les 3 premiers chiffres de la surface seuls sont exacts, et dans l'expression de* R^2 *on ne conserve que 3 décimales. Démontrer que l'on peut obtenir* R *à moins de 0,001 et vérifier cette valeur en complétant d'abord par trois 0, puis par trois 9 les chiffres nécessaires pour extraire la racine carrée.* (École navale, 1877.)

Puisque $\pi R^2 = 0,888\,888$, on aura $R = \sqrt{0,888\,888 : \frac{22}{7}}$.

La surface étant donnée avec 3 chiffres exacts, son erreur sera moindre que $\frac{1}{8 \cdot 10^2}$ et cette surface est approchée par défaut ; la valeur $\frac{22}{7}$ de π est une valeur approchée par excès, avec une erreur moindre que $\frac{1}{2\,000}$; par suite, l'erreur du quotient (534) sera moindre que $\frac{1}{800} + \frac{1}{2\,000} = \frac{5+2}{4\,000} = \frac{7}{4\,000}$, et l'erreur de la racine carrée moindre encore que

$$\frac{7}{2 \cdot 4\,000} = \frac{7}{8\,000} < \frac{1}{1\,000} = \frac{1}{10^3}$$

On peut donc conclure que R aura 3 chiffres exacts (539) ; et comme le premier chiffre représente des décimètres, il sera connu à un millim. près.

Vérification : $\sqrt{\dfrac{0,888 \times 7}{22}} = \sqrt{0,282} = 0^m,531$

en complétant successivement 0,282 par trois 0, ou par trois 9, on trouve, dans les deux cas : $R = 0,531$.

584. *Trouver, en fonction du rayon, le volume engendré par un octogone régulier tournant autour d'un de ses diamètres; calculer ce volume à moins de $\frac{1}{10^3}$ de sa valeur, en supposant le rayon égal à 7 m. 595 à un millim. près. Pourrait-on obtenir la même approximation si le rayon était 2 m. 595, à un millim. près?* (École des Mineurs.)

La géométrie fournit, pour l'expression du volume :

$$V = \frac{1}{3}\pi R^3 (2 + \sqrt{2}) \quad \text{ou} \quad V = \frac{1}{3} 3,141\,59\ldots \times (7,595)^3 (2 + \sqrt{2})$$

Il faut que l'erreur de V soit moindre que $\frac{1}{10^3}$; pour cela, il suffira de prendre π avec 4 chiffres et $\sqrt{2}$ avec 5; en effet, on aura, pour la somme totale des erreurs.

$$\frac{3}{7 \cdot 10^3} + \frac{1}{3 \cdot 10^3} + \frac{1}{10^4} = \frac{1}{10^3}\left(\frac{1}{3} + \frac{3}{7} + \frac{1}{10}\right)$$

or la valeur entre parenthèses est moindre que 1; donc l'erreur du résultat sera moindre que $\frac{1}{10^3}$. Les calculs faits, on trouve 1566 m. c. et 347 d. c.; on n'est certain que de l'exactitude des 3 premiers chiffres; par suite, ce résultat n'est connu qu'à 10 mm. c. près.

Si le rayon était 2 m. 595, on aurait, pour l'erreur de son cube $\frac{3}{2 \cdot 10^3} = \frac{1}{\frac{2}{3} \cdot 10^3}$; or cette erreur étant déjà supérieure

à $\frac{1}{10^3}$, on ne pourrait pas affirmer qu'il y a 3 chiffres exacts au résultat, quel que fût d'ailleurs le nombre de chiffres avec lequel on prendrait la valeur de π et de $\sqrt{2}$.

Remarque. Lorsque, dans un problème, une ou plusieurs des données sont connues avec une approximation déterminée, tandis que les autres nombres qui entrent dans le calcul peuvent être pris avec tel degré d'approximation que l'on désire, comme sont, par exemple, π, $\sqrt{2}$, $\sqrt{3}$, etc., il suffit ordinairement de prendre ces derniers avec un nombre de chiffres tel que leur erreur relative soit d'un ordre inférieur à celle du nombre le plus erroné.

585. *La racine à $\frac{1}{4}$ d'unité près d'un nombre plus petit que 1 est le nombre lui-même.*

Soit N un nombre plus petit que 1; comme sa racine est supérieure au nombre (191), il faudra que l'on ait :

$$\sqrt{N} - N < \frac{1}{4}$$

ou bien

$$\sqrt{N} < N + \frac{1}{4}$$

en élevant au carré, on aura :

$$N < N^2 + \frac{N}{2} + \frac{1}{16}$$

ou, en retranchant N aux deux membres :

$$0 < N^2 - \frac{N}{2} + \frac{1}{16}$$

et enfin

$$\left(N - \frac{1}{4}\right)^2 > 0$$

ce qui est évident; par conséquent, la différence entre la racine et le nombre étant moindre que $\frac{1}{4}$, le nombre peut être pris pour la valeur de sa racine carrée, à $\frac{1}{4}$ d'unité près.

586. *Si un nombre est calculé avec* m *chiffres exacts, à partir du chiffre significatif* K *de ses plus hautes unités, son erreur relative sera moindre que la fraction* $\frac{1}{K \cdot 10^{m-1}}$*, et, à fortiori, moindre que* $\frac{1}{10^{m-1}}$*.*

Soit A le nombre dont il s'agit, et E l'erreur absolue, en sorte que A — E soit une valeur approchée avec m chiffres exacts. Si l'on prend pour unité l'ordre du m^e chiffre, on aura $E < 1$; d'autre part on a $A > K \cdot 10^{m-1}$; divisant membre à membre ces inégalités, l'inégalité résultante a lieu dans le sens de la première, et on aura : erreur relative $= \frac{E}{A} < \frac{1}{K \cdot 10^{m-1}}$. La plus petite valeur de K est 1; donc, *à fortiori* :

$$\frac{E}{A} < \frac{1}{10^{m-1}} \qquad\qquad \text{C. Q. F. D.}$$

Remarque. Pour que le théorème subsiste, il n'est pas nécessaire, comme nous l'avons supposé, que les m premiers chiffres de A soient connus exactement, mais seulement que l'on ait, dans tous les cas, $E < 1$, ce qui peut être sans que la première condition soit réalisée (521).

Nous avons vu (538) que la réciproque de ce théorème n'est pas toujours vraie.

587. *Si l'erreur relative d'un nombre dont le premier chiffre est* K *est moindre que* $\dfrac{1}{(K+1)10^{m-1}}$ *ou que* $\dfrac{1}{10^m}$, *les* m *premiers chiffres de la valeur approchée de ce nombre seront exacts, ou du moins cette valeur ne sera pas fautive d'une unité de l'ordre du* m^e *chiffre.*

On a, par hypothèse : $\dfrac{E}{A} < \dfrac{1}{(K+1)10^{m-1}}$

mais on a aussi : $A < (K+1)10^{m-1}$; car le premier chiffre de A est K et le nombre de chiffres est le même de part et d'autre; en multipliant membre à membre ces inégalités, on a $E < 1$; donc les m premiers chiffres sont exacts, ou du moins l'erreur est moindre qu'une unité de l'ordre du m^e chiffre.

Si le premier chiffre n'est pas connu, on remplace $K+1$ par 10, et la proposition sera vraie à *fortiori*; car la plus grande valeur de K est évidemment 9.

588. *L'erreur absolue d'une somme de plusieurs nombres approchés dans le même sens est égale à la somme des erreurs absolues de ces nombres.*

Soient A, A' et A'' des nombres dont les erreurs absolues sont respectivement E, E' et E''; leurs valeurs approchées seront $A - E$, $A' - E'$ et $A'' - E''$, et l'erreur absolue de la somme sera :

$$A + A' + A'' - (A - E + A' - E' + A'' - E'') = E + E' + E''$$
$$\text{C. Q. F. D.}$$

589. *L'erreur absolue d'une différence est égale à la différence ou à la somme des erreurs absolues de deux nombres, selon qu'ils sont approchés dans le même sens, ou dans le sens contraire.*

1er Cas. Les nombres A et A' sont approchés dans le même sens; on a :

$$[A - A'] - [(A - E) - (A' - E')] = A - A' - A + E + A' - E' = E - E'$$

2e Cas. Les nombres A et A' sont approchés en sens contraire; on a :

$$[A - A'] - [(A - E) - (A' + E')] = A - A' - A + E + A' + E' = E + E'$$

590. *L'erreur absolue d'un produit de deux facteurs approchés par défaut, est moindre que la somme des produits obtenus en multipliant chaque facteur par l'erreur de l'autre.*

Soient A et A′ les deux facteurs, A — E et A′ — E′ leurs valeurs approchées par défaut ; leur produit approché sera :

$$(A - E)(A' - E') = AA' - AE' - EA' + EE'$$

et l'erreur absolue de ce produit :

$$AA' - (AA' - AE' - A'E + EE') = AE' + A'E - EE'$$

d'où l'on voit que cette erreur est moindre que

$$AE' + A'E \qquad\qquad \text{C. Q. F. D.}$$

591. *Si les deux facteurs étaient approchés en sens contraire, quelle serait l'erreur absolue du produit?*

Soient les facteurs A et A′, dont l'un est approché en moins et l'autre en plus ; on aura, pour l'erreur absolue :

$$AA' - (A - E)(A' + E') = AA' - AA' - AE' + A'E + EE' =$$
$$A'E - AE' + EE'$$

en négligeant EE′, qui, d'ordinaire, est assez petit, on peut dire que l'erreur est *sensiblement* égale à la différence des produits obtenus en multipliant chaque facteur par l'erreur de l'autre.

592. *L'erreur relative d'un produit de deux facteurs approchés par défaut est moindre que la somme des erreurs relatives des facteurs.*

En effet, on a vu (Ex. 590) que l'erreur absolue du produit de deux facteurs approchés par défaut est moindre que AE′ + A′E ; donc l'erreur relative e sera moindre que

$$\frac{AE' + A'E}{AA'} = \frac{E}{A} + \frac{E'}{A'}$$

par suite $\qquad\qquad e < \dfrac{E}{A} + \dfrac{E'}{A'} \qquad\qquad$ C. Q. F. D.

593. *Étendre le théorème au cas d'un nombre quelconque de facteurs.*

Considérons d'abord trois facteurs A, A′ et A″, dont les erreurs absolues sont respectivement E, E′ et E″ ; l'erreur relative du produit sera toujours moindre que la somme des erreurs relatives des facteurs. En effet, si nous considérons dans le produit AA′A″

le produit des deux premiers facteurs comme effectué, il restera les deux facteurs AA' et A'', l'erreur relative de leur produit sera moindre que la somme des erreurs relatives de ces deux facteurs; mais en remplaçant à son tour l'erreur relative du produit $A \times A'$ par la somme des erreurs relatives des deux facteurs, quantité moindre, on aura, *à fortiori*, pour l'erreur relative du produit considéré :

$$e < \frac{E}{A} + \frac{E'}{A'} + \frac{E''}{A''}$$

Par un raisonnement analogue, on étendrait ce théorème de proche en proche à un nombre quelconque de facteurs, et on aurait :

$$e < \frac{E}{A} + \frac{E'}{A'} + \frac{E''}{A''} + \frac{E'''}{A'''} \dots$$

594. *L'erreur absolue d'un produit d'un nombre quelconque de facteurs approchés par défaut, est moindre que la somme des produits obtenus en multipliant l'erreur absolue de chaque facteur par tous les autres facteurs exacts.*

Si nous considérons, par exemple, le produit de quatre facteurs AA'A''A''', et si nous appelons E_1 l'erreur absolue de ce produit, le théorème précédent nous donne :

$$\frac{E_1}{AA'A''A'''} < \frac{E}{A} + \frac{E'}{A'} + \frac{E''}{A''} + \frac{E'''}{A'''}$$

en multipliant les deux membres par le produit AA'A''A''', on aura :

$$E_1 < EA'A''A''' + E'AA''A''' + E''AA'A''' + E'''AA'A''$$

C. Q. F. D.

595. *L'erreur absolue d'un produit d'un nombre quelconque de facteurs approchés par défaut, est plus grande que la somme des produits obtenus en multipliant l'erreur absolue de chaque facteur par tous les autres facteurs approchés.*

Considérons d'abord les deux facteurs A et A', dont les erreurs absolues sont E et E'; nous avons (Ex. 590), pour l'erreur absolue du produit : $AE' + A'E - EE'$, ce qui est plus grand que $(A - E)E' + (A' - E')E$; donc le théorème est vrai pour un produit de deux facteurs. Je dis maintenant qu'il sera vrai aussi pour 3, 4..., et un nombre quelconque de facteurs. En effet, si dans le produit AA'A'' nous supposons le produit des deux premiers facteurs comme effectué, et que l'on représente par E_1

l'erreur absolue du produit des trois facteurs et par E'_1 l'erreur
absolue du produit AA', on aura :

$$E_1 > E''(A - E)(A' - E') + E'_1(A'' - E'')$$

et si l'on remplace E'_1 par sa valeur, on aura, *à fortiori* :

$$E_1 > E''(A - E)(A' - E') + E'(A - E)(A'' - E'') + E(A' - E')(A'' - E'')$$

Donc, si le théorème est vrai pour un produit de deux facteurs,
il est vrai pour trois; s'il est vrai pour trois, il l'est pour quatre...;
il est donc général.

596. *Lorsque le dividende est approché par défaut et le diviseur par excès, le quotient est approché par défaut, et son
erreur relative est moindre que la somme des erreurs relatives du dividende et du diviseur.*

Soit A le dividende et A' le diviseur; le quotient approché

sera $\dfrac{A - E}{A' + E'}$ et l'erreur absolue :

$$\frac{A}{A'} - \frac{A - E}{A' + E'} = \frac{A(A' + E') - A'(A - E)}{A'(A' + E')} =$$

$$= \frac{AE' + A'E}{A'(A' + E')} < \frac{AE' + A'E}{A'^2}$$

si l'on divise cette quantité par le nombre exact $\dfrac{A}{A'}$, on aura :

$$\frac{AE' + A'E}{A'^2} \times \frac{A'}{A} = \frac{AE' + A'E}{AA'} = \frac{E'}{A'} + \frac{E}{A}$$

On peut donc conclure que l'erreur relative est moindre que la
somme, etc.   C. Q. F. D.

597. *Si le dividende et le diviseur étaient approchés dans
le même sens, quelle serait l'erreur relative du quotient ?*

Si nous supposons les deux termes approchés par défaut, on

aurait : $$\frac{A}{A'} - \frac{A - E}{A' - E'} < \frac{A'E - AE'}{A'^2}$$

et, par suite, l'erreur relative serait moindre que

$$\frac{E}{A} - \frac{E'}{A'}$$

c'est-à-dire moindre que la différence des erreurs relatives du
dividende et du diviseur.

Si l'on examinait le cas où les deux termes seraient approchés
par excès, on trouverait que l'erreur relative est inférieure à la
différence des erreurs du diviseur et du dividende.

598. *L'erreur relative d'une puissance d'un nombre approché par défaut est moindre que l'erreur relative de ce nombre, multipliée par l'exposant de la puissance.*

En effet, si dans le théorème (Ex. 593) nous supposons tous les facteurs égaux à A et que ces facteurs soient au nombre de 5, par exemple, on aura l'erreur relative de la 5ᵉ puissance qui sera moindre que

$$5 \times \frac{E}{A} \qquad\qquad \text{C. Q. F. D.}$$

Remarque. On peut encore démontrer ce théorème comme il suit : Si dans la proposition (594) on suppose les facteurs égaux et au nombre de 5, on aura pour l'erreur absolue de la 5ᵉ puissance

$$E_1 < 5EA^4$$

si on divise par A^5, on aura l'erreur relative, c'est-à-dire :

$$\frac{5EA^4}{A^5} = 5 \times \frac{E}{A} \qquad\qquad \text{C. Q. F. D.}$$

599. *L'erreur relative de la racine d'un nombre approché par défaut est moindre que l'erreur relative de ce nombre approché, divisée par l'indice de la racine.*

Soit A — E la valeur approchée de A; d'après le théorème (595), l'erreur absolue commise sur A^5, par exemple, en substituant A — E à A, est plus grande que $5(A - E)^4 \times E$. Or, un nombre quelconque peut être considéré comme la puissance 5ᵉ de sa racine 5ᵉ; il s'ensuit que l'erreur absolue E de A, ou, ce qui revient au même, l'erreur de $(\sqrt[5]{A})^5$ est plus grande que

$$5(\sqrt[5]{A - E})^4 \times E_1$$

en désignant par E_1 l'erreur absolue commise sur $\sqrt[5]{A}$ quand on y remplace A par A — E; ainsi on a l'inégalité :

$$E > 5\sqrt[5]{(A - E)^4} \times E_1$$

on en déduit

$$E_1 < \frac{E}{5\sqrt[5]{(A - E)^4}}$$

ou bien encore

$$\frac{E_1}{\sqrt[5]{A - E}} < \frac{E}{5(A - E)}$$

et comme l'erreur relative $\dfrac{E_1}{\sqrt[5]{A}}$ est plus petite que la fraction

$$\frac{E_1}{\sqrt[5]{A - E}}$$

on aura, à *fortiori* :

$$\frac{E_1}{\sqrt[3]{A}} < \frac{E}{5(A-E)} \qquad \text{C. Q. F. D}$$

600. *Si* K *est un nombre suffisamment petit, on peut prendre* $1 + \dfrac{K}{2}$ *pour la racine carrée de* $1 + K$ *avec une erreur absolue moindre que* $\dfrac{K^2}{8}$.

Remarquons d'abord que le carré de $1 + \dfrac{K}{2}$ est $1 + K + \dfrac{K^2}{4}$, nombre supérieur à $1 + K$; donc la racine est approchée par excès; son erreur absolue sera :

$$1 + \frac{K}{2} - \sqrt{1+K} = \frac{\left(1 + \dfrac{K}{2} - \sqrt{1+K}\right)\left(1 + \dfrac{K}{2} + \sqrt{1+K}\right)}{1 + \dfrac{K}{2} - \sqrt{1+K}} =$$

$$= \frac{1 + K + \dfrac{K^2}{4} - 1 - K}{1 + \dfrac{K}{2} + \sqrt{1+K}} = \frac{\dfrac{K^2}{4}}{1 + \dfrac{K}{2} + \sqrt{1+K}} < \frac{\dfrac{K^2}{4}}{2} = \frac{K^2}{8}$$

$$\text{C. Q. F. D.}$$

car on augmente une fraction lorsqu'on diminue son dénominateur.

Exemple : La racine carrée de

$$1{,}000\,046\,837\ldots \quad \text{serait} \quad 1{,}000\,023\,418\ldots$$

avec une erreur moindre que $\dfrac{(0{,}000\,046\,837\ldots)^2}{8}$; or comme cette expression aurait 9 zéros avant d'avoir des chiffres significatifs, il en résulte que tous les chiffres écrits à la racine sont exacts, ou du moins que l'erreur est moindre qu'une unité de l'ordre du dernier chiffre.

601. *Un nombre* x *est compris entre les nombres* A *et* B; *avec quelle approximation pourra-t-on obtenir sa racine carrée?*

Puisque le nombre x est compris entre A et B, on sait que sa racine sera comprise entre $\sqrt{A}$ et $\sqrt{B}$; pour atténuer l'erreur, ne sachant lequel des nombres A et B est le plus approché, pour obtenir le résultat avec le plus d'exactitude probable, on prend pour valeur de $\sqrt{x}$, $\dfrac{1}{2}(\sqrt{A} + \sqrt{B})$; si l'on remplace $\sqrt{x}$ par une quantité plus grande $\sqrt{A}$, l'erreur sera moindre que la différence

$$\sqrt{A} - \frac{1}{2}(\sqrt{A} + \sqrt{B}) = \frac{1}{2}(\sqrt{A} - \sqrt{B})$$

or cette expression peut s'écrire :

$$\frac{1}{2}(\sqrt{A} - \sqrt{B}) = \frac{\frac{1}{2}(\sqrt{A} - \sqrt{B})(\sqrt{A} + \sqrt{B})}{\sqrt{A} + \sqrt{B}} = \frac{A - B}{2(\sqrt{A} + \sqrt{B})}$$

En remarquant que $\sqrt{A}$ est plus grand que $\sqrt{B}$, si l'on remplace $\sqrt{A}$ par $\sqrt{B}$, l'erreur sera, à *fortiori*, moindre que

$$\frac{A - B}{4\sqrt{B}}$$

Telle est la limite de l'approximation avec laquelle on pourra calculer la racine d'un nombre x compris entre A et B.

602. *Pour trouver la racine carrée d'un nombre entier* b, *à moins d'une unité, il suffit d'employer plus de la moitié de ses chiffres à partir de la gauche, remplaçant tous les autres par des zéros; puis extraire, à moins d'une unité par excès, la racine carrée du nombre* b' *ainsi obtenu.*

Si l'on désigne par e l'excès de la racine de b sur celle de b', on a :
$$\sqrt{b} = \sqrt{b'} + e$$
élevant au carré,
$$b = b' + 2e\sqrt{b'} + e^2$$
ou
$$b > b' + 2e\sqrt{b'}$$
et enfin
$$e < \frac{b - b'}{2\sqrt{b'}}$$

Si n est le nombre des chiffres de b et de b', ces deux nombres ont par hypothèse plus de $\frac{n}{2}$ chiffres communs à partir de la gauche; donc la différence $b - b'$ contient un nombre de chiffres inférieur à $\frac{n}{2}$, tandis que la partie entière de $\sqrt{b'}$ en contient au moins $\frac{n}{2}$, (238) donc on a :

$$\sqrt{b'} > b - b', \text{ et, par suite } e < \frac{1}{2}$$

puisque e est toujours inférieur à $\frac{1}{2}$; si l'on extrait la racine de b', à moins d'une unité, par excès, l'erreur commise sur la racine carrée de b sera moindre qu'une unité.

PROBLÈMES DIVERS

603. *La planète Jupiter a quatre satellites. Le 1er accomplit sa révolution autour de la planète en 42 heures, le 2e en 85 heures, le 3e en 172 heures, le 4e en 400 heures. On demande en combien de temps ces quatre satellites se trouveront à la fois dans les mêmes situations relatives qu'ils occupent aujourd'hui. On devra dire, d'ailleurs, combien de révolutions chacun d'eux accomplira d'ici là.* (Brevet, Paris.)

Ce temps s'obtiendra en prenant le p. p. c. m. des temps des révolutions : 42, 85, 172, 400, qui est 6 140 400 heures.

Les planètes auront exécuté simultanément 146 200, 72 240, 35 700, 15 351 révolutions et seront revenues à leur point de départ.

604. *On voudrait faire fabriquer une barrique aussi petite que possible, mais que l'on pût remplir complètement avec un nombre exact de bouteilles de chacune des capacités suivantes : 0 lit. 64 cent., 1 lit. 50 cent., 2 lit., 3 lit. 50 cent. Quelle devra être la capacité de cette barrique, et combien contiendra-t-elle de bouteilles de chaque sorte ?* (Concours pour les écoles Turgot et Colbert.)

La plus petite barrique possible sera celle dont la contenance sera le plus petit commun multiple des capacités des bouteilles, c'est-à-dire de 0 lit. 64, 1 lit. 50, 2 lit., 3 lit. 50, ce qui donne un contenance de 336 litres.

Le nombre de bouteilles de chaque sorte sera :

$$\frac{336}{0,64} = 525$$

$$\frac{336}{1,5} = 224$$

$$\frac{336}{2} = 168$$

$$\frac{336}{3,50} = 96$$

605. *Trouver deux nombres qui soient entre eux comme 30 est à 48 et dont le plus grand commun diviseur soit 12.* (Concours pour les Arts et Métiers.)

Soient A et B les deux nombres, D leur p. g. c. d. ; on a :

$$A = D \times Q, \quad B = D \times Q'$$

par suite $\quad \dfrac{A}{B} = \dfrac{D \times Q}{D \times Q'} = \dfrac{Q}{Q'} = \dfrac{30}{48}$ ou $\dfrac{5}{8}$

Q et Q' étant premiers entre eux, $\dfrac{Q}{Q'}$ est irréductible et dès lors (167) :

Q = 5, Q' = 8, d'où A = 12 × 5 = 60 ; B = 12 × 8 = 96
Les deux nombres sont 60 et 96.

606. *Un ouvrier peut faire les $\dfrac{2}{3}$ d'un travail en 7 jours, en travaillant 5 heures par jour. Un second ouvrier en ferait les $\dfrac{3}{5}$ en 8 jours, travaillant 7 heures par jour. Combien, pour faire l'ouvrage entier, les deux ouvriers mettront-ils de temps, en travaillant 6 heures par jour ?* (Brevet, Poitiers.)

Le 1er ouvrier, en 1 heure, ferait les $\dfrac{2}{3} \times \dfrac{1}{35}$ de l'ouvrage ;

Le 2e en ferait de même $\quad\quad\quad\quad \dfrac{3}{5} \times \dfrac{1}{56}$

Ensemble, ils feront les $\left(\dfrac{2}{3} \times \dfrac{1}{35} \times \dfrac{3}{5} + \dfrac{1}{56} \right)$ de l'ouvrage,

soit $\quad\quad\quad \dfrac{25}{840}$ ou $\dfrac{5}{168}$

Si, en 1 heure, ils font les $\dfrac{5}{168}$ de l'ouvrage, pour faire l'ouvrage entier, ils mettront $\dfrac{168}{5}$ d'heure.

Soit 5 jours $\dfrac{3}{5}$, de 6 heures de travail.

607. *Deux fontaines donnant l'une 5 lit. $\dfrac{3}{4}$ d'eau par minute, et l'autre 1 Hl. 90 lit. par heure, coulent ensemble dans un bassin qui peut contenir 462 lit. Le bassin perd en outre 1 lit. $\dfrac{1}{8}$ par 5 minutes. Dans combien de temps le bassin sera-t-il rempli ?* (Brevet, Aix.)

En une minute, la 1re fontaine donne $\dfrac{23}{4}$ de lit.

$$\text{la 2}^{\text{e}} \qquad \dfrac{190}{60} \ \text{ou} \ \dfrac{19}{6}$$

il s'en perd $\qquad \dfrac{9}{8} : 5 \ \text{ou} \ \dfrac{9}{40}$ de lit.

de sorte que, par minute, le bassin reçoit :

$$\dfrac{23}{4} + \dfrac{19}{6} - \dfrac{9}{40} \ \text{ou} \ \dfrac{1\,043}{120} \text{ de lit.}$$

Le temps nécessaire pour le remplir sera :

$$462 : \dfrac{1\,043}{120} = 53 \text{ m. } 9 \text{ s.}$$

608. *Le lait fournit 23 p. %₀ de crème; la crème fournit 21 p. %₀ de beurre. Calculer le nombre de kilog. de lait qui ont fourni 150 kilog. de beurre.* (Concours pour les Arts et Métiers.)

Le lait donne les $\dfrac{23}{100}$ de $\dfrac{21}{100}$ de beurre; 150 kg. de beurre

représentent donc les $\dfrac{23 \times 21}{10\,000}$ du lait qui les a fournis; ce

poids sera par conséquent :

$$\dfrac{150 \times 10\,000}{23 \times 21} = 3\,500 \text{ kg. } 590 \text{ gr.}$$

609. *La balle de coton brut pèse 125 kg. et se paye sur le pied de 86 fr. le demi-quintal métrique. Le filage augmente la valeur du coton brut de ses $\dfrac{7}{8}$; le tissage accroît la valeur du coton filé de ses $\dfrac{4}{5}$. Calculer, d'après ces données, la valeur annuelle des produits manufacturés d'une usine qui emploie 8 400 balles de coton brut.* (Brevet, Caen.)

50 kg. coûtant 86 fr., 125 kg. ou la balle coûtera $\dfrac{86 \times 125}{50}$

et 8 400 balles $\qquad \dfrac{86 \times 125 \times 8\,400}{50}$

Ce qui vaut 1 fr. en coton brut, vaut, après filage, $1 + \dfrac{7}{8}$ ou $\dfrac{15}{8}$,

et, après tissage, $\dfrac{15}{8} + \dfrac{4}{5}$ de $\dfrac{15}{8}$ ou $\dfrac{27}{8}$.

Les 8 400 balles de coton tissé vaudront

$$\frac{27}{8} \times \frac{86 \times 125 \times 8\,400}{50} \ \text{ou}\ 6\,095\,250\ \text{fr.}$$

610. *Un négociant achète les* $\frac{11}{15}$ *d'une pièce d'étoffe à 30 fr. le mètre. Il vend les* $\frac{20}{21}$ *de son achat pour la somme de 7140 fr.; de cette façon il gagne 210 fr. et le reste de l'étoffe qu'il avait achetée. On demande de combien de mètres se compose la pièce entière, et quel est le gain total.* (Brevet, Grenoble.)

1° Si le négociant vend 7 140 fr. les $\frac{20}{21}$ de son achat (qui est les $\frac{11}{15}$ de la pièce), et qu'il gagne 210 fr. et le reste de l'étoffe, il s'ensuit que le prix d'achat des $\frac{11}{15}$ de la pièce n'est que de

$$7\,140 - 210 \ \text{ou}\ 6\,930\ \text{fr.}$$

Le mètre coûtant 30 fr., les $\frac{11}{15}$ contiennent $\frac{6\,930}{30}$, et la pièce entière contiendra $\frac{6\,930 \times 15}{30 \times 11}$ ou 315 m.

2° Le gain total est 210 fr., plus le prix des mètres du drap restant.

Or, on a acheté $315^{m} \times \frac{11}{15}$; les $\frac{20}{21}$ ont été vendus, il en reste $\frac{1}{21}$, c'est-à-dire $\frac{315 \times 11}{15 \times 21}$

dont le prix, à 30 fr. le mètre, sera :

$$\frac{315 \times 11 \times 30}{15 \times 21} = 330\ \text{fr.}$$

Le bénéfice total est donc de $210 + 330 = 540$ fr.

La pièce a 315 m.; le bénéfice est de 540 fr.

611. *Un oncle lègue sa fortune à ses trois neveux de la manière suivante : il donne au premier le* $\frac{1}{3}$ *de sa fortune moins 5 000 fr.; au second la moitié du reste plus 2 000 fr.; et ce qui reste au troisième. Celui-ci se trouve avoir pour sa part 20 000 fr. Quelle est la fortune totale léguée par l'oncle, et quelle est la part de chaque neveu?* (Brevet, Besançon.)

Le 1er a $\frac{1}{3}$ de la fortune moins 5 000 fr.

il reste $\frac{2}{3}$ « plus 5 000 fr.

Le 2ᵉ a $\frac{1}{2}$ des $\left(\frac{2}{3}\right.$ « plus 5 000 fr.$\left.\right)$ plus encore 2 000 fr.

ce qui donne $\frac{1}{3}$ « plus $2\,500 + 2\,000$ fr. ou 4 500 fr.

Le 3ᵉ a le reste, c'est-à-dire la fortune, moins les parts des autres qui sont

$\frac{1}{3}$ de la fortune moins 5 000 fr., et

$\frac{1}{3}$ « plus 4 500 dont la somme est

$\frac{2}{3}$ « moins 500 fr.

De la fortune totale, il reste donc $\frac{1}{3}$ plus 500 fr.; or cette part vaut 20 000 fr.; donc le tiers seul égale 19 500, et la fortune totale est $3 \times 19\,500$ ou 58 500

La fortune totale est 58 500, et les parts sont :

14 500 fr., 24 000 fr. et 20 000 fr.

612. *Un vase contient un mélange d'eau et de vin. On enlève les* $\frac{3}{8}$ *de ce mélange et l'on remplace le liquide enlevé par un volume égal d'eau. Après avoir fait ces mêmes opérations une deuxième fois, puis une troisième, il reste 3 lit. 42 cent. de vin. On demande quelle était primitivement la quantité de vin contenue dans le mélange.* (Brevet, Toulouse.)

A chaque opération, on perd les $\frac{3}{8}$, soit d'eau, soit de vin; il reste après la première opération les $\frac{5}{8}$ de vin; après la seconde, il restera $\frac{5}{8}$ des $\frac{5}{8}$ ou $\frac{5 \times 5}{8 \times 8}$, et après la troisième,

$$\frac{5 \times 5 \times 5}{8 \times 8 \times 8} \quad \text{ou} \quad \frac{125}{512}$$

Or ceci vaut 3 lit. 42; donc le vin contenu primitivement dans le vase avait un volume de

$$\frac{3,42 \times 512}{125} = 14 \text{ lit. } 008$$

613. *On a, pour 197 fr., 67 kg. 500 gr. de café, de sucre et de thé; le prix du café est les $\frac{5}{3}$ de celui du sucre; le prix du thé est double de celui du café; la quantité de café est triple de celle du sucre, et celle du thé est moitié de celle du sucre. Combien de kilogrammes de chaque espèce a-t-on eus, et combien coûte le kilogramme de sucre et de thé?* (Brevet, Montpellier.)

Si l'on représente la quantité de sucre par l'unité, celle du café sera 3 et celle du thé $\frac{1}{2}$; l'ensemble sera

$$1 + 3 + \frac{1}{2} = \frac{9}{2}$$

mais la somme des poids est 67 kg. 5; donc le poids de celui du sucre sera $\frac{67,5 \times 2}{9}$ ou 15 kg., celui du café 45 kg., et celui du thé 7 kg. 5.

Le prix du sucre étant pris pour unité, celui du café sera $\frac{5}{3}$ et celui du thé

$$2 \times \frac{5}{3} = \frac{10}{3}$$

La valeur des marchandises sera représentée par

$$1 \times 15, \quad \frac{5}{3} \times 45, \quad \frac{10}{3} \times 7,5$$

Il suffit de diviser 197 fr. en parties proportionnelles à ces 3 quantités, et on obtient ce qu'a coûté chacune des marchandises, c'est-à-dire 25 fr. 69 pour le sucre, 128 fr. 47 pour le café, 42 fr. 82 pour le thé.

Les prix respectifs d'un kg. de ces marchandises seront :

$$\frac{25,69}{15} = 1 \text{ fr. } 71, \quad \frac{128.47}{45} = 2 \text{ fr. } 85, \quad \frac{42,82}{7,5} = 5 \text{ fr. } 70$$

On a 15 kg. de sucre à 1 fr. 71, 45 kg. de café à 2 fr. 85, 7 kg. 5 de thé à 5 fr. 70.

614. *Un bec de gaz a brûlé 260 lit. de gaz en 83 heures et a causé une dépense de 11 fr. 50. On demande : 1° combien* *ce bec brûle de gaz en une soirée de 4 heures et demie; 2° ce que coûte l'éclairage par heure, et quel est le prix d'un mètre cube de gaz. (Brevet, Grenoble.)*

1° En 4 heures $\frac{1}{2}$, un bec brûle $\frac{260 \times 4,50}{83}$ ou 14 Hl. 09.

2° L'éclairage par heure coûte $\frac{11,50}{83}$ ou 0 fr. 138.

3° Le mètre cube de gaz coûte $\frac{11,50}{26} = 0$ fr. 442.

615. *On emploie, pour couvrir une maison, des tuiles plates rectangulaires de 25 cent. de longueur sur 17 cent. de largeur; le toit est à deux pentes et chaque partie a la forme d'un rectangle de 14 m. de longueur sur 6 m. 25 de largeur. Les tuiles, en se recouvrant, perdent les $\frac{3}{5}$ de leur surface. Combien faudra-t-il de tuiles pour couvrir ce toit? (Brevet, Rennes.)*

Une tuile a 25×17 ou 425 c. q. de surface; la partie utilisée sera $425 \times \frac{2}{5}$ ou 170 c. q. Or la surface du toit est $2 \times 6,25 \times 14$ ou 175 m. q. qui valent 1 750 000 c. q.; par suite, le nombre de tuiles employées sera de $\frac{1\,750\,000}{170}$ ou $10\,294\,\frac{2}{17}$

616. *Un lingot est composé d'argent et de cuivre dans les proportions de 1 de cuivre à 9 d'argent. On ajoute à cet alliage 1 300 gr. de cuivre, et le poids de l'argent devient les $\frac{835}{165}$ de celui du cuivre. On demande le poids du 1ᵉʳ lingot. (Brevet supérieur, Toulouse.)*

Dans le 1ᵉʳ lingot, à 900 parties d'argent en correspondent 100 de cuivre.

Dans le 2ᵉ, sur 835 d'argent il y a 165 de cuivre; à 900 d'argent de ce lingot il correspondra $\frac{165 \times 900}{835}$ de cuivre.

Donc, pour 900 parties d'argent, il y a, en cuivre, une augmentation de $\frac{165 \times 900}{835} - 100$ ou $\frac{650\,000}{835}$. Or, dans le 2ᵉ lingot il y a une augmentation de 1 300 gr. de cuivre; le poids correspondant en argent sera donc :

$$\left(900 : \frac{65\,000}{835}\right) \times 1\,300 \quad \text{ou} \quad \frac{900 \times 835 \times 1\,300}{65\,000} = 15\,030 \text{ gr.}$$

Dès lors, le poids du 1er lingot, qui est au titre de $\frac{9}{10}$, sera

$$\frac{15\,030 \times 10}{9} \quad \text{ou} \quad 16\,700 \text{ gr.}$$

617. *Démontrer que si plusieurs fractions* $\frac{4}{6}$, $\frac{10}{15}$, $\frac{14}{21}$ *sont équivalentes, la fraction qui aura pour numérateur la somme des numérateurs* $4+10+14$, *et pour dénominateur la somme des dénominateurs* $6+15+21$, *sera équivalente à chacune des fractions proposées. Se servir de ce principe pour faire voir que les deux fractions* $\frac{27}{99}$ *et* $\frac{27\,27}{99\,99}$ *sont équivalentes.*
(Brevet sup., Nancy.)

1° On a identiquement : $4 = \frac{4}{6} \times 6 = \frac{4}{6} \times 6$

$$10 = \frac{10}{15} \times 15 = \frac{4}{6} \times 15$$

$$14 = \frac{14}{21} \times 21 = \frac{4}{6} \times 21$$

Additionnant, on a $4+10+14 = \frac{4}{6}(6+15+21)$

d'où $\dfrac{4+10+14}{6+15+21} = \dfrac{4}{6} \cdots$ C. Q. F. D.

2° **Application.** Montrons que $\dfrac{27}{99} = \dfrac{27\,27}{99\,99}$. En effet, on a :

$$\frac{27}{99} = \frac{27 \times 100}{99 \times 100} = \frac{2\,700}{9\,900}$$

et, d'après ce qui précède :

$$\frac{27}{99} = \frac{2\,700 + 27}{9\,900 + 99} = \frac{2\,727}{9\,999} \qquad \text{C. Q. F. D.}$$

618. *Quelle est la plus grande et la plus petite valeur que puisse avoir une pièce de 5 fr. en tenant compte des deux tolérances : 1° la pièce est en argent; 2° la pièce est en or?*

La valeur de la pièce de 5 fr. en argent est la plus grande possible quand elle pèse $\frac{3}{1\,000}$ de plus, et que son titre est en même temps $\frac{902}{1\,000}$; de même sa valeur sera la plus petite quand elle pèse $\dfrac{3}{1000}$ de moins et que son titre est $\dfrac{898}{1000}$; on aura donc pour 5 fr. en argent :

plus grande valeur, $\quad \dfrac{5 \times 902 \times \left(25 + \dfrac{3 \times 25}{1000}\right)}{900 \times 25} = 5 \text{ fr. } 026$

pour la plus petite, $\quad \dfrac{5 \times 898 \times \left(25 - \dfrac{3 \times 25}{1000}\right)}{900 \times 25} = 4 \text{ fr. } 974$

En faisant les mêmes remarques, on aurait pour la pièce de 5 fr. en or :

plus grande valeur, $\dfrac{5 \times 902 \times \left(1,6129 + \dfrac{3 \times 1,6129}{1000}\right)}{900 \times 1,6129} = 5 \text{ fr. } 026$

pour la plus petite, $\dfrac{5 \times 898 \times \left(1,7129 - \dfrac{3 \times 1,6129}{1000}\right)}{900 \times 1,6129} = 4 \text{ fr. } 974$

Remarque. On pouvait voir, *à priori*, que la valeur était la même, puisque les tolérances sont les mêmes dans les deux cas.

619. *Un entrepreneur a déboursé une somme de 270 fr. pour payer 56 journées d'ouvriers divisés en deux catégories ; aux premiers il a donné 4 fr. 50 par jour, aux autres 5 fr. 25. On demande combien il y avait de journées dans chaque catégorie.* (Brevet sup., Dijon.)

Si toutes les journées étaient à 4 fr. 50, on aurait déboursé $4,50 \times 56 = 252$ fr., soit $270 - 252$ ou 18 fr. de moins que ce que l'on a payé. Ces 18 fr. proviennent des journées à 5 fr. 25., qui procurent en plus, pour chacune d'elles, $5,25 - 4,50$ ou 0,75 ; donc, autant de fois 18 fr. contiendront 0 fr. 75, autant il y aura de journées à 5 fr. 25, ce qui donne :

$$18 : 0,75 = 24$$

Il y a donc 24 journées à 5 fr. 25, et 32 à 4 fr. 50.

Autre solution. Si l'on représente par x le nombre de journées à 4,50, le nombre de journées à 5 fr. 25 sera $56 - x$; par suite, on aura l'équation

$$4,5x + (53 - x)5,25 = 270$$

En résolvant on trouve, comme ci-dessus, 32 et 24.

620. *Une personne A en poursuit une autre B qui a 450 m. d'avance ; A fait 3 pas de 0 m. 70 pendant que B en fait 2* de 0 m. 75. *On demande combien* A *doit faire de pas pour rejoindre* B, *et quelle sera la longueur du chemin.* (Concours pour les Arts et Métiers.)

En 3 pas, A parcourt   0 m. 70 $\times$ 3 = 2,10
pendant ce temps, B «   0 m. 75 $\times$ 2 = 1,50
A gagne donc 0 m. 60 en 3 pas; par suite, 0 m. 20 en un pas.

La distance étant 450 m., A devra faire $\dfrac{450}{0,2}$ = 2 250 pas; et

la longueur du chemin sera 0,70 $\times$ 2 250 = 1 575 m.

2 250 pas et 1 575 mètres.

621. *La suie est un très-bon engrais ; on peut l'employer à*

la dose de $\dfrac{1}{3}$ *d'hectolitre par are, mélangée avec deux ou trois*

fois autant de terre. Quelle serait la dépense à faire pour fumer un champ de 75 ares 50 cent., la suie coûtant sur place 4 fr. 50 l'hectolitre, les frais de transport étant 0,27 par 100 kilogrammes, et le mètre cube pesant 1 205 kilogrammes ? (Brevet, Besançon.)

La quantité de suie nécessaire est de $\dfrac{1}{3}$ Hl. $\times$ 75,50; le prix,

sur place, est de   4 fr. 50 $\times$ $\dfrac{1}{3}$ $\times$ 75,5 = 113 fr. 25.

Le poids de la suie est de 120 kg. 5 $\times$ $\dfrac{1}{3}$ $\times$ 75,5; le prix du

transport est 0,0027 $\times$ 120,5 $\times$ $\dfrac{1}{3}$ $\times$ 75,5 = 8 fr. 187.

Le prix total sera 121 fr. 437.

622. *On fait faire une porte cochère cintrée. La partie rectangulaire a 3 m. 50 de largeur et 5 m. 40 de hauteur; le cintre est un demi-cercle parfait, ayant pour diamètre la largeur de la porte. On paye le menuisier à raison de 34 fr. le mètre carré, le peintre à raison de 3 fr. 75 pour l'extérieur et 2,25 pour l'intérieur; les ferrements coûtent 75 fr.: quel est le prix de la porte?*

Par mètre carré, on paye 34 + 3,75 + 2,25 ou 40 fr.
La partie rectangulaire égale   3,50 $\times$ 5,40 ou 18 m. q. 90

La partie cintrée $\dfrac{1}{2}\pi r^2 = \dfrac{1}{2} \times 3,1416 \times \left(\dfrac{3,5}{2}\right)^2$ ou   4 m. q. 81

La surface totale est donc de   23 m. q. 71

Le prix sera $40 \times 23,71$ ou 948 fr. 4, plus 75 fr. pour les ferrements.

Dépense totale, $948,4 + 75 = 1\,023$ fr. 4.

623. *Le minerai d'une usine où l'on extrait le plomb contient 23 p. %$_0$ de ce métal; le plomb que l'on en retire contient lui-même 3 millièmes d'argent. Les produits divers forment annuellement une valeur de 1 750 000 fr. On demande combien l'usine produit de plomb et d'argent et quelle est la quantité de minerai traité. On sait que le prix du plomb est de 55 fr. le quintal métrique, et que celui de l'argent pur est de 222 fr. 22 le kilogramme. On suppose que la perte du plomb est de 9 p. %$_0$ et celle de l'argent 1 p. %$_0$.* (Brevet sup., Agen.)

Par tonne de minerai on retire les 0,91 de 230 kg. de plomb, c'est-à-dire $230 \times 0,91$ ou 209 kg. 3. L'argent retiré de ce plomb est de $209,3 \times (0,003 - 0,000\,03)$ ou 0 kg. 621 621. Le poids du plomb vendu est donc $209,30 - 0,621\,621 = 208$ kg. 678 379.

la valeur de ce plomb est $0,55 \times 208,678\,379 = 114$ fr. 773

celle de l'argent, $\qquad 222,22 \times 0,621\,621 = 138$ fr. 136

Une tonne de minerai fournit une valeur de $114,773 + 138,136$ ou 252 fr. 909; la quantité de minerai est donc

$$\frac{1\,750\,000}{252,909} = 6\,919 \text{ tonnes } 46$$

Le poids du plomb sera $208,678\,379 \times 6\,916,46 = 1\,443\,942$ kg.

celui de l'argent, $\qquad 0,621\,621 \times 6\,916,46 = 4\,301$ kg.

624. *On estime que la croûte solide de notre globe est à peu près la soixantième partie du rayon terrestre. Exprimer cette épaisseur en kilomètres.* (Brevet, Rennes.)

Le rayon est $\dfrac{40\,000\,000}{2\pi}$; la 60e partie sera $\dfrac{40\,000\,000}{2 \times 60} \times \dfrac{1}{\pi}$;

or $\dfrac{1}{\pi} = 0,318\,309\,8\dots$; en prenant ces chiffres, on a 106 km.

Rép. 106 kilom.

625. *En passant de la température de 4° à celle de 100°, l'eau se dilate de $\dfrac{1}{24}$ de son volume. Quel sera le poids de 7 lit. 2 déc. d'eau à 100°?* (Brevet, Poitiers.)

7 lit. 2 déc. d'eau prise à 100° occuperaient, à 4°, le volume

de 7 lit. $2 \times \frac{24}{25}$ ou de 6 lit. 912; or, à 4°, 1 lit. pèse 1 kg.; le poids de l'eau est donc 6 kg. 912 gr.

626. *Quelle est la capacité d'un vase, sachant que l'huile qui remplit les $\frac{5}{7}$ de ce vase pèse autant que la monnaie d'argent qui vaut 385 fr. 50? L'hectolitre d'huile pèse 90 kg.* (Brevet, Douai.)

385 fr. 50, en argent, pèsent $5 \times 385{,}5$ ou 1 927 gr. 5.

Le vase entier contiendra $1\,927{,}5 \times \frac{7}{5}$ ou 2 698 gr. 5 d'huile, et la capacité sera $\frac{2\,698{,}5}{0{,}90}$ ou 2 998 c. c., c'est-à-dire 2 lit. 998 ou environ 3 litres.

627. *Sachant que 80 fr. valent 81 livres, on demande, à moins d'un milligramme, quel devait être le poids d'une pièce d'or de 24 livres au titre de $\frac{9}{10}$.* (Brevet, Dijon.)

24 livres valent $\frac{80 \times 24}{81}$ fr.; 1 gr. d'or vaut 3 fr. 10, le poids sera donc $\dfrac{80 \times 24}{81 \times 3{,}10} = 7$ gr. 646

628. *Un vase plein d'eau pèse 2 kg. 500 gr.; plein de lait, 2 kg. 568 gr. Sachant que la densité du lait est 1,034, dire : 1° quelle est la capacité du vase; 2° quel en est le poids.* (Brevet, Chambéry.)

Le lait pèse $2{,}568 - 2{,}500$ ou 68 gr. de plus que l'eau. Or chaque litre de lait pèse 34 gr. de plus que le litre d'eau; le vase contient donc $68 : 34$ ou 2 litres.

Son poids est 2 kg. 500, moins le poids de 2 lit. d'eau, c'est-à-dire 0 kg. 500.

Volume, 2 lit.; poids, 500 gr.

629. *Dans le plateau d'une balance on place une somme de 3 547 fr. en argent et 0 fr. 55 en cuivre. Quel volume d'eau faudrait-il placer dans l'autre plateau pour rétablir l'équilibre? Évaluer ce volume en décimètres cubes, centimètres cubes et millimètres cubes.* (Concours pour les Arts et Métiers.)

3 547 fr. en argent pèsent $5 \times 3\,547$ ou 17 735 gr.

0,55 en cuivre « 55 gr.

en tout 17 790 gr.

Le volume de l'eau sera 17 dm. c. 790 cm. c.

630. *On extrait 100 lit. d'huile d'un certain nombre d'hectolitres d'olives que l'on demande de déterminer, sachant que les olives donnent 10 p. %, de leur poids d'huile, que l'hectolitre d'olives pèse 44 kg. 5 décag., et que le litre d'huile pèse 918 gr.* (Brevet, Toulouse.)

100 lit. d'huile pèsent 91 kg. 8 et exigent $91,8 \times 10$ ou 918 kg. d'olives. L'hectolitre d'olives pesant 44 kg. 5, il en faudra

$$\frac{918}{44,5} \quad \text{ou} \quad 20 \text{ Hl. } 62 \text{ l.}$$

631. *On sait qu'on récolte en moyenne 25 Hl. de blé par hectare, qu'un hectolitre de blé pèse 78 kg. et donne 62 kg. 500 gr. de farine, et enfin qu'il faut une balle de 120 kg. de farine pour faire 150 kg de pain. Cherchez quelle est l'étendue du champ qui produira le blé nécessaire à l'alimentation de 1 500 hommes pendant un an, chacun d'eux recevant en pain 1 kg. $\frac{1}{2}$ tous les deux jours.* (Brevet, Oran.)

Un hectare donne 25 Hl. de blé qui fournissent $62,5 \times 25$ de farine et $\dfrac{150}{120} \times 62,500 \times 25$ kg. de pain.

La quantité de pain nécessaire à l'alimentation est :

$$\frac{1 \text{ kg. } \frac{1}{2}}{2} \times 1\,500 \times 365 \text{ kg.}$$

L'étendue à ensemencer sera, en hectares :

$$\frac{3 \times 1\,500 \times 365}{2} : \frac{150 \times 62,5 \times 25}{120} \quad \text{ou 210 hectares 24 ares.}$$

632. *On sait que la betterave donne en sucre environ 7 p. %, de son poids, qu'un mètre carré de terrain produit approximativement 3 kg. 125 de betteraves, que le quintal de betteraves est évalué à 1 fr. 65. On demande : 1° quelle superficie il faudrait ensemencer pour fournir des betteraves à une fabrique qui produit annuellement 87 500 kg. de sucre; 2° quelle serait la valeur des betteraves obtenues.* (Brevet, Alger.)

1° 1 m. q. de terrain donne 3 kg. 125 de betteraves et 3 kg. $125 \times 0,07$ de sucre.

La superficie nécessaire sera

$$87\,500 : (3,125 \times 0,07) \quad \text{ou 40 hectares}$$

2° 87 500 kg. de sucre exigent 87 500 : 0,07 de betteraves ou 1 250 000 kg. ; le prix en sera :

$$1,25 \times \frac{1\,250\,000}{100} \quad \text{ou} \quad 20\,625 \text{ fr.}$$

40 hectares et 20 625 fr.

633. *Quel est le poids de l'or fin contenu dans une somme de 3 450 fr., et quel est le volume de cet or en centimètres cubes? On sait que 155 pièces d'or de 20 fr. pèsent 1 kg., que la monnaie est au titre de 0,9 de fin, et que le rapport du poids de l'or fin au poids d'un égal volume d'eau est 19,26.* (Brevet, Aix.)

1° 3 450 fr. en or pèsent $\dfrac{1 \times 3\,470}{155 \times 20}$; l'or fin est les $\dfrac{9}{10}$ ou 1 kg. 1 gr. 5 dg.

2° Le volume sera 1,0015 : 19,26 = 52 cent. cubes, par excès.

634. *Un parallélipipède de glace plongé dans la mer y flotte, et la partie émergée au-dessus de la surface de l'eau a 2 m. 40 de hauteur. Calculer la hauteur totale du parallélipipède, sachant que la densité de la glace est 0,918 et celle de l'eau de mer 1,026. On admet le principe d'Archimède, d'où il résulte que le poids du corps flottant est égal au poids du volume du liquide qu'il déplace.* (Brevet, Dijon.)

Soit B la base du parallélipipède, x sa hauteur; son poids est :

$$B \times x \times 0,918$$

Le poids de l'eau déplacée est :

$$B (x - 2,40) \times 1,026$$

Ces poids étant égaux, on a :

$$B x \times 0,918 = B (x - 2,4) 1,026 \quad \text{ou} \quad x \times 0,918 = (x - 2,4) 1,026$$

d'où $\qquad\qquad x = 22 \text{ m. } 80$

635. *Deux lingots ont le même poids; l'un d'eux a un volume de 49 cent. cubes et une densité de 7,29, l'autre une densité de 11,25; quel est son volume?* (Brevet, Paris.)

Le poids commun des lingots est 7 gr. 29 $\times$ 49.

Le volume du second sera $\dfrac{7,29 \times 49}{11,35}$ ou 31 cent. cub. 4.

636. *On a une somme de 8 680 fr. formée de pièces de 5 fr. en argent et de 10 fr. en or. Le nombre des pièces de 10 fr.*

est à celui des pièces de 5 *fr.* dans le rapport de 35 à 54. On fond toutes ces pièces en un seul lingot. On demande combien il y a d'or pur dans 1 *kg.* de ce lingot. (Brevet, Rennes.)

Prenons une somme formée de 35 pièces de 10 fr. en or et de 54 pièces de 5 fr. en argent.

Les 35 pièces de 10 fr. pèsent $\dfrac{35 \times 10}{3,10} = 112$ gr. 903 et ont 101 gr. 612 d'or fin.

Les 54 pièces de 5 fr. pèsent $54 \times 5 \times 5 = 1\,350$ gr. et ont 1 215 gr. d'argent.

Donc, sur un poids de 112 gr. 903 $+$ 1 350 gr., il y a 101 gr. 6127 d'or fin; sur 1 kg., il y aura $\dfrac{1\,000 \times 101,6127}{1\,462,903} = 69$ gr. 4.

637. *Une machine à vapeur dépense* 1 547 *kg. de charbon en* 70 *jours. Une modification apportée à la machine réduit la dépense à* 554 *kg. en* 37 *jours. Quelle est la valeur de l'économie annuelle due à ce perfectionnement, sachant que la machine fonctionne* 330 *jours par année, et que* 100 *kg. de charbon coûtent* 3 *fr.* 75? (Brevet, Nancy.)

En un jour la machine dépensait $\dfrac{1\,547}{70} = 22$ kg. 1

actuellement, elle dépense $\dfrac{554}{37} = 14$ kg. $\dfrac{36}{37}$

L'économie journalière est 7 kg. $\dfrac{42}{185}$; l'économie annuelle sera $\dfrac{3,75}{100} \times 7\ \dfrac{42}{185} \times 330 = 88$ fr. 242

638. *Le cocon de ver à soie pèse* 6 *gr.* 35 *et donne* 7 *p.* $^{0}/_{0}$ *de bourre de soie,* 9 *p.* $^{0}/_{0}$ *de déchet, et le reste de soie grège. D'après ces données, quel prix retirerait-on de* 8 000 *cocons, en admettant que la soie grège vaille* 69 *fr.* 75 *le kilogramme, et la bourre de soie* 8 *fr.* 40. (Brevet, Caen.)

Les 8 000 cocons donnent :

1° En bourre $\quad 6,35 \times 0,07 \times 8\,000 = 3$ kg. 556

2° En soie $\quad\quad 6,35 \times 0,84 \times 8\,000 = 42,672$

Le prix sera : $8,40 \times 3,556 + 69,75 \times 42,672 = 3\,006$ fr. environ.

639. *Deux trains partent de Marseille, l'un à* 8 *heures du matin, l'autre à* 11 *heures, pour venir à Paris; le premier*

*fait 36 km. à l'heure, le second 48. A quelle distance de Paris
et à quelle heure se rencontreront-ils? La distance de Paris à
Marseille est de 857 km.* (Brevet, Paris.)

A 11 heures, le premier a 36×3 ou 108 km. d'avance sur le
second, qui se met seulement en marche; mais celui-ci gagne
sur l'autre 12 km. par heure; pour l'atteindre, il mettra

$$108 : 12 = 9 \text{ heures}$$

La rencontre aura donc lieu à 8 heures du soir.

La distance de Marseille à ce point de rencontre sera

$$48 \times 9 = 432 \text{ km.},$$

et celle de Paris, au même lieu, $857 - 432 = 425$ km.

Rencontre, à 8 heures du soir, à 425 km. de Paris.

640. *Les nouvelles pièces de 0,50 cent. ont le même poids
que les anciennes, mais elles ne sont plus qu'au titre de 0,835.
On demande combien il faudrait fondre de cuivre avec
145 pièces anciennes pour former un alliage au nouveau
titre, et combien, avec cet alliage, on pourrait fabriquer de
nouvelles pièces.* (Brevet, Paris.)

Les 145 pièces anciennes pèsent $2,50 \times 145$ ou 362 gr. 5.
Elles contiennent, en argent, $362,5 \times 0,9$ ou 326 gr. 25, qui
seront les 0,835 du poids des nouvelles pièces. Celles-ci pèse-
ront $\dfrac{326,25}{0,835}$ ou 390 gr. 71. Il a donc fallu ajouter $390,71 - 362,5$
ou 28 gr. 21 de cuivre, et on a pu faire

$$390,71 : 2,5 = 156 \text{ pièces}$$

28 gr. 21 de cuivre et 156 pièces.

641. *On verse 2347 gr. de mercure dans un vase d'un litre
de capacité. Quel est le poids de l'eau pure nécessaire pour
remplir ce vase? On sait que le litre de mercure pèse
13 kg. 596.* (Brevet, Clermont.)

Le volume occupé par le mercure est $\dfrac{2347}{13596} = 172$ c. c.

Il reste $1000 - 172 = 828$ c. c. d'eau, ou 828 gr. de ce liquide.

642. *A poids égal et au même titre, l'or vaut 15 fois $\frac{1}{2}$ autant que l'argent; il pèse, à volume égal, 19,64 fois plus que
l'eau à 4°. On demande de calculer, en décimètres cubes, le
volume d'un lingot d'or de la valeur de 500 000 fr.* (Brevet,
Rennes.)

En argent, 500 000 fr. pèsent $5 \times 500\,000$

en or   «   « $\dfrac{5 \times 500\,000}{15,5}$

Or 1 déc. c. d'or pèse 19 kg. 640; donc le lingot cubera, en décimètres cubes, $\dfrac{5 \times 500\,000}{19,64 \times 15,5}$ ou 8 décim. c. 213 c. c. 3.

643. *Dans un sac se trouvent des monnaies d'or, d'argent et de bronze. L'ensemble des monnaies d'or a une valeur dix fois plus grande que l'ensemble des monnaies d'argent, et l'ensemble des monnaies d'argent a une valeur dix fois plus grande que l'ensemble des monnaies de bronze. La totalité de ces trois sortes de monnaies pèse 565 gr. Quelle est, en francs et centimes, la valeur de la somme renfermée dans le sac?* (Brevet sup., Besançon.)

Considérons que   3 fr. 10   en or   pesant   1 gr.

                         0 fr. 31   en argent   «   1 gr. 55

                         0 fr. 031   en bronze   «   3 gr. 10

on aura une somme de   3 fr. 441   pesant   5 gr. 65 composée proportionnellement comme la somme donnée.

Pour 5 gr. 65 on a 3 fr. 10 d'or; pour 565 gr. on aura :

$$\frac{3,10 \times 565}{5,65} = 310 \text{ fr.}$$

Il y a donc 310 fr. en or, 31 fr. en argent, 3 fr. 10 en bronze. Somme totale, 344 fr. 10.

Autre solution. Soit x la valeur, en francs, des monnaies de bronze; $10x$ sera la valeur de l'argent, et $100x$ celle de l'or. Si on détermine les poids respectifs, on aura l'équation :

$$x \times 100 + 10x \times 5 + 100x \times \frac{5}{15,5} = 565$$

en la résolvant, on trouve $x = 3$ fr. 10, et le reste comme ci-dessus.

644. *Un mobile parcourt, sur une circonférence, un arc de 40° 56′ 12″ en une heure. Combien de temps lui faudra-t-il pour parcourir la circonférence entière?* (Brevet, Besançon.)

Voir (Ex. 370). Rép. 8 heures 23 minutes 4 secondes.

645. *Sachant que la toise vaut 6 pieds, le pied 12 pouces, le pouce 12 lignes, et que le mètre équivaut à 3 pieds 11 lignes* et 296 millièmes de ligne : 1° convertir une longueur de 3 587 m. 35 cent. en toises, pieds, pouces et lignes ; 2° convertir une longueur de 469 toises 5 pieds 9 pouces et 7 lignes, en mètres, décimètres et centimètres. (Concours pour les Arts et Métiers.)

1° 1 840 toises 3 pieds 5 pouces 5 lignes 905 ; 2° 915 m. 98.

646. *Un navire porte des vivres pour un équipage de 140 hommes et pour une traversée de 100 jours. Après 24 jours de traversée, il recueille l'équipage d'un navire naufragé s'élevant à 30 hommes ; pendant combien de jours pourra-t-il encore naviguer en donnant ration complète à tout le monde?* (Brevet, Paris.)

Le navire part avec 140×100 ou 14 000 rations. Après 24 jours, il lui en reste $14\,000 - 24 \times 140$ ou 10 640.

Le nombre d'hommes étant alors $140 + 30$ ou 170, le navire pourra tenir la mer pendant $\dfrac{10\,640}{170}$ ou 62 jours $\dfrac{10}{17}$.

647. *Pour chauffer pendant une année une salle de 6 m. 50 de long sur 5 m. 20 de large et 3 m. 18 de hauteur, on a consommé 4 stères $\dfrac{1}{4}$ de bois au prix de 13 fr. 50 le stère. Quelle est la dépense qu'entraînerait le chauffage, pendant le même temps, avec le même combustible, employé aux mêmes conditions, d'une salle de 7 m. 20 de long sur 6 m. 25 de large et 3 m. 18 de hauteur.* (Brevet, Dijon.)

Le bois dépensé est proportionnel au volume de la salle. On dépense 4 stères $\dfrac{1}{4}$ pour une salle cubant $6,5 \times 5,2 \times 3,18$; pour une autre, cubant $7,2 \times 6,25 \times 3,18$, on dépensera

$$\frac{17}{4} \times \frac{7,20 \times 6,25 \times 3,18}{6,5 \times 5,2 \times 3,8} = 5 \text{ stères } 65.$$

La dépense sera 13 fr. $50 \times 5,65$ ou 76 fr. 275.

648. *Le volant d'une machine, faisant 345 tours en 6 minutes $\dfrac{3}{4}$, met en mouvement une filière qui donne 240 m. de fil de fer en 1 heure 40 minutes. On demande le temps qu'il faudrait pour faire 640 m. du même fil, si le volant avait une vitesse de 375 tours en 4 minutes $\dfrac{1}{2}$.* (Brevet, Clermont.)

Le temps nécessaire pour faire les 640 m. est : 1° directement proportionnel aux longueurs à parcourir ; 2° inversement proportionnel aux nombres de tours par minute, dont l'expression est respectivement pour les deux volants $\dfrac{345}{6\frac{3}{4}}$, $\dfrac{375}{4\frac{1}{2}}$; ce temps

sera donné (417) par

$$100' \times \frac{640}{240} \times \frac{\frac{345}{27}}{\frac{375}{\frac{9}{2}}} = \frac{100' \times 640 \times 345 \times 9}{240 \times 375 \times 2 \times 27}$$

ou   2 heures 43 minutes 33 secondes

649. *On a une pièce de drap de 150 m., qui, ayant $\frac{7}{8}$ de large et de qualité $\frac{15}{9}$, a coûté 950 fr. On demande combien coûtera une pièce de drap de 263 m. de $\frac{7}{15}$ de large et de $\frac{4}{5}$ de qualité. Calculer le résultat à 0,01 près. (Concours pour les Arts et Métiers.)*

Une pièce de 1 m. de long, de 1 m. de large et dont la qualité serait représentée par 1 coûterait $\dfrac{950 \times 8 \times 9}{150 \times 7 \times 15}$, et une pièce de 263 m. de long, $\frac{7}{15}$ de large et dont la qualité serait représentée par $\frac{4}{5}$ coûterait :

$$\frac{950 \times 8 \times 9 \times 263 \times 7 \times 4}{150 \times 7 \times 15 \times 15 \times 5} = 426 \text{ fr. } 41$$

650. *A 28 m. au-dessous du sol, à Paris, la température est constante et égale à 11°,7 centigrades. A 505 m. au-dessous du sol la température est égale à 27°,33 centigrades. En admettant que l'accroissement de la température soit proportionnel à la quantité dont on s'enfonce au-dessous de la couche invariable, on demande à quelle profondeur la température sera de 100° centigrades. On devra d'ailleurs chercher quelle serait, dans cette hypothèse, la température du centre de la terre. (Brevet sup., Paris.)*

1° Pour $505^m - 28^m$ ou 477, la température croît de

$$27°,33 - 11°,7 \text{ ou } 15°,63$$

A partir de 28 m. la température croît donc de 15°,63 pour 477 m.; pour une variation de 11°,7 à 100° ou 88°,3, il faudra s'abaisser au-dessous de 28 m. de $\dfrac{477^m \times 88,3}{15,63}$ ou de $2696^m,6$; la profondeur totale sera $2\,696,6 + 28 = 2\,724,6$.

2° Le rayon de la terre est 6 366 739. Au-dessous de 28 m., on s'abaisse pour aller au centre de 6 366 711 m.; la température au-dessous de 11°,7 sera 6 366 739 divisé par $\dfrac{477^m}{15,63}$ (qui est la hauteur correspondante à l'accroissement de 1°), soit :

$$\frac{6\,366\,739}{477} = 208\,620° 8$$

La température du centre sera $208\,620 + 11°,7 = 208\,632°,5$.

1° 2 724 m. 6; 2° 208 632°,8.

634. *Une veine liquide circulaire de 0 m. 0073 de diamètre, sortant d'un vase où le liquide est maintenu à une hauteur de 15 m. 75 au-dessus de l'orifice, a débité 120 lit. en 34 secondes. On demande combien donnerait, en 53 secondes, une veine de 0 m. 0087 de diamètre sortant d'un vase où la hauteur du liquide serait de 18 m. 25. On admet que le volume du liquide écoulé varie proportionnellement à la section de la veine liquide, à la durée de l'écoulement, et à la racine carrée de la hauteur du liquide au-dessus de l'orifice. (Brevet, Poitiers.)*

Les sections des veines sont respectivement de

$$\frac{1}{4}\pi(0,0073)^2 \text{ et } \frac{1}{4}\pi(0,0087)^2$$

elles sont proportionnelles aux nombres $(0,0073)^2$ et $(0,0087)^2$, ou bien, si l'on prend le mm. pour unité, $(7,3)^2$ et $(8,7)^2$. Or une veine de 1 mm. de section, en 1 seconde et sous une hauteur de 1 m., débiterait $\dfrac{120}{(7,3)^2 \times 34 \times \sqrt{15,75}}$. Une veine de 8 mm. 7, en 53 secondes, sous une hauteur de chute de 18 m. 25,

débitera $\dfrac{120 \times (8,7)^2 \times 53 \times \sqrt{18,25}}{(7,3)^2 \times 34 \times \sqrt{15,75}}$

ce qui donne 286 litres environ.

632. *Un négociant a acheté des marchandises dont il a revendu le premier quart à 5 p. % de bénéfice, le second à 15 p. % de bénéfice, et la moitié restante à 6 p. % de perte; il a réalisé ainsi un gain de 316 fr.; combien lui avaient coûté ces marchandises?* (Concours pour les Arts et Métiers.)

Soit une marchandise ayant coûté 400 fr.; dans les conditions de vente de l'énoncé, on gagnerait :

pour le 1er quart, ou 100 fr.   5 fr.

pour le 2e   «   «   15 fr.

et on perdrait, pour le reste (200 fr.), 6×2 ou 12 fr.

Finalement, on bénéficierait de $15 + 5 - 12$ ou 8 fr. Donc, autant de fois 8 seront contenus dans 316 fr., autant de fois on aura acheté pour 400 fr. de marchandises; or 316 contient 37 fois 8; on a donc acheté pour 400×37 ou 15 800 fr. de marchandises.

Autre solution. Si x représente la valeur de la marchandise achetée, on a gagné sur le 1er quart $\dfrac{x \times 5}{4 \times 100}$, sur le 2e $\dfrac{x \times 15}{4 \times 100}$, sur la moitié restante on a perdu $\dfrac{x \times 6}{2 \times 100}$; on aura, par suite,

l'équation : $\dfrac{5x}{400} + \dfrac{15x}{400} - \dfrac{6x}{200} = 316$;

en la résolvant, on trouve $x = 15\,800$ fr.

633. *Si à un capital on ajoute ses intérêts de 18 mois $\dfrac{2}{3}$, on trouve un nombre qui est à ce capital comme 674 est à 625 ; à quel taux est-il placé?* (Concours pour les Arts et Métiers.)

Si l'on considère un capital de 625 fr., au bout de 18 mois $\dfrac{2}{3}$, il devient 674 fr.; les intérêts ont donc été de $674 - 625 = 49$ fr.

Un capital de 1 fr., en 1 mois, produirait $\dfrac{49 \times 3}{625 \times 56}$, et un capital de 100 fr., en 1 an ou 12 mois, donnerait

$$\frac{49 \times 3 \times 100 \times 12}{625 \times 56} = 5 \text{ fr. } 04$$

qui est le taux cherché.

634. *Un rentier a 20 000 fr. à placer; il en place une partie à 4 p. % et l'autre à 5 p. %, et il en retire 940 fr. d'intérêts* par an. *On demande quelle somme il a mise à intérêts à 4 p. %/_0 et celle qu'il a placée à 5 p. %/_0.* (Concours pour les Arts et Métiers.)

Les 20 000 fr. ont produit 940 fr. ; 100 fr. auront donné

$$\frac{940 \times 100}{20\,000} = 4 \text{ fr. } 70$$

Le placement moyen est donc à 4 fr. 70.

En plaçant à 5 p. %/_0 on perd 0 fr. 30 ; en plaçant à 4 fr. on gagne 0 fr. 70 ; donc, lorsqu'on prendra 70 parties de ce capital placé à 5, il en faudra prendre 30 à 4 p. %/_0. Il suffit donc de partager 20 000 fr. en parties proportionnelles à 30 et à 70 ou à 3 et à 7, ce qui donne

$$14\,000 \text{ fr. à } 5 \text{ p. }\%/_0 ; \quad 6\,000 \text{ fr. à } 4 \text{ p. }\%/_0$$

Autre solution. Si les 20 000 fr. avaient été placés à 5 p. %/_0, ils auraient produit 1 000 fr. ; ils n'ont produit réellement que 940 fr., c'est-à-dire 60 fr. en moins ; cette différence provient de ce qu'une partie du capital a été placée à 4 p. %/_0. Or, à chaque 100 fr. que l'on place à 4 p. %/_0, il y a 1 fr. de perte ; et comme on a perdu 60 fr., on a donc placé 60 fois 100 fr. ou 6 000 fr. à 4 p. %/_0, et 14 000 fr. à 5 p. %/_0.

$$6\,000 \text{ fr. à } 4 \text{ p. }\%/_0, \quad 14\,000 \text{ fr. à } 5 \text{ p. }\%/_0$$

Enfin, en appelant x la partie placée à 4 p. %/_0, on peut encore résoudre le problème en établissant l'équation :

$$\frac{x \times 4}{100} + \frac{(2\,000 - x) \times 5}{100} = 940$$

qui donne, en la résolvant, $x = 6\,000$ fr.

655. *On doit une somme de 2 107 fr. dont on veut se libérer en trois payements égaux faits de 4 mois en 4 mois, en calculant les intérêts à 6 p. %/_0 l'an. De combien sera chaque payement ?* (Brevet sup., Poitiers.)

Que l'on donne, d'une part, à une première personne les 2 107 fr., et que de l'autre on remette à une seconde successivement le 1er versement dans 4 mois, le 2e dans 8, et le 3e dans 12, et que chacune fasse valoir ses capitaux, au bout de l'année elles auront des sommes égales. Or, a étant la somme à payer, le 1er versement restera placé pendant 8 mois et deviendra :

$$a + a \times 6 \times \frac{8}{12 \times 100} = a(1,04)$$

Le 2e sera $a(1,02)$ et le 3e restera a.

Mais la somme 2 107 fr. sera devenue $2\,107 \times 1,06$; on aura dès lors :

$$2\,107 \times 1,06 = a\,(1,04 + 1,02 + 1) = a \times 3,06$$

d'où
$$a = \frac{2\,107 \times 106}{306} = 729 \text{ fr. } 81$$

636. *Un spéculateur achète une propriété de 256 hectares 8 ares au prix de 447 116 fr.; il la garde 2 ans et elle lui rapporte* $3\,\frac{2}{3}$ *p.* %₀*, tandis que s'il eût placé la somme qu'il a déboursée, il en eût retiré 5 p.* %₀*. A quel prix doit-il revendre l'hectare pour faire un bénéfice réel de 7 p.* %₀*, en tenant compte du prix d'achat et de la perte qu'il a éprouvée?* (Brevet, Rennes.)

En 2 ans, la propriété rapporte à $3\,\frac{2}{3}$ p. %₀

$$\frac{447\,116 \times 11 \times 2}{3 \times 100} \quad \text{ou} \quad 32\,788 \text{ f. } 506$$

à 5 p. %₀, l'argent eût rapporté

$$\frac{447\,116 \times 5 \times 2}{100} \quad \text{ou} \quad 44\,711 \text{ fr. } 6$$

La perte est dès lors $44\,711,6 - 32\,788,50$ ou 11 923 fr. 10.

Pour faire un bénéfice réel de 7 p. %₀ ou de

$$\frac{447\,116 \times 7}{100} = 31\,298 \text{ fr. } 12$$

la propriété doit être revendue

$$447\,116 + 11\,923,10 + 31\,298,12 = 490\,337,42$$

Le prix de l'hectare sera $\dfrac{490\,337,22}{256,08}$ ou 1 914 fr. 8.

637. *Un particulier a prêté une certaine somme à 5 p.* %₀*, à intérêt simple; au bout de 2 ans on la lui restitue avec les intérêts, et il place le tout dans une industrie qui lui donne 7 p.* %₀ *par an. Sachant qu'alors l'intérêt annuel s'élevait à 1 450 fr., on demande quel était le capital primitif.* (Brevet, Nancy.)

Le capital qui, à 7 p. %₀, donne 1 450 fr. d'intérêts, est

$$\frac{1\,450 \times 100}{7} = 20\,714 \text{ fr. } 28$$

Cette somme représente un capital joint à ses intérêts pen-

dant 2 ans, à 5 p. %. Or 100 fr. en 2 ans deviennent 110 fr.;
une somme de 20714 fr. 28 proviendra d'un capital primitif
donné par $\dfrac{100 \times 20714.28}{110} = 18831$ fr. 16

Le capital primitif est 18831 fr. 16.

638. *Une société s'est formée au capital de 216 800 fr. La
1ʳᵉ année elle perd 9 p. % de son capital; la 2ᵉ année elle
perd* $4\frac{3}{4}$ *p. % du capital restant; la 3ᵉ année elle gagne
44 p. % du capital qui lui restait au commencement de cette
année. On demande : 1° la valeur du capital au bout de la
3ᵉ année; 2° le taux auquel il s'est trouvé placé, en n'ayant
égard qu'aux intérêts simples.* (Brevet, Toulouse.)

La 1ʳᵉ année, la société perd 9 p. % de son capital, il lui
en reste les 91 centièmes ou $216800 \times 0,91$.

La 2ᵉ année il lui reste les $\left(100 - 4\frac{3}{4}\right)$, ou 95 centièmes 25
de $216800 \times 0,91$.

La 3ᵉ année elle possède les 144 centièmes du capital précédent ou $216800 \times 0,91 \times 0,9525 \times 1,44 = 270600,23$

Le gain a été $270600,23 - 216800 = 53800,23$ en 3 ans; le
taux sera donné par $\dfrac{53800,23 \times 100}{3 \times 216800} = 8,27$ p. %.

Le dernier capital est 270600,23; le taux, 8,27 p. %.

639. A *doit à* B *les sommes suivantes :*
3630 *fr. depuis 9 mois et 12 jours;*
2792 *fr. depuis 1 an 5 mois et 20 jours;*
4230 *fr. depuis 1 an 10 mois et 24 jours;*
*Il en paye les intérêts, qui s'élèvent à la somme totale de
904 fr. 25. Quel est le taux?* (Brevet sup., Oran.)

3630 fr., en 9 mois 12 jours ou 282 jours, donnent le même
intérêt que 3630×282 pendant 1 jour;

Et 2792 fr., en 1 an 5 mois 20 jours ou 530 jours, donnent le
même intérêt que 2792×530 pendant 1 jour.

Et 4230 fr., en 1 an 10 mois 24 jours ou 684 jours, donnent le
même intérêt que 4230×684 pendant 1 jour.

Les 3 sommes, pendant leur temps respectif, produisent autant que les 3 sommes

$3630 \times 282 + 2792 \times 530 + 4230 \times 648$ ou 5244460 en un jour.

En 360 jours, 100 fr. donneraient :

$$\frac{904,25 \times 360 \times 100}{3\,630 \times 282 + 2\,792 \times 530 + 4\,230 \times 648} = 6 \text{ fr. } 207$$

Le taux est 6 fr. 207.

660. *On suppose que les bénéfices d'un négociant, dans le courant de chaque année, représentent le $\frac{1}{4}$ de la somme dont il disposait au commencement de cette année, et qu'il engage ses nouveaux capitaux dans son commerce comme il le faisait pour les précédents. Au bout de 3 ans, il se retire avec une fortune qui, placée à 6 p. %, par an, lui permet de dépenser 171 fr. par mois. Quelle était sa première mise de fonds ?* (Brevet sup., Douai.)

Au bout de 3 ans, le négociant se retire avec un capital qui lui donne par an 171 fr. $\times$ 12 ; ce capital est donc :

$$\frac{100 \times 171 \times 12}{6} = 34\,200 \text{ fr.}$$

Cette somme est les $\frac{5}{4}$ de ce qu'il possédait à la fin de la

2e année ; ce qu'il avait alors sera $\dfrac{34\,200 \times 4}{5}$.

De même, son capital, au commencement de la 2e année, sera $\dfrac{34\,200 \times 4 \times 4}{5 \times 5}$, et finalement sa 1re mise de fonds sera :

$$\frac{34\,200 \times 4 \times 4 \times 4}{5 \times 5 \times 5} = 17\,510 \text{ fr. } 40$$

661. *Une personne a fait de son capital 3 parts. La 1re a été placée à 4,50 p. %, pendant 3 ans 8 mois ; la 2e, qui est double de la 1re, a été placée à 5 p. %, pendant 3 ans 6 mois ; enfin la 3e, qui est triple de la seconde, a été placée à 4 p. %, pendant 3 ans 9 mois. Les intérêts de ces divers capitaux se sont élevés à une somme totale de 14\,150 fr. Calculer les 3 parts et le capital entier.* (Brevet sup., Paris.)

100 fr. placés à 4,5 p. %, pendant 3 ans 8 mois donnent

$$\frac{4,5 \times 44}{12} \text{ ou 16 fr. 5 d'intérêts.}$$

100 fr. placés à 5 p. %, pendant 3 ans 6 mois donnent

$$\frac{5 \times 42}{12} \text{ ou 17 fr. 50 d'intérêts.}$$

100 fr. placés à 4 p. %, pendant 3 ans 9 mois donnent

$$\frac{4 \times 45}{12} \text{ ou 15 fr. d'intérêts.}$$

Si les 3 capitaux étaient égaux, il suffirait de partager l'intérêt total, 14150, proportionnellement aux nombres 16,5, 17,50 et 15.

Comme le 2ᵉ capital est double du 1ᵉʳ, l'intérêt produit sera aussi double; le 3ᵉ étant le triple du 2ᵉ, l'intérêt le sera aussi; donc il suffira de partager 14150 fr. proportionnellement à 16,5; 17,50 × 2 et 15 × 6 ou à 16,5, 35 et 90, ce qui donne

$$\frac{14150 \times 16,5}{141,5} \text{ ou } 1650 \qquad \frac{14150 \times 35}{141,5} \text{ ou } 3500$$

$$\frac{14150 \times 90}{141,50} \text{ ou } 9000$$

Les capitaux seront, le 1ᵉʳ: $\dfrac{1650 \times 100}{16,50}$ ou 10000; par suite, le 2ᵉ, 20000 et le 3ᵉ, 60000; le capital entier sera 90000.

Autre solution. Si l'on représente par 1 le 1ᵉʳ capital, le 2ᵉ sera 2 et le 3ᵉ 6. Or les intérêts respectifs de ces 3 capitaux sont proportionnels aux produits du capital par le taux et le temps. Il suffit donc, pour trouver ces intérêts, de partager 14150 proportionnellement à 1 × 4,5 × 44 mois, 2 × 5 × 42 et 6 × 4 × 45, c'est-à-dire 198, 420 et 1080 ou 33, 70 et 180.

On aura, pour la 1ʳᵉ: $\dfrac{14150 \times 33}{283}$ ou 1650;

la 2ᵉ, $\dfrac{14150 \times 70}{283}$ ou 3500, et la 3ᵉ, $\dfrac{14150 \times 180}{283}$ ou 9000.

Enfin, si l'on représente par x, $2x$ et $6x$ les 3 capitaux, on peut établir l'équation suivante :

$$\frac{x \times 4,50 \times 44}{100 \times 12} + \frac{2x \times 5 \times 42}{100 \times 12} + \frac{6x \times 4 \times 45}{100 \times 12} = 14150$$

En la résolvant, on arrive aux mêmes résultats que ci-dessus.

662. *Un personne a souscrit un billet de 3000 fr. payable dans un mois, et un autre de 2500 fr. payable dans 2 mois $\frac{1}{2}$.*

Elle veut les remplacer par un billet unique payable dans 2 mois. Quelle doit être la somme énoncée sur le billet, l'escompte étant de 6 p. %? (Brevet sup., Paris.)

1° Du 1er billet, un banquier donnerait $3000 - \dfrac{3000 \times 6}{12 \times 100} = 2985$

du 2e   « $2500 - \dfrac{2500 \times 5 \times 6}{12 \times 2 \times 100} = 2468{,}75$

et des deux   « $\overline{} \; 5453{,}75$

2° Cherchons de combien devrait être la valeur nominale du billet qui, à 2 mois, vaudrait actuellement 5453 fr. 75.

D'un billet de 100 fr., à 2 mois, escompté à 6 p. %, le banquier donnerait $100 - \dfrac{2 \times 6}{12}$ ou 99 fr.; pour un billet qui vaut actuellement 5453 fr. 75, la valeur nominale sera

$$\dfrac{5453{,}75 \times 100}{99} \quad \text{ou} \quad 5508 \text{ fr. } 83$$

663. *Une personne possède 2 capitaux qu'elle a placés pendant le même temps: le 1er à 5 $\frac{1}{2}$ p. %, le 2e à 6 $\frac{1}{2}$ p. %. Le 1er capital a produit 6378 fr. 75; le 2e, qui surpassait le 1er de 8100 fr., a donné 11846 fr. 35 d'intérêt. On demande: 1° le temps pendant lequel chacun de ces capitaux a été placé; 2° le montant de chacun d'eux?* (Brevet sup., Bordeaux.)

Le 1er capital, placé à 5,5 p. %, a rapporté 6378 fr. 75; ce même capital, placé à 6,5 p. % pendant le même temps, aurait rapporté $\dfrac{6378{,}75 \times 6{,}5}{5{,}5}$ ou 7538 fr. 527.

Par suite, les 8100 fr., qui sont l'excès du 2e capital sur le 1er, ont produit 11846,35 — 7538,527 ou 4307 fr. 822 pendant le temps demandé; ce temps sera fourni par la relation

$$\dfrac{1 \times 100 \times 4307{,}823}{8100 \times 6{,}5}$$

On trouve 8 ans 2 mois 5 jours $\frac{1}{2}$ ou 2945 jours $\frac{1}{2}$.

Connaissant l'intérêt, le taux et le temps, on aura pour le

1er capital $\dfrac{100 \times 360 \times 6378{,}75}{5{,}5 \times 2945{,}5}$ ou 14174 fr. 69;

le 2e sera alors $14174{,}69 + 8100$ ou 22264 fr. 69

Autre solution. Si l'on représente par x le 1er capital et par y le temps pendant lequel les deux capitaux ont été placés à intérêt, on aura les deux équations :

$$\frac{x \times 5,5 \times y}{100} = 6,378,75 \quad \text{et} \quad \frac{(x + 8100) \times 6,5 \times y}{100} = 11\,846,35$$

En les résolvant, on trouve les mêmes valeurs que ci-dessus.

Les capitaux sont 14\,174 fr. 69 et 22\,274 fr. 69, et le temps, 8 ans 2 mois 5 jours $\frac{1}{2}$.

664. *Trouver le taux auquel ont été escomptés 2 billets, l'un de 2000 fr. payable dans 216 jours, l'autre de 1980 fr. payable dans 20 jours ; on sait que le taux est le même pour les 2 billets, et qu'on a reçu 45 fr. 40 de plus pour le 2ᵉ que pour le 1ᵉʳ billet.* (Brevet sup., Grenoble.)

On a reçu 45 fr. 40 de plus pour le 2ᵉ billet que pour le 1ᵉʳ ; comme celui-ci vaut 20 fr. de plus que l'autre, il s'ensuit que son escompte a été de $45,4 + 20$ ou 65 fr. 4 de plus que celui du 2ᵉ billet.

L'escompte de 2000 fr. à 216 jours est le même que celui de 2000×216 ou 432\,000 en 1 jour, et celui de 1980 à 20 jours le même que 1980×20 ou 39\,600 en 1 jour.

La différence, 65 fr. 40, représente l'escompte de

$$432\,000 - 39\,600 \text{ ou } 392\,400 \text{ fr. en 1 jour}$$

l'escompte de 100 fr. en 360 jours sera

$$\frac{65,4 \times 100 \times 360}{392\,400} = 6 \text{ fr.}$$

Le taux de l'escompte est 6 p. %.

665. *On a deux sortes de vin. L'hectolitre du 1ᵉʳ peut être cédé à 95 fr. 25 payables dans 80 jours ; l'hectolitre du 2ᵉ est évalué à 70 fr. 35 payables dans 30 jours. Combien doit-on prendre de chacun d'eux pour composer 105 Hl. qu'on puisse vendre 80 fr. l'hectolitre payables dans 90 jours ? Le taux de l'escompte est de 6 p. %.* (Brevet sup., Rennes.)

Payé aujourd'hui, l'hectolitre du 1ᵉʳ vin vaudrait :

$$95,25 - \frac{6 \times 95,25 \times 80}{100 \times 360} = 93 \text{ fr. 98}$$

celui du second vaudrait $70,35 - \dfrac{6 \times 70,35 \times 30}{105 \times 360} = 70$ fr.

enfin celui du mélange « $80 - \dfrac{6 \times 80 \times 90}{100 \times 360} = 78$ fr. 80

Le problème revient alors à une simple règle de mélange.

Sur la 1re qualité, on perd 15 fr. 18 ; on gagne sur la 2e 8 fr. 80.

Donc on prendra 8,8 de la 1re pour 15,18 de la 2e, et sur 105 Hl. ; on aura :

$$\frac{105 \times 8.8}{8,8 + 15,18} = 38 \text{ Hl. } 56 \text{ de la 1re}$$

et

$$\frac{105 \times 15,18}{8,8 + 15,18} = 66 \text{ Hl. } 43 \text{ de la 2e}$$

Il faudra 38 Hl. 56 de la 1re qualité ; 66 Hl. 43 de la 2e qualité.

666. *Dans une fabrique on dépense 22 800 fr. par semaine pour le salaire des ouvriers : ils sont divisés en 3 catégories ; ceux de la 1re catégorie reçoivent 30 fr. par tête et par semaine ; ceux de la 2e 35 fr., et ceux de la 3e 40 fr. On compte 4 ouvriers de la 1re catégorie pour 12 de la 2e et 4 de la 2e pour 5 de la 3e. Quel est le nombre des ouvriers de chaque catégorie ?* (Brevet, Agen.)

4 ouv. de la 1re catégorie reçoivent $30 \times 4 = 120$ fr., tandis que

12 « 2e « $35 \times 12 = 420$ fr., et que

$5 \times \dfrac{12}{4}$ ou 15 de la 3e « $40 \times 15 = 600$ fr.

———

En sorte que $4 + 12 + 15$ ou 31 ouvriers reçoivent 1 140 fr.

pour recevoir 22 800 fr., il faudra $\dfrac{31 \times 22\,800}{1\,140} = 620$ ouvriers.

On aura le nombre d'hommes de chaque catégorie en divisant 620 proportionnellement à 4, 12, 15, ce qui donne 80 ouvriers de la 1re, 240 de la 2e, 300 de la 3e.

Autre solution. D'après l'énoncé on voit que le nombre d'ouvriers de chaque catégorie est proportionnel aux nombres 4, 12, et 15 ; par suite, si l'on représente par $4x$ le nombre d'ouvriers de la 1re catégorie, $12x$ et $15x$ seront les nombres d'ouvriers des deux autres ; on aura l'équation

$$4x \times 30 + 12x \times 35 + 15x \times 40 = 22\,800$$

en résolvant on trouve $x = 20$

Le nombre d'ouvriers sera 80 pour la 1re, 240 pour la 2e, et 300 pour la 3e.

667. *Trois propriétaires riverains d'un cours d'eau ont construit ensemble un canal-tunnel qui leur permettra* *d'arroser leurs terres. La dépense totale est 37 362 fr. 50. Les terres du 2ᵉ propriétaire sont les $\frac{5}{8}$ de celles du 1ᵉʳ, et celles du 3ᵉ égalent les $\frac{4}{9}$ de celles du 2ᵉ. Combien chacun a-t-il payé et quelle surface possède-t-il, sachant que la dépense revient à 2 000 fr. l'are?* (Brevet, Montpellier.)

Si l'on représente par 1 ce que possède le 1ᵉʳ propriétaire, le 2ᵉ aura $\frac{5}{8}$; le 3ᵉ aura les $\frac{4}{9}$ de $\frac{5}{8}$ ou $\frac{5}{18}$, et ensemble ils auront

$$1 + \frac{5}{8} + \frac{5}{18} = \frac{72 + 45 + 20}{72} = \frac{137}{72}$$

La dépense de chacun s'obtiendra en divisant la dépense totale proportionnellement à $1, \frac{5}{8}$ et $\frac{5}{18}$. Ce qui donne :

pour le 1ᵉʳ $$\frac{37\,362,5 \times 72}{137} = 19\,635 \text{ fr. } 76$$

pour le 2ᵉ $$\frac{37\,362,5 \times 45}{137} = 12\,272 \text{ fr. } 35$$

et pour le 3ᵉ   5 454 fr. 37

On obtiendra l'étendue des terres de chacun en divisant les dépenses respectives par 2 000 fr., prix d'un hectare, et on aura:

1ᵉʳ 19 635 fr. 76   et 98 hect. 17 ares 88 cent.

2ᵉ 12 272 fr. 35   et 61 hect. 36 ares 17 cent.

3ᵉ   5 454 fr. 237 et 27 hect. 27 ares 18 cent.

667 bis. *Un litre d'un mélange formé de 75 p. % d'alcool et de 25 p. % d'eau pèse 960 grammes. Sachant que le litre d'eau pèse 1 kg., on demande le poids d'un litre dans un mélange contenant 48 p. % d'alcool et 52 p. % d'eau.* (Concours pour les Arts-et-Métiers.)

75 p. % d'alcool font perdre sur 1 litre un poids de 1000 — 960 ou 40 gr., 1 p. % d'alcool ferait perdre $\frac{40}{75}$, et 48 p. % feront perdre $\frac{40 \times 48}{75}$ ou 25 gr. 6; par suite, 1 litre du nouveau mélange pèsera 1 000 — 25,6 ou 974 gr. 4.

Autre solution. Dans 1 litre du 1ᵉʳ mélange, il y a 0 lit. 75 d'alcool et 0 lit. 25 d'eau; par suite, le poids de l'eau sera 250 gr. et celui de l'alcool 960 — 250 ou 710 gr.

1 litre d'alcool pèsera $\dfrac{710 \times 100}{75}$ ou 946 gr. $\dfrac{2}{3}$.

Dans le 2ᵉ mélange, sur 1 litre il y a 0,48 d'alcool et 0,52 d'eau; par suite, le litre pèsera

$$946 \frac{2}{3} \times 0,48 + 520 \text{ ou } 974 \text{ gr. } 4$$

668. *Partager 40 en 3 parties, de manière que la 1ʳᵉ divisée par 2, la 2ᵉ divisée par 3 et la 3ᵉ divisée par 5, donnent le même quotient.* (Brevet, Lyon.)

La 1ʳᵉ partie divisée par 2, c'est-à-dire sa moitié, égale la 2ᵉ divisée par 3, c'est-à-dire le tiers de cette seconde partie. Donc la moitié de la 1ʳᵉ partie vaut le tiers de la 2ᵉ et le cinquième de la 3ᵉ; ces 3 parties sont inversement proportionnelles à $\dfrac{1}{2}$, $\dfrac{1}{3}$ et $\dfrac{1}{5}$, c'est-à-dire proportionnelles à 2, 3 et 5; elles sont donc respectivement :

$$1^{re} \quad \frac{40 \times 2}{2 + 3 + 5 \text{ ou } 10} = 8$$

$$2^{e} \quad \frac{40 \times 3}{10} = 12$$

$$3^{e} \quad \frac{40 \times 5}{10} = 20 \, ,$$

Autre solution. Soient x, y et z les 3 parties; on aura :

$$\frac{x}{2} = \frac{y}{3} = \frac{z}{5}$$

par suite, $\quad \dfrac{x + y + z}{2 + 3 + 5} = \dfrac{40}{10} = \dfrac{x}{2} = \dfrac{y}{3} = \dfrac{z}{5}$

donc $x = \dfrac{2 \times 40}{10} = 8$ $\quad y = \dfrac{3 \times 40}{10} = 12$ et $z = \dfrac{5 \times 40}{10} = 20$

669. *Deux personnes se sont partagé une somme de 5 225 fr. 60. La 1ʳᵉ perd les $\dfrac{2}{9}$ de sa part, et la 2ᵉ perd $\dfrac{1}{5}$ de la sienne. Elles sont alors aussi riches l'une que l'autre. Quelles étaient leurs parts?* (Brevet sup., Douai.)

A la 1ʳᵉ il reste les $\dfrac{7}{9}$ de sa part; à la 2ᵉ, les $\dfrac{4}{5}$ de la sienne; mais alors elles ont des sommes égales; donc les $\dfrac{7}{9}$ de la 1ʳᵉ valent les $\frac{4}{5}$ de la 2ᵉ; 1 neuvième de la 1ʳᵉ vaudra $\frac{4}{5 \times 7}$ de la 2ᵉ, et les 9 neuvièmes vaudront les $\frac{4 \times 9}{5 \times 7}$ ou les $\frac{36}{35}$ de la 2ᵉ.

Il faut donc partager 5 225,60 en parties proportionnelles à $\frac{36}{35}$ et 1, ou proportionnellement à 36 et à 35, ce qui donne :

pour la 1ʳᵉ $\frac{5\,225,60 \times 36}{71}$ ou 2 649 fr. 60

pour la 2ᵉ $\frac{5\,225,60 \times 35}{71}$ ou 2 576 fr.

Autre solution. Si l'on représente par x la part de la 1ʳᵉ, la 2ᵉ sera 5 225,60 $- x$; on aura l'équation

$$x - \frac{2x}{9} = 5\,225,60 - x - \frac{5\,225,60 - x}{5}$$

ou bien $\frac{7}{9}x = \frac{4}{5}(5\,225,60 - x)$

en résolvant on trouve les mêmes résultats que ci-dessus.

670. *Trois personnes se sont associées pour deux ans dans une entreprise et ont réalisé un bénéfice égal aux $\frac{2}{5}$ de la somme des mises. A la fin de la deuxième année, la première a retiré pour sa part les $\frac{18}{65}$ de la somme des mises et des bénéfices; la deuxième a retiré les $\frac{23}{65}$; et la troisième 20 160 fr. On demande la mise et le bénéfice de chaque personne.* (Brevet supérieur, Montpellier.)

Les deux premières personnes ayant ensemble les $\frac{18 + 23}{65}$ ou $\frac{41}{65}$ du fonds total, il en reste les $\frac{65 - 41}{65}$ ou $\frac{24}{65}$ pour la troisième, qui a touché les 20 160 fr.; le fonds total est donc $\frac{20\,160 \times 65}{24}$ ou 54 600 fr.

La 1ʳᵉ aura $\frac{54\,600 \times 18}{65}$ ou 15 120 fr.;

La 2ᵉ $\frac{54\,600 \times 23}{65}$ ou 19 320 fr.;

Et la 3ᵉ   20 160 fr.

Les bénéfices sont les $\frac{2}{5}$ des mises, que l'on peut représenter par $\frac{5}{5}$; alors sur $\frac{7}{5}$, 5 représentera les mises et 2 les bénéfices.

La mise de la 1re personne sera donc $\dfrac{15120 \times 5}{7}$ ou 10800 fr., et ses bénéfices seront $\dfrac{15120 \times 2}{7}$ ou 4320 fr.

On trouverait de même, pour les mises et les bénéfices des deux autres :   13800 fr. et 5520 fr.;
                    14400 fr. et 5760 fr.

Autre solution. Les deux premières personnes ayant ensemble les $\dfrac{18+23}{65}$ ou $\dfrac{41}{65}$ de la somme des mises et des bénéfices, il en reste $\dfrac{65-41}{65}$ ou $\dfrac{24}{65}$ pour la troisième, qui a touché 20160 fr. La somme des mises et des bénéfices sera donc de $\dfrac{20160 \times 65}{24}$ ou 54600. Cette somme vaut les $\frac{7}{5}$ de la somme des mises qui sera par conséquent $\dfrac{54600 \times 5}{7}$ ou 39000. Il suffira, pour avoir les mises, de partager cette somme en parties proportionnelles à 18, 23 et 24.

On trouvera :

Mise du 1er $\dfrac{39000 \times 18}{65} = 10800$; Bénéf. du 1er $\dfrac{10800 \times 2}{5} = 4320$;

» 2^{e} $\dfrac{39000 \times 23}{65} = 13800$; Bénéf. du 2^{e} $\dfrac{13800 \times 2}{5} = 5520$;

» 3^{e} $\dfrac{39000 \times 24}{65} = 14400$; Bénéf. du 3^{e} $\dfrac{14400 \times 2}{5} = 5760$.

671. *Un commerçant a du vin à 1 fr. 10 le litre et du vin à 0 fr. 80. Combien devra-il mêler de la seconde qualité à 24 hectolitres de la première, pour qu'en ajoutant 20 litres d'eau par hectolitre, il obtienne un mélange valant 0 fr. 60 la bouteille de 0 lit. 75 centil.?* (Concours pour les écoles municipales de Paris.)

La première qualité de vin vaut 1 fr. 10; le prix de vente étant 0 fr. 60 la bouteille de 0 lit. 75 centil. ou de 0 fr. 80 le litre; on perdrait 0 fr. 30 par litre si l'on n'y ajoutait pas d'eau. Mais à chaque hectolitre on ajoute 20 litres d'eau; la quantité d'eau est donc le $\frac{1}{5}$ de celle du vin; par suite, sur un litre de vin à 1 fr. 10, il y a $\frac{1}{5}$ de litre d'eau qui se vend 0 fr. 80; on gagne donc $\frac{1}{5} \times 0,80$, ou 0 fr. 16. La perte sera seulement de 0 fr. 30 — 0 fr. 16, ou 0 fr. 14 par litre.

La deuxième qualité vaut 0 fr. 80 le litre, qui se vend 0 fr. 80; mais le $\frac{1}{5}$ étant aussi de l'eau, on gagne donc $\frac{1}{5} \times 0,80$ ou 0 fr. 16 par litre. Ainsi on perd 0 fr. 14 pour 1 litre à 1 fr. 10, et l'on gagne 0 fr. 16 pour 1 litre à 0 fr. 80. Il faudra dès lors prendre 14 litres à 0 fr. 80 quand on en prendra 16 à 1 fr. 10; mais dans le mélange il entre 24 hectolitres à 1 fr. 10; il en faudra donc $\frac{24 \times 14}{16}$ ou 21 hectolitres à 0 fr. 80.

Autre solution. Soit x le nombre de litres qu'il faut prendre à 0 fr. 80; le prix du mélange sera :

$$1,10 \times 2400 + x \times 0,80;$$

Le nombre de litres de vin mélangé est $2400 + x$; comme on ajoute 20 litres d'eau par hectolitre, c'est-à-dire $\frac{1}{5}$, le mélange sera de $\frac{6}{5}(2400 + x)$ litres. Le prix de ce mélange étant 0 fr. 60 la bouteille de 0,75 centil., le litre coûtera $\frac{0,60 \times 100}{75}$ ou 0 fr. 80. On aura, par suite, la relation :

$$0,80 \times \frac{6}{5}(2400 + x) = 1,1 \times 2400 + x \times 0,80.$$

En résolvant, on trouve : 2100 litres, ou 21 hectolitres.

672. *On met dans un haut fourneau 7 tonnes 8 dixièmes de minerai de fer qui rend 29 % de fonte, avec 6 tonnes 7 dixièmes d'un autre minerai de fer de teneur[1] inconnue. On obtient par là 3527 kilog. de fonte. On demande dans quel rapport on doit mélanger les deux minerais pour obtenir un mélange dont la richesse soit* $\frac{1}{4}$. (Concours pour les Arts-et-Métiers.)

---

[1] La teneur est le tant pour cent du métal pur contenu dans un minerai.

On cherchera d'abord la teneur du deuxième minerai.

Le premier minerai donne $\dfrac{7^{\text{k}},8 \times 29}{100}$ de fonte ou $2^{\text{k}},262$; les $6^{\text{k}},7$ du deuxième minerai donnent $3527 - 2262 = 1265$ kilog. de fonte; la teneur sera donc :

$$\frac{1265}{6700} \quad \text{ou} \quad 0,1888.$$

En prenant le premier minerai on a en plus une teneur de $0,29 - 0,25 = 0,04$; en prenant le deuxième on a, en moins, une teneur de $0,25 - 0,1888 = 0,0612$. Donc on prendra 4 parties du deuxième pour les $6,12$ du premier; le rapport sera $\dfrac{4}{6,12}$, ou $\dfrac{1}{1,53}$, ou $\dfrac{100}{153}$.

Pour 100 du second, on en prendra 153 du premier.

673. *On a trois alliages d'or et de cuivre aux titres 0,750, 0,840, 0,920; on demande quel poids on doit prendre de chacun d'eux pour obtenir un alliage pesant $4^{\text{k}},500$ au titre de 0,890. Le poids du métal tiré du premier lingot est au poids du métal tiré du second dans le rapport de 2 à 7. (Brevet supérieur, Poitiers.)*

On a

	750		140
	840	890	50
	920		30

Si l'on prend 2 poids du premier, on perd 140×2 ou 280; en en prenant 7 du deuxième, on perd 50×7 ou 350; en tout $280 + 350$ ou 630. Toutes les fois que l'on prendra un poids du troisième, on gagnera 30; pour gagner 630, il faudra en prendre $\dfrac{630}{30}$ ou 21. Donc les poids que l'on prendra de chaque lingot sont entre eux comme les nombres 2, 7 et 21. En partageant 4500 grammes en parties proportionnelles à ces nombres, on aura :

$$1^{\text{er}} \text{ Lingot} \quad \frac{4500 \times 2}{30} \quad \text{ou} \quad 300 \text{ gr.};$$

$$2^{\text{e}} \quad - \quad \frac{4500 \times 7}{30} \quad \text{ou} \quad 1050 \text{ gr.};$$

$$3^{\text{e}} \quad - \quad \frac{4500 \times 21}{30} \quad \text{ou} \quad 3150 \text{ gr.}$$

Autre solution. 2 kilogrammes du premier lingot contiennent $0,750 \times 2$ ou 1 kilog. 500 de fin; 7 kilog. du second contiennent $0,840 \times 7$ ou 5 kilog. 880 de fin; les 9 kilogrammes contiendront donc $1,500 + 5,880$ ou 7 kilog. 380 de fin, et le titre de ce lingot sera $\frac{7,380}{9}$ ou 0,820.

On est ainsi ramené à former un alliage avec deux lingots dont l'un est au titre de 0,820, et l'autre au titre de 0,920; le titre moyen étant 0,890, et le poids 4500 grammes, on aura :

$$0,820 \qquad\qquad 70$$
$$0,890$$
$$0,920 \qquad\qquad 30$$

Pour compenser le gain et la perte, il faudra prendre 3 parties à 0,820 et 7 à 0,920; donc on aura :

$$\text{Pour } 0,820 \quad \frac{4500 \times 3}{10} \quad \text{ou} \quad 1350 ;$$

$$\text{»} \quad 0,920 \quad \frac{4,500 \times 7}{10} \quad \text{ou} \quad 3150.$$

En partageant 1350 en parties proportionnelles à 2 et à 7, on aura : 1ᵉʳ lingot, 300 gr.; 2ᵉ, 1050 gr.; et 3ᵉ, 3150 gr.

Solution algébrique. Si l'on représente par x le poids, en grammes, que l'on prend du premier lingot, on en prendra du deuxième $\frac{7x}{2}$ ou $3,5x$; et du troisième $4500 - (x + 3,5x)$ ou $4500 - 4,5x$; en multipliant ces poids par les titres respectifs, on aura la relation :

$$x \times 0,750 + 3,5x \times 0,840 + (4500 - 4,5x) \times 0,920 = 4500 \times 0,890 ;$$

en résolvant cette équation, on trouve :
$x = 300$ gr.; par suite, 1050 gr. pour le second, et 3150 gr. pour le troisième.

Autre solution. Enfin, en appelant x, y, z les poids des trois lingots, on peut établir les relations suivantes :

$$x + y + z = 4500 ;$$
$$7x = 2y ;$$
$$x \times 0,750 + y \times 0,840 + z \times 0,920 = 4500 \times 0,890.$$

En les résolvant, on trouve les mêmes valeurs que ci-dessus.

674. *23 mètres de drap coûtent autant que 17 hectol. 4 lit. de vin; 15 décal. de vin coûtent autant que 2530 gr. d'une cer-*

taine denrée, et 100 décag. de cette denrée autant que cinq journées de travail d'un ouvrier. L'ouvrier reçoit 58 fr. 50 pour 13 journées de travail; combien de mètres de drap aurait-on pour 935 fr. 20? (Brevet, Lyon.)

Cherchons le prix du mètre de drap : 13 journées valent 58,50; une seule vaudra $\dfrac{58,50}{13}$; et 5 journées 5 fois plus ou $\dfrac{58,70 \times 5}{13}$.

C'est aussi le prix de 100 décag. de denrée. 1 décag. vaudra 100 fois moins, et 253 décag. 253 fois plus, ou $\dfrac{58,5 \times 5 \times 253}{13 \times 100}$.

Ceci est la valeur de 150 litres de vin ; 1 seul litre vaudra 150 fois moins, et 1704 litres, 1704 fois plus, ou

$$\frac{58,5 \times 5 \times 253 \times 1704}{13 \times 100 \times 150}.$$

Cette somme représente finalement la valeur de 23 mètres de drap ; celle d'un seul mètre sera :

$$\frac{58,50 \times 5 \times 253 \times 1704}{13 \times 100 \times 150 \times 23},$$

et autant de fois 935 fr. 20 contiendront le prix du mètre de drap, autant on aura de mètres ; soit donc

$$\frac{935,2 \times 13 \times 100 \times 150 \times 23}{58,5 \times 5 \times 253 \times 1704} = 33 \text{ mèt. } 26.$$

Autre solution. En nous reportant au n° 474 (Éléments d'Arithm.), nous aurons la règle conjointe suivante :

$$x \text{ mèt. drap} = 935 \text{ fr. } 20;$$
$$58 \text{ fr. } 5 = 13 \text{ journées de travail};$$
$$5 \text{ journées de travail} = 100 \text{ décag. de denrée};$$
$$253 \text{ décag. de denrée} = 150 \text{ litres de vin};$$
$$1704 \text{ litres de vin} = 23 \text{ mèt. de drap}.$$

Multipliant membre à membre et réduisant, on a :

$$x \times 58,5 \times 5 \times 253 \times 1704 = 935,2 \times 13 \times 100 \times 150 \times 23;$$

d'où $\quad x = \dfrac{935,2 \times 13 \times 100 \times 150 \times 23}{58,5 \times 5 \times 253 \times 1704} = 33 \text{ mèt. } 26.$

675. *Quel est le volume d'un cube dont la surface totale est de 4 mq. 1334 cm.q.?*

Un cube a 6 faces égales, la surface de l'une d'elles est : $\dfrac{4,1334}{6} = 0$ mq. 6889. Chaque face est un carré ; sa surface s'obtient en faisant le carré de l'arête qui, dès lors, est la racine carrée de 0 mq. 6889 ou 0 m. 83. Le volume sera donné par le cube du côté, c'est-à-dire par $(0,83)^3 = 0$ mc. 571 dm.c. 787 cm.c.

676. *Une cuve de forme cubique contient* $75\frac{3}{4}$ *mètres cubes. On demande de calculer la longueur de son côté à un décimètre près. On démontrera que le procédé employé donne bien cette longueur avec l'approximation demandée.* (Brevet supérieur, Grenoble.)

La longueur du côté s'obtiendra en prenant la racine cubique de 75 mèt. $\frac{3}{4}$, ce qui donne 4 mèt. 2, à un décimètre près. En effet, la cuve est calculée à $\frac{1}{4}$ de mètre cube près, donc l'erreur relative est au plus égale à $\dfrac{\frac{1}{4}}{75\frac{3}{4}}$, ou moindre que $\frac{1}{300}$. L'erreur de la racine sera moindre que $\dfrac{1}{3\times300}$, ou $\frac{1}{900}$. Donc l'erreur relative du côté étant moindre que $\frac{1}{900}$, on peut considérer comme exact le troisième chiffre, et à plus forte raison le deuxième, celui des décimètres.

677. *Un fil électrique en fer, supposé cylindrique, doit avoir 5034 kilomètres de longueur, et la limite du volume du fer qu'on veut employer à sa fabrication, est fixée à 90 mètres cubes à peu près ; avec quel soin devra-t-on régler le diamètre de la section transversale du fil pour ne pas se tromper de plus d'un mètre cube dans le volume du fer dépensé ?*

Représentons par x le diamètre de ce fil, exprimé en fraction de mètre ; on aura, pour l'expression de son volume :

$$\frac{1}{4}\pi x^2 \times 5034000 = 90 ;$$

d'où
$$x = \sqrt{\frac{90\times4}{5034000\times3,14}} = 0 \text{ mèt. } 00477.$$

Puisque le nombre 90 peut être approché à une unité près, son erreur sera $\frac{1}{90}$. Si l'on prend π par défaut avec 3 chiffres, son erreur sera $\dfrac{1}{3 \times 10^2}$; par suite, l'erreur du quotient sera $\dfrac{1}{90} - \dfrac{1}{300}$

ou $\dfrac{21}{2700}$; c'est-à-dire sensiblement égale à $\dfrac{2}{270}$, et l'erreur de

la racine $\dfrac{1}{270}$. Il faudra donc régler le diamètre de manière

que son erreur soit inférieure à $\dfrac{1}{270}$. Comme ce diamètre est

4 millimètres 77, il faudra le régler à 1 centième de millimètre
près pour être à peu près certain de ne dépenser qu'un mètre cube
de fer au delà de la quantité qu'on s'était proposé d'employer.
C'est un résultat que l'on atteindra difficilement dans la pratique.

Remarque. Si l'on fabrique deux fils ayant l'un 4 millim. 77,
l'autre 4 millim. 78 de diamètre, et une longueur commune de

5 034 kilom., il faudra employer pour le second environ $\dfrac{2}{5}$ de

mètre cube de fer de plus que pour le premier.

678. *Une règle* AB *est divisée en millimètres, et deux autres*
A'B' *et* A"B" *le sont, l'une en parties égales à* $\dfrac{15}{16}$ *de millim.,*

l'autre en parties égales à $\dfrac{27}{28}$ *de millim.; elles sont juxtapo-*
sées de manière que les extrémités A A' A" *coïncident. On de-*
mande quel est sur AB *le premier trait de division correspon-*
dant à deux traits marqués sur les deux autres règles.
(Concours pour les Arts-et-Métiers.)

Remarquons d'abord que pour qu'il y ait coïncidence entre
deux traits des règles AB et A'B', il faut que le nombre lu sur
cette deuxième soit un nombre exact de millimimètres, ce qui
n'a lieu qu'après 16 divisions ou 15 millimètres. De même, pour
AB et A"B", il n'y a coïncidence qu'après 28 divisions de A"B"
ou 27 millim. Pour qu'il y ait coïncidence entre trois traits des
trois règles, il faut que le nombre de millimètres comptés sur
AB soit un multiple de 15 et de 27; le premier trait correspondra
donc au p.p.c.m. de ces deux nombres, qui est 135.

679. *On demande le plus petit nombre qui divisé successi-*
vement par 12, *par* 18, *par* 24 *et par* 30, *donne pour restes*
11, 17, 23, 29 [1]?

---

[1] Les exercices qui suivent ont été proposés aux examens oraux de l'école de
Saint-Cyr, de l'école Centrale, et de l'école des Mineurs de Saint-Étienne.

Si N représente le nombre cherché, on doit avoir :

$$N = \text{m. de } 12 + 11 = \text{m. de } 12 - 1 ;$$
$$N = \text{m. de } 18 + 17 = \text{m. de } 18 - 1 ;$$
$$N = \text{m. de } 24 + 23 = \text{m. de } 24 - 1 ;$$
$$N = \text{m. de } 30 + 29 = \text{m. de } 30 - 1 .$$

D'où l'on peut conclure que le nombre N est le p.p.c.m. diminué d'une unité, des nombres 12, 18, 24 et 30 ; ce p.p.c.m. étant 360, le nombre cherché sera 359.

680. *A l'inspection du reste de la division de deux nombres, comment reconnaître que le quotient est approché à* $\frac{1}{n}$ *près?*

Si l'on appelle D, d, q le dividende, le diviseur et le quotient, ainsi que r le reste, on a : $D = dq + r$, ou bien $\frac{D}{d} = q + \frac{r}{d}$; q exprimera le quotient à $\frac{1}{n}$ près, si l'on a $\frac{r}{d} < \frac{1}{n}$, ou $rn < d$ et $r < \frac{d}{n}$; ainsi le quotient sera approché à $\frac{1}{n}$ près, si le reste est moindre que la n^e partie du diviseur.

681. *Trouver le p.p.c.m. des fractions* $\frac{6}{12}$, $\frac{18}{35}$, $\frac{48}{55}$ *et* $\frac{36}{65}$.

Le p.p.c.m. de ces fractions est le plus petit nombre qui, divisé par chacune des fractions, donnera pour quotients des nombres entiers ; or ces fractions étant toutes irréductibles, le p.p.c.m. sera le p.p.c.m. de leurs numérateurs, c'est-à-dire 144.

682. *Trouver une fraction qui ne change pas de valeur si on ajoute 24 au numérateur et 54 au dénominateur.* (Généraliser.)

Soit $\frac{a}{b}$ la fraction cherchée, on doit avoir $\frac{a+24}{b+54} = \frac{a}{b}$; par suite (401) $\frac{a+24-a}{b+54-b} = \frac{a}{b} = \frac{24}{54}$; la fraction cherchée est donc $\frac{24}{54}$.

En général, si l'on ajoute m au numérateur et n au dénominateur, la fraction cherchée sera $\frac{m}{n}$ ou $\frac{2m}{2n}$ ... ou $\frac{pm}{pn}$, etc.

683. *Les numérateurs de plusieurs fractions égales sont des* *équimultiples respectivement des quotients trouvés en divisant les dénominateurs par leur plus grand commun diviseur.*

Soient d'abord $\dfrac{a}{b} = \dfrac{c}{d}$ deux fractions égales; on a $\dfrac{a}{c} = \dfrac{b}{d}$; si l'on appelle D le p.g.c.d. des dénominateurs b et d, on pourra écrire $\dfrac{a}{c} = \dfrac{\frac{b}{D}}{\frac{d}{D}}$; or les quotients $\dfrac{b}{D} = Q$ et $\dfrac{d}{D} = Q'$ sont premiers entre eux; par suite, les deux termes de la fraction $\dfrac{a}{c}$ sont des équimultiples de Q et Q'. S'il y avait trois fractions, on considérerait l'une quelconque des deux premières avec la troisième et ainsi de suite.

684. *Si l'on écrit les uns à la suite des autres plusieurs multiples de 11, le nombre ainsi formé est divisible par 11.*

Soient a, b, c des nombres qui sont des multiples de 11. Si l'on écrit ces nombres l'un à la suite de l'autre, a le premier à gauche, b le second, c le troisième, cela revient à ne pas changer c, mais à multiplier b par 10^n, n étant le nombre de chiffres de c, et à multiplier a par 10^{m+n}, m étant le nombre des chiffres de b, on aura toujours ainsi des multiples de 11, leur somme

$$a \times 10^{m+n} + b \times 10^n + c$$

sera encore un multiple de 11. $\qquad\qquad$ C.Q.F.D.

Remarque. Ce raisonnement peut s'appliquer à un diviseur quelconque d.

685. *On a deux nombres* a *et* b, *l'un multiple de 3, l'autre multiple de 6; quel multiple de 3 faut-il leur ajouter pour avoir un multiple de 9?*

On a $\qquad\qquad a = 3 \times K;\quad b = 3 \times 2 \times k';$

par suite, $\qquad\qquad a + b = (2k' + k) \times 3;$

pour que $(a + b)$ soit un multiple de 9, il suffit que $2k' + k$ soit divisible par 3.

Trois cas peuvent se présenter : 1° $2k' + k$ est multiple de 3, alors $a + b$ est divisible par 9; 2° $2k' + k$ divisé par 3 donne pour reste 2, alors il suffit d'ajouter l'unité à $2k' + k$, ce qui revient à ajouter 3 à la somme $(a + b)$. Si enfin $2k' + k$, divisé par 3, donne pour reste 1, alors on ajoute 2, ce qui revient à ajouter 6 à la somme $(a + b)$.

686. *Peut-on toujours dire que trois nombres consécutifs sont premiers entre eux ?*

Oui, car deux nombres entiers consécutifs sont premiers entre eux ; à fortiori, trois nombres consécutifs sont-ils dans le même cas.

687. *A quelle condition le carré d'un nombre augmenté de 5, sera-t-il un multiple de 7 ?*

Tout nombre N est de la forme :
$$N = \text{m. de } 7 + (0 \text{ ou } 1, \text{ ou } 2, \text{ ou } 3, \text{ ou } 4, \text{ ou } 5, \text{ ou } 6);$$
par suite,
$$N^2 = \text{m. de } 7 + (0 \text{ ou } 1, \text{ ou } 4, \text{ ou } 2, \text{ ou } 2, \text{ ou } 4, \text{ ou } 1).$$
Si l'on a
$$N^2 = \text{m. de } 7 + 2,$$
on aura
$$N^2 + 5 = \text{m. de } 7 + 2 + 5 = \text{m. de } 7.$$

De la comparaison des deux premières égalités, on conclut :
$$N = \text{m. de } 7 + 3 \text{ ou } 4,$$
et enfin
$$N = \text{m. de } 7 \pm 3 \text{ ou } N = \text{m. de } 7 \mp 4.$$

688. *Toute puissance paire de 3 est un multiple de 4 plus 1.*

On a $3 = 2 + 1$, par suite $3^2 = 2^2 + 2 \times 2 \times 1 + 1^2 = \text{m. de } 4 + 1$.

De la relation $3^2 = \text{m. de } 4 + 1$, on en conclut que
$$3^4 = \text{m. de } 4 + 1, \quad 3^6 = \text{m. de } 4 + 1, \text{ etc.}$$

689. *A quelle condition 2^n sera-t-il un multiple de 3 plus 1 ?*

Il faut et il suffit que n soit un nombre pair.

En effet, on a
$$2 = 3 - 1;$$
par suite, $2^2 = 3^2 - 2 \times 3 + 1 = \text{m. de } 3 + 1$;

on en conclut $2^4 = \text{m. de } 3 + 1$, $2^6 = \text{m. de } 3 + 1$, etc.

690. *Démontrer que le p.g.c.d. de a et b est le même que celui de (a $\pm$ b) et du p.p.c.m. de a et b.*

Soient D le p.g.c.d. de a et b, et Q, Q' les quotients de a et b par D,

on aura
$$a = DQ \quad b = DQ';$$
par suite,
$$a \pm b = D(Q \pm Q').$$
Si l'on appelle M le p.p.c.m. des nombres a et b, on a :
$$M = DQQ';$$

pour que D soit le p.g.c.d. entre $a + b$ et M, il suffit que $Q + Q'$ et QQ' soient premiers entre eux, ce qui est toujours quand Q et Q' sont premiers entre eux. (Ex. 116.)

691. *Tout nombre premier, autre que 2 et 5, est sous-multiple d'une infinité de nombres qui ne contiennent que des 9.*

Soit p un nombre premier autre que 2 et 5, il sera premier avec 10^n, 10^n étant la première puissance de 10 supérieure à p; le théorème de Fermat (Ex. 181) prouve que p divisera $(10^n)^{p-1} - 1$. Or ce nombre est entièrement formé de 9. Comme on peut donner une infinité de valeurs à n, il existera une infinité de nombres multiples de p et entièrement formés de 9.

692. *Étant donné un nombre* a, *trouver les multiples de ce nombre entièrement formés de 9.*

Tout multiple de a, composé de 9, est de la forme $10^n - 1$; par suite, $10^n = $ m. de $a + 1$.

Pour que cela soit possible, il faut que a soit premier avec 10, c'est-à-dire qu'il n'admette pas les facteurs 2 et 5; car si a admettait le facteur 5, par exemple, ce facteur divisant a et 10^n, diviserait 1, ce qui est impossible. Cela posé, pour obtenir le premier multiple de a entièrement formé de 9, on divisera les différentes puissances de 10 par a jusqu'à ce que l'on ait pour reste 1; alors l'exposant de la puissance de 10, où l'on s'arrête, indique le nombre de 9 dont se compose le p.p.m. de a, entièrement formé de 9.

Les nombres qui auront un nombre de 9 double, triple, quadruple, etc., seront d'autres multiples de a composés de 9.

La solution n'est possible que si le nombre a est premier avec 2 et 5.

693. m *et* n *étant des nombres entiers quelconques, le produit* mn $(m^2 + n^2)(m^2 - n^2)$, *est toujours divisible par* 30.

Il suffit de prouver que le produit est toujours divisible par 2, 3, 5. Si m ou n sont pairs, le produit sera divisible par 2; si non, $m^2 + n^2$ sera nécessairement pair. Si m ou n sont des multiples de 3, le produit sera aussi un multiple de 3; si non, $m^2 - n^2 = (m + n)(m - n)$ sera divisible par 3 (Ex. 91.) Enfin, si m et n sont des multiples de 5, le produit sera aussi un m. de 5; sinon $(m^2 + n^2)(m^2 - n^2) = m^4 - n^4 = $ m. de 5. (Ex. 96.)

L'expression étant divisible par 2, 3, 5, le sera par 30.

694. *Si l'on multiplie un nombre entier carré parfait, par le nombre qui le précède et par celui qui le suit immédiatement, le produit est divisible par 60.*

Soit $(n^2-1)\, n^2\, (n^2+1)$. Il suffit de démontrer que ce produit est divisible par 3, 4, 5. D'abord si n est un m. de 3, le produit le sera aussi; si non, on a $n =$ m. de $3+1$ ou 2, par suite $(n+1) =$ m. de $3+2$ ou 0, et $(n-1) =$ m. de $3+0$ ou 1; donc des trois nombres $(n-1)$, n, $(n+1)$, il y en a toujours un qui est divisible par 3, ce qui d'ailleurs est évident à priori. Si n est pair, n^2 est divisible par 4; si n est impair $(n-1)$ et $(n+1)$ sont pairs; donc n^2-1 sera divisible par 4. Enfin, si n n'est pas divisible par 5, n^4-1^4 ou n^4-1 est divisible par 5. (Ex. 96.) Donc, etc.

695. *On peut trouver le p.g.c.d. entre un nombre* a *et un produit* m $\times$ n $\times$ p *en opérant comme il suit : Soit* d *le p.g.c.d. entre* a *et* m; d′ *le p.g.c.d. entre* $\frac{a}{d}$ *et* n; d″ *le p.g.c.d. entre* $\frac{a}{d \times d'}$ *et* p; *le produit* d $\times$ d′ $\times$ d″ *est le p.g.c.d. entre* a *et* m $\times$ n $\times$ p.

En effet, $d \times d' \times d''$ sera le p.g.c.d. s'il contient tous les facteurs communs à a et à $m \times n \times p$, pris avec leur plus faible exposant; or cela en est ainsi, car d contient tous les facteurs communs à a et à m, d' les facteurs communs à a et à n mais qui ne sont pas dans m; enfin d'', les facteurs communs à a et à p, mais qui ne sont ni dans m ni dans n; donc $d \times d' \times d''$ contiendra tous les facteurs communs à a et à $m \times n \times p$ et ces facteurs pris avec leur plus faible exposant.

696. *Les produits des neuf premiers nombres par* 3, 7 *et* 9, *nombres premiers avec* 10, *sont terminés par les neuf premiers nombres.*

En effet, soient a et b deux nombres moindres que 10; il suffit de prouver que le chiffre des unités de $7a$ et de $7b$ ne peut être le même. En effet, si ce chiffre était le même, on aurait $7(a-b) =$ m. de 10; or 10 divisant le produit et étant premier avec 7, diviserait $a-b$, ce qui est impossible, puisque $(a-b)$ est moindre que 10.

697. *Un nombre* N *décomposé en facteurs est de la forme* $a^\alpha b^\beta c^\gamma$. *On supprime 63 facteurs en divisant* N *par* a, 45 *en divisant* N *par* b, *et 35 en divisant* N *par* c; *trouver* a, β, γ.

On a $N = a^\alpha b^\beta c^\gamma$; le nombre des diviseurs de N sera $(\alpha+1)$ $(\beta+1)(\gamma+1)$; si l'on divise par a on aura $\dfrac{N}{a} = a^{\alpha-1} b^\beta c^\gamma$, et le nombre des diviseurs devient $\alpha(\beta+1)(\gamma+1)$. Si l'on fait la différence elle égalera 63.

or $(\alpha+1)(\beta+1)(\gamma+1) - \alpha(\beta+1)(\gamma+1) = (\beta+1)(\gamma+1) = 63.$

On aura donc les 3 relations :

$$(\beta+1)(\gamma+1) = 63,$$
$$(\alpha+1)(\gamma+1) = 45,$$
$$(\alpha+1)(\beta+1) = 35.$$

Multipliant membre à membre et prenant ensuite la racine carrée, on trouvera :

$$(\alpha+1)(\beta+1)(\gamma+1) = 315.$$

Divisant cette égalité successivement par chacune des 3 précédentes, on aura :

$$\alpha+1 = 5 \quad \text{et} \quad \alpha = 4,$$
$$\beta+1 = 7 \quad \text{et} \quad \beta = 6,$$
$$\gamma+1 = 9 \quad \text{et} \quad \gamma = 8.$$

698. *Trouver deux nombres tels que la différence de leurs carrés soit égale à leur somme.*

On doit avoir $\qquad a^2 - b^2 = a + b$

mais on a $\qquad a^2 - b^2 = (a+b)(a-b)$

ce qui exige que $a - b = 1$, c'est-à-dire que ce soient deux nombres consécutifs; il n'y a que les nombres 2 et 3 qui jouissent de la propriété énoncée.

699. *Trouver le plus petit nombre qui, divisé par 2, donne pour reste 1; divisé par 3, donne pour reste 2; divisé par 4, donne pour reste 3..., divisé par 10, donne pour reste 9.* (Concours général, classe de 3°.)

On doit avoir :

$$N = \text{m. de } 2 + 1 = \text{m. de } 2 + 2 - 1 = \text{m. de } 2 - 1$$
$$N = \text{m. de } 3 + 2 = \text{m. de } 3 + 3 - 1 = \text{m. de } 3 - 1$$
$$\cdots\cdots\cdots\cdots\cdots\cdots\cdots\cdots\cdots\cdots\cdots$$
$$N = \text{m. de } 10 + 9 = \text{m. de } 10 + 10 - 1 = \text{m. de } 10 - 1$$

N est donc le p. p. c. m. diminué d'une unité des nombres 2, 3, 4, 5,... 9 et 10; or ce p. p. c. m. est

$$2^3 \times 3^2 \times 5 \times 7 = 2520, \quad \text{par suite} \quad N = 2519$$

700. *Trouver deux nombres, connaissant leur somme et leur plus petit commun multiple. Application : somme, 4 380 ; p. p. c. m., 37 800.*

Soient a et b les deux nombres, D leur p. g. c. d., Q et Q′ les quotients de ces nombre par D ; on aura :

$$a = \text{D} \times \text{Q}, \quad b = \text{D} \times \text{Q}'$$

par suite, $a \times b = \text{D}^2\text{QQ}'$ et $\dfrac{ab}{\text{D}} = \text{DQQ}'$ qui est le p. p. c. m.

donc $\qquad \text{DQQ}' = 37\,800$ et $\text{D}(\text{Q} + \text{Q}') = 4\,380$

divisant membre à membre,

$$\frac{\text{QQ}'}{\text{Q} + \text{Q}'} = \frac{37\,800}{4\,380} = \frac{1\,890}{219}$$

Q et Q′ sont des nombres premiers entre eux ; par suite, la fraction $\dfrac{\text{QQ}'}{\text{Q} + \text{Q}'}$ sera irréductible (Ex. 199) ; comme la fraction $\dfrac{1\,890}{219}$ est aussi irréductible, on a nécessairement

$$\text{QQ}' = 1\,890 \text{ et } \text{Q} + \text{Q}' = 219$$

Nous sommes donc ramenés à trouver deux nombres, connaissant leur somme et leur produit ; il faut, pour cela, résoudre l'équation du 2° degré $x^2 - 219x + 1\,890 = 0$; on aura

$$\text{Q} = 210 \text{ et } \text{Q}' = 9$$

On peut arriver au même résultat sans le secours de l'algèbre ; en effet, on a $\text{D}(\text{Q} + \text{Q}') = 4\,380$; par suite, $\text{D} = 20$. On est ainsi ramené au problème (160) : *Trouver deux nombres, connaissant leur somme 4 380 et leur p. g. c. d. 20.*

On trouve $\qquad a = 4\,200 \text{ et } b = 180.$

701. *A quelle condition la racine carrée d'un nombre sera-t-elle commensurable avec sa racine cubique ?*

Soit A un nombre ; le rapport de sa racine carrée sur sa racine cubique sera $\dfrac{\sqrt{\text{A}}}{\sqrt[3]{\text{A}}}$; pour que ce rapport soit commensurable, c'est-à-dire qu'il puisse s'exprimer par un nombre entier, ou une fraction à termes entiers, il faut nécessairement que A soit à la fois un carré et un cube parfait, ce qui ne peut avoir lieu qu'autant que A sera une sixième puissance exacte (Ex. 356).

702. *Quand est-ce que la racine cubique d'un nombre est approchée à une $\frac{1}{2}$ unité près?*

La racine cubique d'un nombre est approchée à une demi-unité, quand le reste ne surpasse pas les $\frac{3}{2}$ du carré de la racine trouvée. En effet, si l'on a :

$$R = N - a^3 \leq \frac{3a^2}{2}$$

on aura, à fortiori,

$$N < a^3 + \frac{3a^2}{2} + 3a \times \frac{1}{4} + \frac{1}{8}$$

mais N est plus grand que a^3; par suite,

$$a^3 < N < \left(a + \frac{1}{2}\right)^3.$$

en prenant la racine cubique, on a :

$$a < \sqrt[3]{N} < a + \frac{1}{2} \qquad \text{C. Q. F. D.}$$

703. *Pour qu'une fraction irréductible soit un carré parfait, il suffit que le produit de ses deux termes soit un carré parfait.*

Pour que la fraction irréductible $\frac{a}{b}$ soit un carré, il suffit que le produit ab soit un carré parfait. En effet, si ab est un carré, les exposants des facteurs premiers sont pairs; or a et b n'ont aucun facteur commun; donc ces deux nombres contiennent des facteurs premiers avec des exposants pairs : ils sont donc carrés parfaits; et, par suite, la fraction $\frac{a}{b}$ est un carré parfait.

704. *Le produit de quatre nombres entiers consécutifs ne peut pas être un carré parfait.*

En effet, le produit de quatre nombres entiers consécutifs est de la forme $n(n+1)(n+2)(n+3)$, que l'on peut écrire successivement comme il suit :

$$n(n+3)(n+2)(n+1)$$
$$n(n+3)\left[n(n+3)+2\right]$$
$$n^2(n+3)^2 + 2n(n+3)$$

Si, à cette somme, on ajoute l'unité, on aura le carré de

$$n(n+3)+1$$

donc cette somme, et, par suite, le produit considéré, ne peut être un carré parfait.

705. *Un nombre est composé de 3 chiffres différents; si on le retourne on forme un autre nombre: démontrer que la différence de ces deux nombres n'est jamais un carré parfait.* (Brevet sup., Lyon.)

Soient a le chiffre des centaines, b celui des dizaines et c celui des unités; le nombre est $100a + 10b + c$; le nombre renversé sera $\qquad 100c + 10b + a$

la différence est :

$$100a - a + c - 100c = 99a - 99c = 99(a-c) = 3^2 \times 11(a-c)$$

Pour que $3^2 \times 11(a-c)$ soit un carré parfait, il faut que la différence $a - c$ soit égale à 11, ou à une puissance impaire de 11, ce qui est impossible.

706. *Si l'on a* $a^2 = b^2 + c^2$, a^2 *étant un nombre impair, on aura* $a^2 =$ m. de $4+1$.

En effet, pour que a^2 soit impair, il faut que l'un des nombres b^2 ou c^2 soit pair et l'autre impair; or un nombre impair, carré parfait, est de la forme m. de $4+1$, et un nombre pair, carré parfait, de la forme m. de 4; par suite, leur somme

$$a^2 = \text{m. de } 4+1$$

707. *On demande pourquoi, dans la numération décimale, un nombre entier et sa cinquième puissance sont toujours terminés par le même chiffre?* (Brevet sup., Dijon.)

Nous savons qu'une puissance d'un nombre quelconque est toujours terminée par le même chiffre que la même puissance du chiffre de ses unités; il suffira donc de démontrer que la 5e puissance de l'un des 9 chiffres est toujours terminée par ce même chiffre. Cela est d'abord évident pour les chiffres 1, 5, 6 et 0, qui ont toutes les puissances terminées par ces mêmes chiffres. Remarquons maintenant que les 4es puissances de 2, 4 et 8 sont terminées par 6, et que ce nombre, multiplié par 2, par 4 et par 8, fournit des résultats terminés par 2, par 4 et par 8. Enfin, les 4es puissances des nombres 3, 7 et 9 sont terminées par 1; or 1, multiplié par 3, par 7 et par 9, donne des produits terminés par 3, par 7 et par 9.

Autre démonstration. Soit N un nombre quelconque, on a :

$$N = 10d + u$$

d étant l'ensemble des dizaines et u le chiffre des unités. On aura donc, en faisant la 5ᵉ puissance :

$$N^5 = \text{m. de } 10 + u^5$$

N et N^5 seront terminés par le même chiffre, si u et u^5 sont eux-mêmes terminés par le même chiffre, et pour que cela soit, il suffit que $\qquad u^5 - u = \text{m. de } 10$

or $\qquad\qquad\qquad u^5 - u = u(u^4 - 1)$

mais des deux nombres u et $u^4 - 1$, l'un est toujours pair; de plus, $u^4 - 1$ est toujours divisible par 5, si u ne l'est pas (Ex. 96); donc $u^5 - u$ est divisible par 10; par suite, u^5 et u sont terminés par le même chiffre. $\qquad$ C. Q. F. D.

708. *Le cube d'un nombre entier est la différence de deux carrés dont l'un est multiple de 9.*

On a identiquement :

$$a^3 = \frac{a^2}{4} \times 4a = \frac{a^2}{4}(a^2 + 2a - a^2 + 2a + 1 - 1)$$

$$= \frac{a^2}{4}\left[(a+1)^2 - (a-1)^2\right] = \frac{a^2}{4}(a+1)^2 - \frac{a^2}{4}(a-1)^2$$

$$= \left[\frac{a(a+1)}{2}\right]^2 - \left[\frac{a(a-1)}{2}\right]^2$$

l'un des 3 nombres a, $a+1$ ou $a-1$ est toujours divisible par 3; donc l'un des carrés sera toujours divisible par 9.

Autre démonstration. Soit a^3 un cube parfait; ce nombre sera la différence de deux carrés entiers. En effet, si a^3 est impair, le théorème est démontré (Ex. 332). Si a^3 est pair, il doit contenir 2 avec un exposant multiple de 3; il est dès lors divisible par 4; or (Ex. 329), tout multiple de 4 est la différence de deux carrés entiers. Ainsi, on aura toujours $a^3 = b^2 - c^2$.

Il s'agit de prouver que l'un de ces carrés est multiple de 9; on a (Ex. 366) $a^3 = \text{m. de } 9 \pm 1$ ou simplement $a^3 = \text{m. de } 9$; or

$$\left.\begin{array}{l} b \\ c \end{array}\right\} = \text{m. de } 9 + 0, \text{ ou 1, ou 2, ou 3, ou 4, ou 5, ou 6, ou 7, ou 8}$$

$$\left.\begin{array}{l} b^2 \\ c^2 \end{array}\right\} = \text{m. de } 9 + 0, \text{ ou 1, ou 4, ou 0, ou 7, ou 7, ou 0, ou 4, ou 1}$$

par suite,

$$\left.\begin{array}{l} b^2 \\ c^2 \end{array}\right\} = \text{m. de } 9 + 0, \text{ ou 1, ou 4, ou 0, ou 7}$$

puisque l'on a $b^2 - c^2 = $ m. de 9 ± 1 ou m. de 9, il faut que la différence des restes soit 0 ou 1, ce qui n'a lieu qu'autant que les restes correspondants sont $(0, 0)$, ou $(0, 1)$, ou $(1, 0)$; donc l'un au moins des carrés est multiple de 9.

709. *Le carré d'un nombre entier ne peut être de la forme*
$$12n + 5$$

En effet, $12n + 5$ est un nombre impair; donc il ne peut être que le carré d'un nombre impair de la forme $2k + 1$; on aura :
$$(2k + 1)^2 = 12n + 5$$
par suite
$$4k^2 + 4k + 1 = 12n + 5$$
$$4k(k + 1) = 12n + 4$$
$$k(k + 1) = 3n + 1$$

Or
$$k = \text{m. de } 3 + 0, \text{ ou } 1, \text{ ou } 2$$
$$k + 1 = \text{m. de } 3 + 1, \text{ ou } 2, \text{ ou } 1$$

par suite, $k(k + 1) = $ m. de $3 + 0$, ou 2, ou 2

donc $k(k + 1) = $ m. de $3 + 0$, ou 2, mais jamais plus 1, et l'égalité $k(k + 1) = 3n + 1$ est impossible; donc $12n + 5$ ne saurait être un carré parfait.

710. *Démontrer que si* $3^n + 1$ *est un multiple de* 10, $3^{n+4} + 1$ *sera aussi un multiple de* 10 (n *est un nombre entier*). (Concours général, classe de 3e.)

Si $3^n + 1 = $ m. de 10, 3^n est terminé par 9; dès lors
$$3^{n+4} = 3^n \times 3^4 = 3^n \times 81$$

sera aussi terminé par 9; par suite, $3^{n+4} + 1$ sera terminé par zéro, c'est-à-dire que $3^{n+4} + 1 = $ m. de 10   C. Q. F. D.

711. *Quelle est la valeur, au taux de 5 p. %, d'une obligation rapportant 14 fr. net par an, et remboursable dans 25 ans à 500 fr.?* (Diplôme d'études, Dijon.)

La valeur de l'obligation se compose de deux parties : l'une qui représente 14 fr. d'intérêt, et qui vaut 280 fr.; l'autre qui, jointe à ses intérêts pendant 25 ans, deviendra ce qui manque à 280 fr. pour égaler 500 fr. En désignant par x cette partie, on aura : $x(1,05)^{25} = 220$

En calculant par logarithmes, on trouve : $x = 64$ fr. 96.

La valeur cherchée sera $280 + 64,96$ ou 344 fr. 96.

EXERCICES SUR LES SYSTÈMES DE NUMÉRATION

712. *Faire la somme des nombres suivants :*
$$3\,431 + 12\,563 + 214\,345$$
écrits dans le système dont la base est 7.

$$
\begin{array}{r}
214\,345 \\
12\,563 \\
3\,451 \\
\hline
234\,022
\end{array}
$$

On dira : 5 et 3 font 8 et 1 font 9; j'écris 2 unités et je retiens une unité de second ordre; 4 et 1 font 5 et 6 font 11 et 5 font 16; j'écris 2 et je retiens 2 unités de troisième ordre; et ainsi de suite. Avec un peu d'habitude, l'opération se ferait aussi vite que dans le système décimal.

713. *Trouver la différence des deux nombres* 133 573 *et* 8α 356, *écrits dans le système duodécimal.*

$$
\begin{array}{r}
133\,573 \\
8\alpha\,356 \\
\hline
65\,219
\end{array}
$$

On dira : 6 ôté de 15 reste 9; 5 et 1, 6, ôté de 7 reste 1; 3 ôté de 5 reste 2; 10 ôté de 15 reste 5; 8 et 1, 9, ôté de 15 reste 6; et 65 219 est la différence cherchée.

714. *Faire le produit de* 12 734 × 5 631, *ces nombres étant écrits dans le système dont la base est 9.*

On disposera l'opération comme à l'ordinaire :

$$
\begin{array}{r}
12\,734 \\
5\,631 \\
\hline
12\,734 \\
38\,413 \\
77\,826 \\
65\,082 \\
\hline
74\,382\,564
\end{array}
$$

On dira : 1 fois 4 donne 4, que l'on écrit, etc.; pour le 2ᵉ produit : 3 fois 4 font 12; j'écris 3 et je retiens 1; 3 fois 3, 9 et 1, 10; j'écris 1 et je retiens 1; 3 fois 7, 21 et 1, 22; j'écris 4 et je retiens 2, et ainsi de suite, se rappelant toujours que 9 unités valent une unité de deuxième ordre, que 18 unités valent 2 unités de deuxième ordre, etc.

Les produits partiels obtenus, on en fera la somme comme à l'exercice 712.

715. *Trouver le quotient des deux nombres* 123745 : 34, *écrits dans le système dont la base est* 8.

$$\begin{array}{r|l} 123745 & 34 \\ \underline{70} & \overline{2754} \\ 337 & \\ 314 & \\ \hline 234 & \\ 214 & \\ \hline 205 & \\ 160 & \\ \hline 25 & \end{array}$$

Dans cet exemple, on croirait que le premier chiffre du quotient est 3; mais en le vérifiant, on voit qu'il est trop fort; on écrit donc 2; le produit de 2 par 34 est 70, il reste 33 et j'abaisse le 7; dans 337, 34 est contenu 7 fois; le produit de 34 par 7 est 314; on continuerait ainsi de suite; le quotient est 2754, et le reste, 25.

716. *Le reste de la division d'un nombre écrit dans le système dont la base est* b, *par un diviseur* d *de* b, *est le même que le reste de la division de son premier chiffre à droite par* d. *Conclure de ce théorème la condition nécessaire et suffisante pour qu'un nombre* N_b *soit divisible par un des diviseurs de la base* b.

Si l'on appelle A l'ensemble des unités du deuxième ordre du nombre considéré, et B les unités simples, on aura :

$$N_b = A \times b + B$$

Or, tout diviseur de b est un diviseur de $A \times b$; donc le reste de la division de N_b par d, d étant un diviseur de b, s'obtiendra en divisant le chiffre B des unités par d. D'où l'on peut conclure qu'un nombre N_b sera divisible par d, quand le chiffre des unités de ce nombre sera lui-même divisible par d.

717. *Les nombres* $(b-1)$ *et* $(b+1)$, *dans le système dont la base est* b, *ont les mêmes caractères de divisibilité que les nombres* 9 *et* 11 *dans le système décimal.*

Considérons, par exemple, le nombre dont les chiffres sont A, B, C, D et E, écrit dans le système dont la base est b; on aura

$$N_b = E + b \times D + b^2 \times C + b^3 \times B + b^4 \times A$$

ou bien

$$= A \times b^4 + B \times b^3 + C \times b^2 + D \times b + E$$

ce qui peut s'écrire :

$$N_b = A[(b^4-1)+1] + B[(b^3-1)+1] + C[(b^2-1)+1] + D[(b-1)+1] + E$$
$$= A(b^4-1) + B(b^3-1) + C(b^2-1) + D(b-1) + (A+B+C+D+E)$$

or (Ex. 87), (b^4-1), (b^3-1), (b^2-1), sont des multiples de $b-1$; par suite,

$$N_b = \text{m. de } (b-1) + A + B + C + D + E$$

Donc tout nombre écrit dans le système dont la base est b est égal à un multiple de $(b-1)$, augmenté de la somme de ses chiffres; par suite, si la somme de ses chiffres est divisible par $b-1$, le nombre le sera aussi.

2° On peut écrire le nombre N_b comme il suit :

$$N_b = A[(b^4-1)+1] + B[(b^3+1)-1] + C[(b^2-1)+1] + D[(b+1)-1] + E$$
$$= A(b^4-1) + B(b^3+1) + C(b^2-1) + D(b+1) + (A+C+E) - (B+D)$$

or, d'après les exercices 103 et 104, (b^4-1), (b^3+1) et (b^2-1) sont divisibles par $(b+1)$; donc

$$N_b = \text{m. de } (b+1) + (A+C+E) - (B+D)$$

Ainsi, tout nombre écrit dans le système dont la base est b, est égal à un multiple de $(b+1)$, augmenté de la différence entre la somme des chiffres de rang impair et de rang pair, en commençant par la droite; si cette différence est divisible par $(b+1)$, le nombre le sera lui-même.

718. *Démontrer que, dans tout système de numération, une fraction est terminée, quand le dénominateur n'admet pour facteurs que des diviseurs de la base.*

Soit $\frac{m}{n}$ une fraction dont le dénominateur n n'admet que des diviseurs de la base b, je dis qu'elle sera terminée; en effet, pour réduire cette fraction en décimales, on ajoutera un certain nombre de zéros au numérateur; par suite, une fois, deux fois, trois fois, etc., tous les facteurs de b; par conséquent, il arrivera que tous les facteurs du dénominateur se trouveront au numérateur et la fraction sera terminée.

719. *La fraction* $\dfrac{15}{68}$, *écrite dans le système duodécimal, donnera-t-elle naissance à une fraction périodique simple ou mixte?*

Elle donnera naissance à une fraction périodique mixte, parce que le dénominateur contient le facteur 2 et d'autres facteurs en plus. Elle donnerait, au contraire, naissance à une fraction périodique simple, si le dénominateur ne contenait pas les facteurs 2 et 3 de la base 12.

FIN

Table des nombres premiers, entre 1 et 4 400.

1	229	541	863	1223	1583	1987	2357	2741	3181	3571	3989
2	33	47	77	29	1597	93	71	49	87	81	4001
3	39	57	81	31	1601	97	77	53	3191	83	03
5	41	63	83	37	07	1999	81	67	3203	3593	07
7	51	69	887	49	09	2003	83	77	09	3607	13
11	57	71	907	59	13	11	89	89	17	13	19
13	63	77	11	77	19	17	93	91	21	17	21
17	69	87	19	79	21	27	2399	2797	29	23	27
19	71	93	29	83	27	29	2411	2801	51	31	49
23	77	599	37	89	37	39	17	03	53	37	51
29	81	601	41	91	57	53	23	19	57	43	57
31	83	07	47	1297	63	63	37	33	59	59	73
37	293	13	53	1301	67	69	41	37	71	71	79
41	307	17	67	03	69	81	47	43	3299	73	91
43	11	19	71	07	93	83	59	51	3301	77	93
47	13	31	77	19	97	87	67	57	07	91	4099
53	17	41	83	21	1699	89	73	61	13	3697	4111
59	31	43	91	27	1709	2099	2477	79	19	3701	27
61	37	47	997	61	21	2111	2503	87	23	09	29
67	47	53	1009	67	23	13	21	2897	29	19	33
71	49	59	13	73	33	29	31	2903	31	27	39
73	53	61	19	81	41	31	39	09	43	33	53
79	59	73	21	1399	47	37	43	17	47	39	57
83	67	77	31	1409	53	41	49	27	59	61	59
89	73	83	33	23	59	43	51	39	61	67	4177
97	79	691	39	27	77	53	57	53	71	69	4201
101	83	701	49	29	83	61	79	57	73	79	11
03	89	09	51	33	87	2179	91	63	89	93	17
07	397	19	61	39	1789	2203	2593	69	3391	3797	19
09	401	27	63	47	1801	07	2609	71	3407	3803	29
13	09	33	69	51	11	13	17	2999	13	21	31
27	19	39	87	53	23	21	21	3001	33	23	41
31	21	43	91	59	31	37	33	11	49	33	43
37	31	51	93	71	47	39	47	19	57	47	53
39	33	57	1097	81	61	43	57	23	61	51	59
49	39	61	1103	83	67	61	59	37	63	53	61
51	43	69	09	87	71	67	63	41	67	63	71
57	49	73	17	89	73	69	71	49	69	77	73
63	57	87	23	93	77	73	77	61	91	81	83
67	61	797	29	1499	79	81	83	67	3499	3889	89
73	63	809	51	1511	1889	87	87	79	3511	3907	4297
79	67	11	53	23	1901	93	89	83	17	11	4327
81	79	21	63	31	07	2297	93	3089	27	17	37
91	87	23	71	43	13	2309	2699	3109	29	19	39
93	91	27	81	49	31	11	2707	19	33	23	49
97	499	29	87	53	33	33	11	21	39	29	57
199	503	39	1193	59	49	39	13	37	41	31	63
211	09	53	1201	67	51	41	19	63	47	43	73
23	21	57	13	71	73	47	29	67	57	47	91
227	523	859	1217	1579	1979	2351	2731	3169	3559	3967	4397

Cette table contient 600 nombres.

Nomb.	Racines carrées	Racines cubiq.	Nomb.	Racines carrées	Racines cubiq.	Nomb.	Racines carrées	Racines cubiq.	Nomb.	Racines carrées	Racines cubiq.	Nomb.	Racines carrées	Racines cubiq.
1	1,000	1,000	51	7,141	3,708	101	10,049	4,657	151	12,288	5,325			
2	1,414	1,259	52	211	732	102	099	672	152	328	336			
3	1,732	1,442	53	280	756	103	148	687	153	369	348			
4	2,000	1,587	54	348	779	104	198	702	154	409	360			
5	2,236	1,709	55	416	802	105	246	717	155	449	371			
6	2,449	1,817	56	7,483	3,825	106	10,295	4,732	156	12,489	5,383			
7	645	1,912	57	549	848	107	344	747	157	529	394			
8	828	2,000	58	615	870	108	392	762	158	569	406			
9	3,000	080	59	681	892	109	440	776	159	609	417			
10	162	154	60	745	914	110	488	791	160	649	428			
11	3,316	2,223	61	7,810	3,936	111	10,535	4,805	161	12,688	5,440			
12	464	289	62	874	957	112	583	820	162	727	451			
13	605	351	63	937	979	113	630	834	163	767	462			
14	741	410	64	8,000	4,000	114	677	848	164	806	473			
15	872	466	65	8,062	020	115	723	862	165	845	484			
16	4,000	2,519	66	8,124	4,041	116	10,770	4,876	166	12,884	5,495			
17	123	571	67	185	061	117	816	890	167	922	506			
18	242	620	68	246	081	118	862	904	168	961	517			
19	358	668	69	306	101	119	908	918	169	13,000	528			
20	472	714	70	366	121	120	954	932	170	038	539			
21	4,582	2,758	71	8,426	4,140	121	11,000	4,946	171	13,076	5,550			
22	690	802	72	485	160	122	045	959	172	114	561			
23	795	843	73	544	176	123	090	973	173	152	572			
24	898	884	74	602	198	124	135	986	174	190	582			
25	5,000	924	75	660	217	125	180	5,000	175	228	593			
26	5,099	2,962	76	8,717	4,235	126	11,224	5,013	176	13,266	5,604			
27	196	3,000	77	774	254	127	269	026	177	304	614			
28	294	036	78	831	272	128	313	039	178	341	625			
29	385	072	79	888	290	129	357	052	179	379	635			
30	477	107	80	944	308	130	401	065	180	416	646			
31	5,567	3,141	81	9,000	4,326	131	11,445	5,078	181	13,453	5,656			
32	656	174	82	055	344	132	489	091	182	490	667			
33	744	207	83	110	362	133	532	104	183	527	677			
34	830	239	84	165	379	134	575	117	184	564	687			
35	916	271	85	219	396	135	618	129	185	601	698			
36	6,000	3,301	86	9,273	4,414	136	11,661	5,142	186	13,638	5,708			
37	082	332	87	327	431	137	704	155	187	674	718			
38	164	361	88	380	447	138	747	167	188	711	728			
39	244	391	89	433	464	139	789	180	189	747	738			
40	324	419	90	486	481	140	832	192	190	784	748			
41	6,403	3,448	91	9,539	4,497	141	11,874	5,204	191	13,820	5,758			
42	480	476	92	591	514	142	916	217	192	856	768			
43	557	503	93	643	530	143	958	229	193	892	778			
44	633	530	94	695	546	144	12,000	241	194	928	788			
45	708	556	95	746	562	145	041	253	195	964	798			
46	6,782	3,583	96	9,797	4,578	146	12,083	5,265	196	14,000	5,808			
47	855	608	97	848	594	147	124	277	197	035	818			
48	928	634	98	899	610	148	165	289	198	071	828			
49	7,000	659	99	949	626	149	206	301	199	106	838			
50	7,071	3,684	100	10,000	4,641	150	12,247	5,313	200	14,142	5,848			

TABLEAU DES MESURES ANCIENNES

MESURES DE LONGUEUR

DÉNOMINATION	VALEUR					
	en toises	en pieds	en pouces	en lignes	en points	en mètres
Lieue marine, 20 au degré.	2850,411	»	»	»	»	5555,55
Lieue commune, 25 au degré.	2280,329	»	»	»	»	4444,44
Lieue de poste.	2000	12000	»	»	»	3898,07
Mille itinéraire.	1000	6000	»	»	»	1949,04
Mille marin, 120 nœuds. . .	»	5700	»	»	»	1851,68
Nœud.	»	$47\frac{1}{2}$	»	»	»	15,43
Brasse	»	5	»	»	»	1,6242
Perche des Eaux et Forêts.	$3\frac{2}{3}$	22	»	»	»	7,1465
Perche de Paris.	3	18	»	»	»	5,8471
Toise (unité).	»	6	»	»	»	1,9490
Aune de Paris.	»	»	»	»	»	1,1884
Pied.	$\frac{1}{12}$	1	12	144	1728	0,3248
Pouce.	$\frac{1}{144}$	$\frac{1}{12}$	1	12	144	0,02700
Ligne.	$\frac{1}{1728}$	$\frac{1}{144}$	$\frac{1}{12}$	1	12	0,002255
Point.	$\frac{1}{20736}$	$\frac{1}{1728}$	$\frac{1}{144}$	$\frac{1}{12}$	1	0,000188

MESURES DE SURFACE

DÉNOMINATION	VALEUR						
	en arpents c.	en perches c.	en toises c.	en pieds c.	en pouces c.	en lignes c.	en ares.
Lieue marine carrée	»	»	»	»	»	»	308642
Lieue commune carrée. . . .	»	»	»	»	»	»	197531
Arpent des Eaux et Forêts.	»	100	»	»	»	»	51,0720
— de Paris ou journal.	1	100 (de Paris)	»	»	»	»	34,1887
Perche car. des Eaux et For.	»	»	14	»	»	»	0,51072
— — de Paris.	»	»	9	»	»	»	0,34189
Toise carrée.	»	»	»	36	»	»	0,037987
Pied carré.	»	»	$\frac{1}{144}$	1	144	20736	0,001055

MESURES DE VOLUME

DÉNOMINATION	Voies.	Solives.	Toises c^3	Pieds c^3	Pouces c^3	Lignes c^3	Stères ou m^3
Corde de grand bois. . . .	2 $\frac{1}{7}$	»	»	128	»	»	4,3875
Corde des Eaux et Forêts .	2	»	»	112	»	»	3,8311
Voie de Paris.	1	»	»	56	»	»	1,9195
Solive.	»	1	»	3	»	»	0,1028
Toise cube	»	»	1	216	»	»	7,40389
Pied cube.	»	»	$\frac{1}{216}$	1	1728	2985984	0,03428

MESURES DE CAPACITÉ

POUR LES LIQUIDES

DÉNOMINATION	Pièce.	Feuillette.	Setier.	PINTE			Litres.
				d'Arbois.	de Marseille.	de Paris.	
Muid de Paris.	»	2	»	»	»	»	268,220
— de Lunel	»	»	»	»	»	»	700
— de Besançon	»	»	»	»	»	»	272,41
Pièce de Lyon.	1	»	»	»	»	»	210
Feuillette de Paris	»	1	»	»	»	144	134,11
Setier ou velte.	»	»	»	»	»	8	7,45
Pinte d'Arbois.	»	»	»	1	»	»	1,25
— de Marseille.	»	»	»	»	1	»	1,073
— de Paris.	»	»	»	»	»	»	0,931

POUR LES MATIÈRES SÈCHES

DÉNOMINATION	Setier.	Boisseau.	Litron.	Litre.
Muid.	12	144	»	1873,20
Setier	»	12	192	156,10
Boisseau.	»	1	16	13,008
Litron	»	»	1	0,813

MESURES DE POIDS

DÉNOMINATION	Quintaux.	Livres.	Kilog.
Tonneau.	20	2000	979,012
Quintal	1	100	48,951
Livre	»	1	0,4895

DÉNOMINATION	Marcs.	Onces.	Gros.	Deniers.	Grains.	Grammes.
Livre.	2	16	»	»	»	489,506
Marc.	1	8	64	»	»	244,752
Once.	$\frac{1}{8}$	1	8	24	»	30,594
Gros.	»	$\frac{1}{8}$	1	3	72	3,824
Denier.	»	»	$\frac{1}{3}$	1	24	1,275
Grain	»	»	»	$\frac{1}{24}$	1	0,053
Carat	»	»	»	»	$3\frac{7}{8}$	0,20587

MESURES ANCIENNES DE MONNAIES

DÉNOMINATION	Écus.	Livres.	Sous.	Deniers.	Francs.
Louis d'or	»	24	»	»	23,70
Écu d'argent.	»	6	»	»	5,93
Id.	»	3	»	»	2,965
Livre.	»	1	20	240	0,98765
Sou.	»	$\frac{1}{20}$	1	12	0,049385
Denier	»	»	$\frac{1}{12}$	1	0,004115

ANCIENNES MONNAIES D'ESPAGNE

Métaux.	DÉNOMINATIONS	Poids.		Titre.	Francs.
Or.	10 Escudos (doublon). . . .	8gr	387	0,900	26,00
	4 »	3	355	»	10,40
	2 »	1	677	»	5,20
Argent.	2 Escudos (duro).	25	960	»	5,19
	1 Escudo, 10 réaux.	12	980	»	2,60
	1 Peseta.	5	192	0,810	0,93
	½ »	2	596	»	0,47
	1 Réal.	1	298	»	0,23

Puissances.	Métaux.	DÉNOMINATION	Poids.	Titre.	Francs.
			gr.		
Angleterre.	Or . . .	Livre sterling, monnaie de compte	»	»	25,21
		Souverain, 20 schellings. .	»	0,916	25,21
	Argent.	Couronne, 5 id. . . .	»	0,925	5,60
		Florin, 2 id. . . .	»	id.	2,31
		Schelling, 12 pences ou deniers	»	id.	1,16
	Billon .	Pences, ou penny, ou denier.	»	»	0,10
Autriche. .	Argent.	Florin, 100 kreuzers. . . .	12,345	0,900	2,45
		1/4 de florin.	5,341	0,520	0,61
	Argent-billon.	10 kreuzers.	2	0,500	0,22
	Cuivre-billon.	1 kreuzer.	»	»	0,02
Allemagne.	Or . . .	Frédéric d'or.	6,182	0,903	20,78
		10 florins.	»	»	25
	Argent.	Thaler, 30 groschen	»	0,900	3,75
		1/3 de thaler	18,519	0,520	1,25
		1/6 de thaler	9,259	0,520	0,625
		1 pfenning	4,637	»	0,01

9152. — Tours, impr. Mame.

9 782329 265513